한 권으로 끝내는

공룡

The Handy Dinosaur Answer Book, 2nd Edition

한 권으로 끝내는
공룡

ⓒ 비지블 잉크 프레스, 2021

초판 1쇄 인쇄일 2021년 3월 22일
초판 1쇄 발행일 2021년 3월 31일

지은이 패트리샤 반스 스바니 · 토머스 E. 스바니
옮긴이 이아린
펴낸이 김지영　**펴낸곳** 지브레인Gbrain
편집 김현주 · 강현정
제작 · 관리 김동영

출판등록 2001년 7월 3일 제2005-000022호
주소 04021 서울시 마포구 월드컵로7길 88 2층
전화 (02)2648-7224　**팩스** (02)2654-7696

ISBN 978-89-5979-660-1 (03490)

• 책값은 뒤표지에 있습니다.
• 잘못된 책은 교환해 드립니다.

한 권으로 끝내는

공룡

패트리샤 반스 스바니 · 토머스 E. 스바니 공저

이아린 옮김

지브레인

Contents

들어가는 말

과학 분야에서 10년이라는 세월은 대단히 긴 시간이다. 그 시간이면 과학 분야 전체에 지각 변동을 일으킬 만한 새로운 발견과 신기술이 무수히 등장한다. 고생물학도 예외는 아니다. 특히 공룡에 관한 연구라면 더욱 그렇다.

그래서 우리는 공룡 마니아들을 위해 이렇게 새롭고 다채로우며 최신 업데이트된 《한 권으로 끝내는 공룡》의 개정판을 내놓기로 결심했다. 이 책을 개정하고 업데이트하면서 가장 좋았던 점 중 하나는 초판이 발간된 이후 몇 년간 이 책에 대한 다양한 피드백을 세세히 살펴보는 시간을 가질 수 있었다는 점이다. 피드백을 살펴보니 여섯 살짜리 꼬마에서 96세 어르신에 이르기까지 공룡 애호가들이 가장 좋아하는 책이 우리 책이라는 것을 분명히 느낄 수 있었다.

10년이 지난 후에도 사람들이 변함없이 이 거대한 동물에 매료되는 이유는 덩치는 집채만 하고 때때로 포악하기까지 한 공룡이 수백만 년 전에 지구에서 도대체 어떻게 살았을까 하는 궁금증 때문이다. 공룡이 멸종된 이후 6500만 년 동안 지구가 대변화를 겪기는 했지만 알로사우루스^{Allosaurus}나 기가노토사우루스^{Giganotosaurus}가 우리 집 뒷마당을 쿵쿵거리며 돌아다녔을지도 모른다는 생각만으로도 등골이 서늘해진다.

공룡에 열광하는 이유는 이것뿐만이 아니다. 특히 지난 10년간 전 세계적으로 새로운 사실이 많이 밝혀지면서 공룡에 대한 열기가 식지 않고 있다. 공룡 내장 화석, 공룡알과 둥지의 전체 또는 일부, 공룡 혈관 자국, 대규모 깃털 자국이 발견된 것을 비롯해 공룡 유해에서 DNA를 추출하려는 시도가 이루어졌고 그동안 공룡 뼈가 매장되지 않았다고 여기던 암석 속에서 엄청난 화석들이 발견되기도 했다. 또한 해가 갈수록 뼈대가 큰 공룡 화석이 점점 더 많이 발견되면서 티라노사우루스 렉스

Tyranosaurus Rex 같은 거대한 육식공룡과 브라키오사우루스^{Brachiosaurus} 같은 초식공룡 중 '누가 더 큰지'에 관한 논쟁이 수그러들 줄 모르고 있다. 공룡 마니아라면 이런 놀라운 발견에 어찌 열광하지 않을 수 있겠는가!

새롭게 개정된 이 《한 권으로 끝내는 공룡》은 멸종된 공룡에 관한 600여 가지 궁금증에 답을 제시한다. 공룡은 어떤 동물에서 진화했을까? 공룡 화석을 처음으로 발견한 사람은 누구인가? 공룡 시대에는 어떤 동식물들이 살았을까? 공룡 화석 중에 심장까지 포함되어 있던 것은 무엇일까? 현재까지 알려진 가장 큰 공룡과 가장 작은 공룡은? 티라노사우루스 렉스의 뼈에서 DNA는 어떻게 추출했을까? 새들이 실제로 공룡일까? 원시 공룡은 깃털을 가지고 있었을까? 최근 공룡 연구에 아르헨티나와 중국이 중요하게 부각되는 이유는 무엇인가? 이런 식의 질문과 답이 이 책 속에 줄줄이 펼쳐져 있다.

또한 여러 가지 궁금증을 해소해주기 위해 쓰인 이 책은 공룡이 지구를 지배하던 트라이아스기, 쥐라기, 백악기 시대로 여러분을 데려갈 것이다. 이 책은 공룡의 발견, 보다 새로운 종의 공룡, 새롭게 밝혀진 공룡의 멸종 원인, 그리고 공룡 화석이 더 많이 발견될수록 공룡의 진화에 관한 생각이 계속 바뀔 수밖에 없는 이유에 관한 과학자들의 의견을 제시할 것이다.

지구에서 걷고 뛰고 성큼성큼 달리고 배회했던 동물 가운데 가장 뛰어난 공룡에 관한 내용을 재미있게 읽기 바란다. '한때 공룡이 지구를 지배한 적이 있었다!'는 말이 있다. 그런데 지금까지도 사람들이 공룡에 매료되어 있는 것을 보면 아직도 공룡이 지구를 지배하고 있다고 할 수 있지 않을까?

−패트리시아 반스 스바니, 토마스 E. 스바니

FORMING FOSSILS

화석의 형성

지구의 탄생

지구의 역사는 얼마나 되었을까?

지구의 나이는 45억 4000만 년 정도라고 한다. 이런 지구의 나이는 수백 년간의 논쟁을 거친 후에야 비로소 얻을 수 있었다. 1779년, 프랑스의 동식물연구가였던 뷔퐁^{Comte de Georges Louis Leclerc Buffon}(1707~1788)은 지구가 생겨난 지 7만 5000년이 지났다는 주장으로 센세이션을 일으킨다. 그도 그럴 것이, 지구의 나이가 성서에 기록된 6000년보다 더 많다고 주장한 최초의 인물이었기 때문이다. 1830년에는 스코틀랜드의 지질학자 찰스 라이엘^{Charles Lyell}(1797~1875)은 침식률을 근거로 내세우며 지구가 수억 년은 되었을 것이라고 주장했다. 또한 1844년에는 후일 남작 작위를 받아 켈빈 경^{1st baron of Largs Kelvin}이 되는 영국의 물리학자 윌리엄 톰슨^{William Thomson}(1824~1907)은 지구의 온도에 관한 연구 결과를 근거로 지구가 1억 년이 되었다고 주장했다. 1907년에는 미국의 화학자이자 물리학자인 버트럼 볼트우드^{Bertram Boltwood}(1870~1927)는 방사능 기법을 이용해 41억 년이 된 광물이 있다고 주장하기도 했다(그러나 방사능 기법이 발달하면서 이후 해당 광물은 2억 6500만 년 밖에 되지 않은 것으로 밝혀졌다). 지구와 달, 운석(지구 표면으로 떨어지는 우주 암석) 물질에 볼트우드의 기법을 각각 다르게 적용한 결과, 45억 4000만~45억 6700만 년이라는 지구의 나이를 추측할 수 있었다.

지구에서 발견된 가장 오래된 암석과 광물의 나이는 얼마일까?

지구에서 발견된 가장 오래된 암석인 아카스타 편마암^{Acasta gneisses}은 캐나다 북서부의 그레이트 슬레이브 호^{Great Slave Lake} 근처에 있는 툰드라에서 발견된 것으로 40억 3000만 년가량 된 것으로 추정된다. 현재까지 발견된 가장 오래된 광물은 44억 4000만 년 전의 것으로 호주 서부에서 발견되었다. 지르콘 결정체인 이 광물은 원래의 암석에서 떨어져 나와 그보다 나중에 생긴 암석에 매립되어 있었다.

초기 지구에 물과 공기는 어떻게 만들어졌을까?

바다가 어떻게 물로 채워졌는지는 아무도 모른다. 화산 폭발로 다량의 수증기가 분출되면서 바닷물이 응결되었다는 학설도 있고, 태양계가 형성된 직후 지구로 쏟아진 혜성들 속에 바다를 채울 정도로 많은 양의 물이 담겨 있었다는 학설도 있다.

지구의 공기가 어떻게 생겨났는지에 관한 의견 또한 분분하지만 물의 생성만큼 극과 극으로 나뉘지는 않는다. 공기의 경우에는 원시 태양계 성운에 있던 가스나 혜성 속에 담겨 있던 가스에서 생긴 것도 있고 화산 활동을 통해 생긴 것도 있을 것이다. 지구의 대기층도 지금보다 두터웠겠지만 태양열이 비교적 가벼운 물질들을 태워 없앴을 것이다. 목성, 토성, 천왕성, 해왕성 같은 거대 가스 행성 주변에서는 지금도 이런 물질을 찾아볼 수 있다.

지각이 형성된 이후에는 어떤 가스가 생겨났을까?

지각이 단단해지면서 지면의 갈라진 틈과 화산에서 분출된 가스가 모여 대기를

이산화탄소, 질소, 수증기처럼 화산 폭발로 인해 분출되는 가스들은 지구 초기에 생물이 살아가는 데 필요한 공기를 생성하는 중요한 역할을 했다.(iStock)

형성하기 시작했다. 지금도 화산이 분출할 때면 뿜어져 나오는 이산화탄소(CO_2), 수증기(H_2O), 일산화탄소(CO), 질소(N_2), 염화수소($HC1$) 등인데, 이 가스들은 공기 중에서 상호작용하면서 사이안화수소(HCN), 메탄(CH_4), 암모니아(NH_4)를 비롯하여 다양한 혼합물을 형성했다.

이 대기 속에는 현존하는 대부분의 생물에게 치명적인 독성이 들어 있었다. 다행스럽게도 그 후 20~30억 년 동안 지구의 대기는 끊임없이 변화를 겪으며 지금과 같은 요소들로 구성되었기에 지구상에 생명체가 존재할 수 있는 것이다.

초기 지구에 산소는 어떻게 만들어졌을까?

지구 초기의 공기는 주로 수증기, 이산화탄소, 일산화물, 질소, 수소, 그리고 화산 폭발로 분출된 가스로 이루어져 있었다. 약 43억 년 전까지만 해도 지구의 대기에는 산소가 조금도 포함되어 있지 않았고, 이산화탄소가 공기의 54%를 차지했다.

네덜란드 알미르(Almere)의 어느 비닐하우스에서 재배되는 백합의 모습. 차가운 기후라도 온실 속에서는 열대 식물이 자랄 수 있듯이 대기에 의해 발생한 자연스런 온실효과가 지구를 따뜻하게 데운다.(iStock)

약 22억 년 전 해양식물이 이산화탄소를 이용해 광합성 작용을 시작하면서 산소를 만들어낸다. 20억 년 전 대기 중에는 산소가 1% 정도 있었고, 식물과 탄산연암들이 이산화탄소의 수치를 4%까지 떨어뜨렸다. 그리고 6억 년 전까지 화산과 기후 변화로 인해 상당히 많은 양의 식물이 묻히면서 대기 중의 산소는 계속 증가했다. 그 식물이 땅 위에서 썩었다면 대기 중의 산소를 빨아들였을 것이다. 현재 지구의 대기는 21%의 산소와 78%의 질소 그리고 0.036%의 이산화탄소로 이루어져 있다.

온실효과란 무엇인가?

온실효과란 말 그대로 따뜻하게 데우는 현상을 말한다. 온실은 유리창이 닫혀 있기 때문에 열기가 밖으로 빠져나가지 못한다. 온실효과도 마찬가지 방식으로 작용하지만 그 규모가 지구 전체에 미칠 만큼 차원이 크다는 점이 다르다. 일반적으로 온실효과는 태양열이 대기 중으로 들어오기만 하고 빠져 나가지는 못할 때 발생한다.

지구에 이런 온실효과가 없다면 지금처럼 생물이 살아갈 수 없을 것이다. 태양열

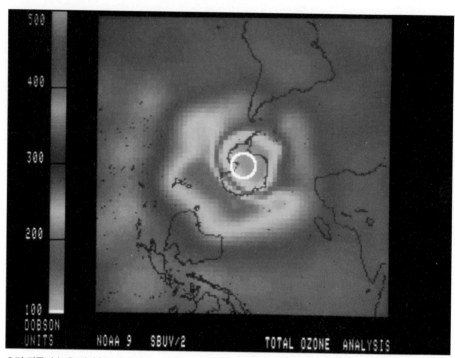

초기 지구의 높은 대기층에서 형성된 오존층은 태양열이 미치는 한계를 설정해 지구상의 생명체를 보호해주었다. 현재 과학자들은 1987년에 찍은 이 위성 사진에서 보이는 바와 같이 남극 주변에 뚫려 있는 오존층 구멍을 염려하고 있다[국립해양 및 기후청(National Oceanographic and Atmospheric Administration)].

이 대기를 통과해 지구 표면에 닿을 때 다시 반사된 태양열 중 일부가 이산화탄소, 메탄, 프레온 기체, 수증기 같은 대기 가스에 막혀 빠져나가지 못하면서 지구의 온도가 점점 올라가게 된다. 이 열이 없다면 우리가 지금처럼 사는 것은 불가능할 것이다. 지구의 온도가 100℃가량 낮아지고 바다는 얼어붙을 것이기 때문이다. 나머지 태양열은 다시 우주로 날아간다.

오존이란 무엇이며 초창기 지구에 어떤 이점을 가져다주었을까?

오존(O_3)[우리가 호흡하는 산소(O_2)와는 다르다]은 성층권이라는 지구의 대기층 속 15~40km 사이에서 발견되는 가스층을 말한다. 이 '오존층'은 태양열과 특정 공기 분자의 상호작용을 통해 형성된다. 파란 빛을 띤 오존 가스는 성층권보다 낮은 대기권에서도 발견되는데, 성층권에 있는 오존은 유익하지만 지상에 있는 오존 가스는 광화학 스모그를 만든다. 이 스모그는 주로 산업 활동과 자동차 매연가스 때문에 생기는 특정한 대기오염물질이 광화학 반응을 일으킬 때 생성되는 2차 오염물이다.

성층권에 있는 오존층은 지구상의 모든 생명체에게 매우 중요하다. 태양의 자외선으로부터 생명체를 보호하기 때문이다. 과학자들은 20억 년 전에 얕은 바다에 사는 해양식물이 산소를 만들어낸 것이 지금의 오존층 형성에 결정적이었다고 보고 있다. 지질학적으로 말하자면, 갑작스럽게 분출된 산소가 오존층을 구축하는 데 도움을 주었고 산소층이 증가하면서 해양동물이 진화하기 시작했을 것이다. 그리고 대기에 오존층이 형성되자 태양열에서 안전한 육지로 해양 동식물이 퍼져나갔을 것으로 추측한다.

지구 온난화가 인류에게 중요한 이유는 무엇일까?

과학계는 지구 온난화라고 불리는 현상, 즉 지구의 평균 기온이 오르고 있다는 데 의견을 일치하고 있다. 많은 과학자들은 지구의 대기에 온실가스가 쌓이고 지구의 기온 또한 0.5도씩 올라가게 된 원인이 지난 한 세기 동안 행한 인류의 행위 때문이라고 보고 있다. 국제 과학자 패널이 최근 실시한 한 연구에 따르면 2100년에는 지구의 평균 기온이 1.4~5.8℃ 정도 올라가고 해수면도 약 50m나 높아질 것이라고 한다.

지구 온난화의 주범은 무엇일까? 메탄이나 프레온 기체처럼 지구의 기온을 높이는 가스도 있지만 주요 오염물질로 이산화탄소를 꼽는다. 이산화탄소는 주로 석탄, 휘발유, 경유 같은 화석 연료를 연소시킬 때 대기 중에 배출된다. 이 가스는 숲을 태워 가축용 목초지로 만들 때처럼 자연 초목을 파괴할 때도 생성된다. 이 경우 이산화탄소의 양이 증가하는 이유는 두 가지이다. 인간이 초목을 파괴하면서 대기 중에서 흡수하는 이산화탄소의 양은 줄어들고, 개발한 숲에서 초목이 부패하면서 이산화탄소가 배출되기 때문이다.

생명의 기원

지구에 생명체가 살기 시작한 것은 언제부터일까?

정확히 언제부터 지구에 생명체가 살기 시작했는지는 아무도 모른다. 여기에는 원시 생명체가 단세포였기 때문이라는 이유도 포함된다. 생물이 죽고 나면 연질부가 가장 먼저 부패해서 사라지기 때문에 남는 것이 없다. 게다가 단세포 생물은 너무 작아서 고대 암석에서 흔적을 찾기도 힘들다. 현대의 바이러스 중에는 길이가 18㎚(180억 분의 1m)에 불과한 것도 있지만 보통은 1,000㎚ 정도이다. 이 미세한 바이러스도 초기 생물에 비하면 훨씬 크다고 할 수 있다.

뿐만 아니라 발견된 화석이 별로 없기 때문에 초기 생물의 실제 형태를 모두 알아내기는 불가능하다. 과학자들은 초기 생물이 원시적인 단세포의 형태로 바다에서 생겨났다고 보는데, 그 이유는 단순하다. 생물이 살기 위해서는 태양에서 쏟아지는 자외선을 차단해주는 필터가 필요한데 바닷물이 그런 보호막 역할을 할 수 있기 때문이다.

이처럼 파악한 것이 별로 없음에도 불구하고 과학자들은 약 40억 년 전부터 지구에 생물이 살기 시작했다고 추정한다. 이 원시 생물은 산소가 아닌 이산화탄소를 이용해 살아남았다.

생명체가 지구 밖에서 왔을 가능성은?

생명체가 지구 밖에서 기원했다는 학설도 있다. 판스페르미아 panspermia라는 이론에 따르면 혜성과 소행성이 초기 지구에 접근할 때 복잡한 유기물질을 가지고 왔으며 그중 다수가 지구에 떨어지고 난 후에도 살아남았다고 한다.

우주에 이런 유기물질이 존재한다는 것은 이미 알려져 있는 사실이다. 전파천문학자들이 1960년대 후반에 암흑 성운에서 유기물질을 발견한 이후로 소행성, 혜성, 운석 같은 우주 물체 속에 생체 분자가 존재한다는 증거를 비롯해 여러 증거들이 발견되었기 때문이다. 1969년에 운석을 분석한 결과 운석 한 덩어리 속에서 최소한 74종류의 아미노산이 발견되었다. 그때부터 유기분자가 운석이나 혜성 먼지에 의해 지구로 전해졌거나 혜성이나 소행성에 의해 초기 지구에 떨어졌을 가능성을 추측하기 시작했다.

거대 소행성이나 혜성이 충돌할 때 발생하는 열로 인해 유기체가 모두 파괴되었을 것이라는 의견이 일반적이지만, 그렇게 생각하지 않는 과학자들도 있다. 후자의 주장에 의하면 거대한 물체의 표층만 영향을 받았거나 열을 받지 않은 미세한 혜성 먼지가 지구에 아미노산을 떨어뜨렸을 수도 있다고 한다. 이 학설이 사실이라면 공룡에서 인간에 이르기까지 우리는 모두 '천체 물질'로 만들어졌다고 할 수 있다.

초기 지구에서 생물이 살아남을 수 있었던 조건은 무엇이었을까?

초기 지구에서 생물이 어떻게 살아남을 수 있었는지 설명하는 주요 이론으로는 다음 두 가지가 있다. 첫 번째 이론은 생명이 생체분자와 물로 이루어진 '원시 수프'에서 발생했다는 것이다. 이 이론에 따르면 원시 수프 속에서 태양의 자외선이나 번개, 또는 그 당시 흔히 발생했던 유성 충돌로 인한 충격으로 화학반응이 일어났으며, 이런 반응이 살아 있는 모든 유기체에서 발견되는 단백질을 구성하는 아미노산 등 다양한 탄소 화합물을 만들어냈다고 한다. 이 이론은 1954년, 당시 시카고 대학교 대학원생이었던 스탠리 밀러$^{Stanley\ Miller}$(1930~2007)와 그의 자문 교수이자 화학자인 헤럴드 유리$^{Harold\ Urey}$(1893~1981)가 실시한 유명한 실험에 의해 뒷받침되었다. 그들은 실험을 통해 초기 지구의 대기 중에 존재하던 화학물질과 물이 혼합되고 번개에 맞을 경우 아미노산이 생성될 수 있다는 사실을 입증했다.

두 번째 이론은 지난 50년 동안 발견된 열수공에 중점을 두고 있다. 열수공이란 대양저에서 마그마가 솟아나오면서 갈라진 틈을 말한다. 초기 지구는 생긴 지 얼마 되지 않았기 때문에 지구 표면이 차갑고 두꺼운 현재에 비해 얇았을 것이며 따라

지구에 살았을 것으로 추정되는 원시 생물 중 시아노박테리아(삽입된 사진 속 이미지)는 스트로마톨라이트라는 특이한 화석암을 남겼다.(iStock)

서 열수공도 훨씬 더 많았을 것이다. 이 열수공 주변의 유기체는 에너지를 얻기 위해서 광합성을 할 필요가 없었다. 오늘날의 화도火道 유기체는 화산통로 주변에 사는 박테리아에 의지해서 살고 있다. 이런 박테리아는 햇빛이 들지 않는 대양저의 갈라진 틈 주변에 있는, 황화수소가 풍부한 뜨거운 물에서 에너지를 얻는다. 원시 생물도 똑같은 방식으로 생존했을 가능성이 있다.

실제로는 두 이론이 주장하는 바가 모두 존재하여 초기 지구에 원시 생물이 생겨났을 가능성이 크다.

지구의 암석에서 발견된 가장 오래된 화석은?

가장 오래된 암석 화석은 호주에서 발견되었다. 호주 서부에서 발견된 화석 중에는 34억 5000만~35억 5000만 년이나 된 것도 있다. 이 화석에는 스트로마톨라이트Stromatolite라는 층 모양의 줄무늬가 있는 석회암 퇴적물의 흔적이 남아 있다. 이스트로마톨라이트는 시아노박테리아^{Cyanobacteria}라는 남조류$^{Blue-green\ algae}$와 유사한 원시 미생물에 의해 만들어졌는데 스트로마톨라이트는 현재도 존재한다. 이 화석들은 현재 호주의 해안가 천해에서 발견되는 스트로마톨라이트와 놀라울 정도로 유사하다.

가장 오래된 것으로 보이는 다른 화석도 있다. 아주 작은 단세포가 호주의 고대 규질암(수정이 풍부한 퇴적암)에서 발견되었는데, 아프리카에서도 유사한 것이 발견되었다. 이런 세포들은 규질암에 함유된 이산화규소가 일종의 세포벽 역할을 해 보존된 것으로 보인다.

지구에 생명체의 기본 형태는 언제 생겨났을까?

지구에는 약 38억 년 전이라는 아주 오래 전부터 생명체의 기본 형태가 존재한 것으로 보인다. 이 생물은 아주 작은 세포 형태였는데 세포막으로 둘러싸여 있어 외부로부터 내부를 보호할 수 있었다. 이 세포는 기본적으로 오늘날의 세포와 유사한 유전계를 갖추어 자기증식이 가능했다. 이런 초기 생명체는 원핵생물로 분류되며, 박테리아나 시아노박테리아 같은 유기체가 여기에 포함된다.

단세포 생물보다 큰 세포는 언제 생겼을까?

현재까지 알려진 화석 기록에 의하면 진핵생물로 분류되는, 원핵생물보다 큰 세포는 약 19억~15억 년 사이에 생겨났다고 한다. 그 전까지는 박테리아나 남조류처럼 아주 작은 원핵생물만 암석층에 존재했다.

다세포 생물이 생긴 것은 언제였을까?

현재까지 알려진 화석 기록을 보면, 최초의 원시 다세포 생물은 6억 5000만 년 전에 탄생했다고 한다. 그러나 12억 년 된 홍조류를 '분류학상으로 정해진' 다세포 생물로 분류하는 과학자도 있다(인간은 100조 개의 세포로 이루어진 다세포 생물이다).

이 노란 해면은 케이맨 제도(Cayman Islands) 근처에서 발견된 것으로 지구에 살았던 최초의 다세포 생물 가운데 하나인 해면의 후손이다.(iStock)

최초의 다세포 생물 중에는 해면의 원시 형태도 포함되는 것으로 보고 있다. 최초의 굴 화석 또한 비슷한 시기에 발견되었다. 이런 다세포 생물은 에디아카라 Ediacara 화석군 또는 에디아카라 집합체라고 불린다(남 호주의 에디아카라 언덕의 이름을 따서 붙여졌다). 대부분 표면이 넓은데 그 당시 대기 중에 존재한 극소량의 산소를 흡수해야 했기 때문일 것이다. 이런 화석들은 천해에서 살았던 것으로 보인다.

생명체가 한 번만에 생겨났을까?

지구상에 생명체는 여러 번에 걸쳐 생겨났을 것이다. 소행성이 지구와 충돌하면서 해저 틈 주변이든 천해에서든 생긴 지 얼마 안 된 생물을 모조리 멸종시켰을 것이다. 생물이 살아남아 종이 다양해지고 안정화될 때까지 수백만 년 동안 이런 현상은 여러 차례 반복되었을 것이다.

최초의 식물이 육지에 생겨난 것은 언제일까?

아일랜드에서 발견된 쿡소니아^{Cooksonia}라는 화석이 아마도 최초의 거시적 식물일 것이다. 쿡소니아는 4억 2500만 년 전에 육지에 대량 서식했다. 그 후 얼마 지나지 않아 꽃이 피지 않는 이끼, 속새, 양치류 같은 다른 식물도 생겨나기 시작했다. 이런 식물들은 유전자 청사진을 함유한 극미한 유기체나 포자를 퍼뜨려 번식했다. 후에 양치류는 씨앗을 갖게 되었지만 3억 4500만 년 전에야 가능한 일이었다. 뿌리와 줄기, 잎을 가진 관다발식물은 4억 800만 년 전쯤에 진화하기 시작했다.

몸이 딱딱하지 않은 동물이 바다에 처음 나타난 것은 언제일까?

화석을 살펴본 결과 몸이 딱딱하지 않은 동물이 처음 바닷속에 나타난 것은 약 6억 년 전이다. 이 중에는 환형동물은 물론 해파리의 형태도 있었다.

육지에서 가장 오래된 생물의 형태는 무엇일까?

가장 오래된 육지 생물이 언제 생겼는지에 관해서는 아직도 논쟁이 일고 있지만 매우 흥미로운 점들이 발견되긴 했다. 예를 들어 1994년 애리조나에서는 12억 년 된 관처럼 생긴 미생물 화석이 발견되었으며, 2000년도에는 나사 우주생물학 연구^{Nasa's Astrobiology Institute}에서 그보다 더 오래된 화석을 발견했다. 남아프리카 트란스발^{Transvaal} 주 동부에서 26억~27억 년 전 육지에 살았던 미생물 매트(주로 시아노박테리아로 구성되어 있다)의 화석화된 부분을 발견한 것이다. 2002년에는 또 다른 과학자가 생명지각^{biocrust} 형태의 생물을 발견했는데 그는 그것이 최초의 육지 생물일지도 모른다고 생각했다. 이 생물은 얇은 박테리아 층으로 스코틀랜드 토리돈 지역의 모래밭을 덮고 있었다. 특정 암석에서 보이는 줄무늬는 이 지역에 살았던 최초의 유기체가 남긴 수십 억 년 전의 생물학적 흔적으로 추정된다.

최초의 육지동물은 무엇이며 육지로 이동한 이유는?

육지로 이동했던 크기가 큰 최초의 동물은 아마도 전갈이나 거미 같은 절지동물이었을 것이다. 이런 생물은 대부분 실루리아기 암석층에서 발견되었는데 주로 가장 오래된 것으로 알려진 관다발 육지식물 화석과 발견되었다.

최초의 동물이 바다에서 육지로 이동한 이유는 밝혀지지 않았지만 그에 관한 학설은 다양하다. 현재 수많은 동물에게서 보이는 행동 패턴처럼 영역을 넓히기 위해서였을 수도 있고, 점점 더 많은 동물들이 진화를 거듭하면서 보다 나은 먹이가 필요했기 때문일 수도 있다. 육지 생활과 육지에 있는 '새로운' 먹이에 적응하면서 이 생물들의 생존 가능성은 점점 더 커졌을 것이다.

최초의 원시 공룡이 나타난 것은 언제일까?

최초의 원시 공룡은 약 2억 3000만 년 전에 등장했다. 원시 공룡은 우리가 '공룡'이라는 단어를 들을 때면 떠올리는 티라노사우루스 렉스보다 훨씬 몸집이 작고 덜 사나웠다.

최초의 육지동물에서 공룡으로 진화하기까지 얼마나 오랜 시간이 걸렸을까?

나중에 공룡의 모습으로 진화하게 된 최초의 육지동물은 4억 4000만 년 전쯤에 나타났다. 그리고 공룡은 2억 5000만 년 전쯤에 나타났다. 즉 최초의 육지동물에서 공룡이 등장하기까지 약 1억 9000만 년이 걸린 셈이다. 여기서 기억해야 할 점은 이런 계산이 현재까지 발견된 화석 기록을 근거로 산출된 것이기 때문에 새로운 화석이 발견되면 언제든 바뀔 수 있다는 사실이다.

지질연대

지질연대란?

지질연대란 지구가 최초로 생겨났을 때(약 45억 년 전)부터 현재까지 지나온 어마어마한 시간을 뜻한다.

지질연대표는 무엇일까?

지질연대표는 지구의 방대한 역사를 순차적으로 기록한 것으로 그동안 일어난 사건을 한 눈에 알아볼 수 있게 정리한 것이다. 19세기가 도래하던 무렵 영국의 운하 엔지니어였던 윌리엄 스미스[William Smith](1769~1839)는 특정 유형의 암석과 특정 부류의 화석이 항상 예측 가능한 순서대로라는 사실을 발견했다. 1815년에 영국과 웨일즈의 지질 지도를 발간한 그는 지층을 기반으로 지사학을 연구하는 층서학이라는 실질적인 시스템을 정립했다. 스미스의 주장을 한마디로 요약하면, 절벽이나 채석장의 가장 낮은 곳에 있는 암석이 가장 오래된 것이고 가장 높은 곳에 있는 것이 가장 최근에 생겼다는 내용이다.

여러 지층의 화석과 암석 유형을 관찰함으로써 한 지역의 암석을 지역의 암석과 연관지을 수 있었다. 과학자들은 스미스의 업적과 1800년대 초에 발견된 최초의 공룡 화석을 연결지었다. 이것은 오늘날 지구의 오랜 역사를 대, 기, 세[世]지 등의 다양하고 추상적인 단위를 이용해 지질연대표로 분류하는 틀을 제시했다. 1820~1870년 사이에 정립된 시간 구분은 상대적인 연령을 결정하는 방법이다. 즉 암석과 화석을 서로 비교해서 어느 것이 더 오래되었고 어느 것이 더 최근인지 판단하는 것이다. 1920년대에 방사능 연대측정법이 발명되기 전까지는 암석과 화석, 그리고 지질연대표에 절대연령이 적용되지 않았다.

지질연대표는 어떻게 구분될까?

지질연대표는 시간이 지나면서 대개 새로운 화석이 발견되거나 방사능 연대측정법이 발전할 때마다 상당한 변화를 거쳤다. 또한 앞으로도 변화할 것이다. 25쪽 표는 암석과 화석에 관한 현재의 해석을 근거로 만든 일반적인 지질연대표이다.

지질연대표의 각 구분명은 어떤 식으로 지어질까?

지질연대표의 시간대를 구분하는 명칭은 대부분 라틴어나 암석이 처음으로 발견된 지역을 따서 붙여진다. 예를 들어 석탄기^{Carboniferous}는 영국에서 발견된 석탄이 풍부한 암석을 가리켜 '석탄을 함유한'이라는 뜻의 라틴어에서 비롯된 것이다. 쥐라기^{Jurassic}는 프랑스와 스위스 국경 사이에 놓인 쥐라 산$^{Jura\ Mountain}$의 이름을 따서 붙여졌다. 시대나 연령을 나타내는 명칭은 대개 암석이 발견된 도시와 지역의 명칭을 따서 붙여진다. 따라서 지질연대표의 구분명은 국가별 지질연대표에 따라 다를 수 있다.

지질연대표에 이용되는 주요 단위로는 어떤 것들이 있을까?

지질연대표에는 다음과 같은 다섯 가지 주요 단위가 있다. 내림차순으로 누대, 대, 기, 세, 그리고 조^{Stage}가 있는데 연대표에 따라서는 조를 절^{Age}과 하절^{Subage}로 나누기도 한다. 누대는 가장 긴 지질 단위이고, 대는 누대보다 작은 단위로 대개 두 개 이상의 기로 나뉜다. 세는 기를 세분한 단위이며 조는 세를 세분한 단위이다.

지질연대표

단위: 년

누대(Eon)	대(Era)	기(Period)	준기(Sub-period)	세(Epoch)
선캄브리아기 45억~5억 4300만	태고대 45억~38억			
	시생대 38억~25억			
	원생대 25억~5억 4300만	고원생기 25억~16억		
		중원생기 16억~9억		
		신원생기 9억~5억 4300만		
현생누대 5억 4300만~현재	고생대 5억 4300만~2억 4800만	캄브리아기 5억 4300만~4억 9000만		
		오르도비스기 4억 9000만~4억 4300만		
		실루리아기 4억 4300만~4억 1700만		
		데본기 4억 1700만~3억 5400만		
		석탄기 3억 5400만~2억 9000만	미시시피기 3억 5400만~3억 2300만	
			펜실베이니아기 3억 2300만~2억 9000만	
		페름기 2억 9000만~2억 4800만		
	중생대 2억 4800만~6500만	트라이아스기 2억 4800만~2억 600만		
		쥐라기 2억 600만~1억 4400만		
		백악기 1억 4400만~6500만		
	신생대 6500만~현재	제3기 6500만~180만	고제3기 6500만~2380만	팔레오세 6500만~5480만
				애오세 5480만~3370만
				올리고세 3370만~2380만
			신제3기 2380만~180만	마이오세 2380만~530만
				선신세 530만~180만
		제4기 180만~현재		플라이스토세 180만~1만
				홀로세 1만~현재

사우스다코타에 있는 베들랜즈 국립공원(Badlands National Park)에서 볼 수 있듯이 자연 침식은 지각층을 명확하게 드러낸다. 이런 지각층을 관찰하는 것은 시간을 거슬러 올라가는 시간 여행을 하는 것과도 같다. 각 층은 지구 역사상 각각 다른 시대를 나타낸다.(iStock)

지질연대표가 나타내는 것은?

지질연대표는 지구의 자연사를 추상적으로 나열한 것도, 단순한 상상에 의해서 나눈 것도 아니다. 지질연대표상의 각 구분은 확연히 다른 변화나 사건이 있었다는 것을 의미한다. 대개 특정한 종의 진화를 비롯해 진화에 따른 동식물의 변화나 큰 재앙이 발생한 경우 별도의 구분으로 나뉜다.

지질연대와 상대 연대는 어떤 관계가 있을까?

상대 연대는 암석과 화석의 상대적 연령을 판별하는 방법으로 한 암석층의 위치를 다른 암석층의 위치와 비교하여 판단하기 때문에 절대 연대가 아닌 상대 연대만 파악할 수 있다. 암석층은 대개 순서대로 놓이기 때문에 오래된 층일수록 밑에 놓인다. 즉 높은 암석층에서 발견된 화석은 대개 그 아래층에서 발견된 화석보다 최근에 형성된 것이다. 19세기에 이 방법을 이용해 암석층의 상대 연대를 판단하며 최초로 지질연대표를 만들었다.

절대 연대와 지질연대는 어떤 관계가 있을까?

절대 연대는 암석의(대략적인) 실제 나이, 즉 암석층이 형성된 절대 시간을 나타낸다. 일반적으로 암석 속에 함유된 방사성 붕괴 양을 측정하는 방사능 연대측정법을 사용해 절대 연대를 판별한다.

방사능 연대측정법은 언제 개발되었을까?

방사능 연대측정법의 기본 원리와 기법은 20세기에 개발되었다. 1896년, 프랑스의 물리학자 안투앙 앙리 베크렐Antoine-Henri Becquerel(1852~1908)은 우라늄이 함유된 무기염 옆에 놓인 사진 건판이 검게 변한 것을 보고 우라늄이 에너지를 발산한다는 사실을 알게 되었다. 1902년 영국의 물리학자 언스트 러더퍼드 경Lord Ernst Rutherford(1871~1937)과 영국의 화학자 프레데릭 소디Frederic Soddy(1877~1966)가 방사성 원소 원자는 불안정하기 때문에 입자를 발산하면서 보다 안정적인 형태로 붕괴한다는 사실을 발견했다. 이런 발견을 바탕으로 미국의 화학자 버트럼 보든 볼트우드Bertram Borden Boltwood(1870~1927)는 우라늄과 토륨이 납으로 붕괴되는 붕괴율을 파악하면 암석의 나이를 알 수 있을 것이라고 주장했다. 볼트우드와 존 윌리엄 스트러트John William Strutt는 1905년에 여러 가지 암석의 나이를 측정하여 4~20억 년 된 암석 표본의 연령을 파악했으며 그렇게 연대 측정이 가능하다는 것을 입증했다.

방사능 연대측정법을 이용해 절대 지질연대표를 만든 최초의 인물은 누구일까?

1911년 영국의 지질학자 아서 홈스Arthur Holmes(1890~1965)는 암석의 연령을 파악하는 우라늄-납 측정법을 이용해 절대 연대를 나타내는 지질연대표를 만들기 시작했다. 그는 1913년에 방사능 붕괴 방법에 지질학적 데이터를 접목시켜 만들어낸 절대 지질연대표를 설명한 《지구의 나이$^{The\ Age\ of\ Earth}$》를 출간했다. 또한 1927년에는 방사능 연대측정법을 이용하여 지각이 약 36억 년 전에 생성되었다고 추정하기도 했다.

지질연대표마다 연대가 다른 이유는 무엇일까?

지질연대표를 만들기 위해 46억 년이나 된 지구의 실제 연대를 완벽하게 구분하기란 불가능한 일이다(암석층의 연령을 판단하는 것은 인간의 나이를 파악하는 것처럼 쉬운 일이 아니다). 뿐만 아니라 각 대륙에서 발견된 암석과 화석이 다양하기 때문에 특정한 시기에 관해서는 의견이 분분하기도 하다. 방사능 연대측정법을 이용해도 암석이나 광석의 실제 나이를 판단하는 것은 쉽지 않다. 따라서 어느 정도는 추론이 가미될 수밖에 없다.

지질연대의 주요 시대

선캄브리아기란?

선캄브리아기는 지구가 처음 생겨났을 때부터 바다에 생물이 폭발적으로 증가하기 직전, 즉 45억 4000만~5억 4300만 년 전까지를 가리킨다. 이 시기 동안 서서히 식어가던 지구에는 바다와 대륙지각이 생겨났고, 이 선캄브리아기 전기에 생물이 나타나기 시작했다. 다음은 선캄브리아기에 속하는 세 가지 대와 대략적인 시기, 진화적 주요 시기에 관한 한 가지 버전을 나타낸 것이다.

태고대 45~38억 년 전. 지구가 초기 태양계를 형성하고 있던 시기.

시생대 38~25억 년 전. 가장 오래된 박테리아가 생겨난 시기.

원생대 25~5억 4300만 년 전. 다세포 진핵생물(거의 완벽한 세포핵을 가진 세포), 즉 동물이 생겨난 시기.

선캄브리아기 후반에 빙하기가 여러 차례 발생했다고 보는 이유는?

아프리카에서 발견된 암석을 화학적, 동위원소적으로 분석한 결과 7억 5000만 ~5억 7000만 년 사이에 지구가 적어도 네 번의 빙하기를 거쳤다는 사실을 밝혀졌다. 이 빙하기는 정도가 매우 심해서 지구를 '눈덩이 행성'으로 만들었다. 일부 과학자는 바다가 거의 91m나 되는 얼음으로 뒤덮였으며 육지는 완전히 메말라서 생물이 살 수 없었다는 연구 결과를 내놓기도 했다.

지구가 태양을 향해 비스듬하게 기울어 있기 때문에 선캄브리아기에 빙하기가 발생했을 수 있다고 보는 학설도 있다. 현재 지구의 기울기는 23.5°지만 그때는 위쪽으로 55° 정도 더 많이 기울어 있었다는 것이다. 이렇게 많이 기울어져 있었다면 태양열의 대부분을 흡수한 남극과 북극에는 얼음이 없었겠지만 적도 부근은 추워서 빙하가 생겼을 것이다. 이것이 사실이라면 선캄브리아기에 적도 부근에 생겼다 녹은 빙하가 지구의 축을 현재의 위치로 이동시킬 만큼 충분한 위력을 발산했을 수도 있다. 이 과정은 적절한 순간에 그네를 반복적으로 밀면 그네가 점점 더 위로 올라가는 현상과 비슷하다고 할 수 있다. 그렇다면 빙하가 생겼다 녹는 과정에서 지구 축이 현재의 각도만큼 세워졌을 수도 있을 것이다.

눈덩이 행성을 녹여 생물이 폭발적으로 증가시킬 수 있는 '영웅'은 화산밖에 없을 것이다. 선캄브리아기 말이 되자 수많은 화산이 폭발하면서 현재 대기 중에 포함된 이산화탄소의 양보다 약 350배나 많은 이산화탄소가 분출되었다. 이렇게 급격히 늘어난 이산화탄소는 다시 반사되는 태양열을 빠져나가지 못하게 막아 거대한 온실효과를 일으키면서 지구를 데웠을 것이다. 이로 인해 얼음으로 덮인 바다를 녹일 정도로 지구의 온도가 상승하면서 빙하기는 막을 내렸다.

'캄브리아 폭발Cambrian Explosion'을 왜 '진화적 빅뱅'이라고 부를까?

선캄브리아기가 끝나고 캄브리아기(약 5억 4300만 년 전)가 되자 전 세계 바닷속에서는 거대한 진화 활동이 일어나기 시작했다. 캄브리아기의 화석 기록을 보면 1200만 년마다 동물 목^目의 수가 두 배로 증가했다. 현생 동물 문^門의 대부분이 화석으로 발견되기 시작한 것도 이 무렵이다.

어떤 이유에서인지 새로운 동물이 급속도로 생겨나기 시작하면서 바다에는 생물이 넘쳐났다. 동물이 왜 급증했는지 그 원인에 대해서 아직까지 밝혀진 바는 없지만, 기후의 변화에서부터 전체적으로 자연스럽게 한계에 도달했다는 학설에 이르기까지 다양한 견해가 있다. 또 기온이나 산소량의 증가로 생명체가 급증했다고 보는 주장도 있다.

과학자들은 현생 동물들에게서 흔히 볼 수 있는 유전자를 통해서 최대한 그 이유를 파악하려고 한다. 한 연구 결과에 따르면 현생 동물 대부분의 조상인 벌레 모양의 고대 동물이 지녔던 특별한 유전자가 성공적이었기 때문에 오늘날까지도 보존될 수 있었다고 한다. 팔다리, 발톱, 지느러미, 더듬이 같은 부속물을 만드는 데 이용된 이런 유전자들은 최소한 6억 년 전부터 존재했던 것으로 추정된다. 부속물을 가진 동물은 더 빨리 헤엄치고 더 단단히 부여잡을 수 있었으며 다른 동물과 싸울 때도 훨씬 더 효율적으로 움직일 수 있었기 때문에 결국 지구를 지배할 수 있었던 것이다.

삼엽충류는 무엇이고 언제 존재했을까?

삼엽충은 지구상에 존재했던 것 중에서 가장 성공적으로 번식한 생물 중 하나이다. 이 삼엽충 화석의 발견은 현대 화석 수집의 즐거움 중 하나라고 할 수 있다. 딱딱한 껍데기를 가진 이 절지동물은 수억 년 전에 바다에서 살았는데 머리, 가슴, 꼬리로 정확하게 나뉘었기 때문에 '삼엽'으로 불리게 되었다. 삼엽충은 최초의 절지동물(다리가 연결된 동물) 중 하나로 1만 5,000여 종이나 되었으며, 크기도

삼엽충은 지구상에 존재했던 생물 가운데 가장 성공적으로 번성했던 것 중 하나로 캄브리아기 전기에서 페름기에 이르는 동안 1만 5,000여 종이 존재했다.(iStock)

0.3~70cm에 이르기까지 다양했다.

삼엽충은 '캄브리아 폭발'이라는 캄브리아기 전기에 처음 나타났다. 데본기에 들어서면서 종이 다양해졌으나 실루리아기에는 그 수가 감소했고(상어를 비롯한 다른 포식자들이 생겼기 때문일 것이다), 페름기에 일어난 대멸종 이후 자취를 감추었다. 비록 공룡 시대에는 사라지고 없었지만 과학자들은 긴 세월 다양하게 번성했던 삼엽충의 존재를 중요하게 여기고 있다.

캄브리아 폭발이 발생한 이유는 어떻게 설명할 수 있을까?

지금까지 고생물학자들은 생명체가 급증한 캄브리아 폭발에 대해서 다양한 학설을 제시했다. 에디아카라 유기체(최초의 복잡한 다세포 생물)가 대량으로 멸종했기 때문이라고 주장하는 학설도 있고, 동물의 눈이 발달하면서 먹이사슬의 역학이 바뀌었기 때문이라는 학설도 있다. 또 생물의 크기가 커지면서 종의 다양화가 급격히 이루어진 것으로 보기도 한다.

그런가 하면 지구 자체에서 원인을 찾는 학설도 있다. 모든 사람들이 동의하는 것은 아니지만 분명 흥미로운 이론이다. 이에 따르면 약 5억 년 전에 지구의 맨틀 속에 있는 덩어리들이 움직이면서 지구를 '기울게' 했는데, 다시 균형을 잡기 위해 표면 전체가 새롭게 움직이게 되었다는 것이다. 이 '진극배회Ture polar wander'라는 과정에서 남극 근처에 있던 고대 북아메리카가 적도 부근으로 움직였고, 곤드와나 대륙Gondwanaland(남아메리카, 남극 대륙, 호주, 인디아, 아프리카로 이루어진 초대륙)이 남반구까지 이동했다. 이런 이동은 오늘날 정상적인 판의 지각변동 과정에서 대륙이 움직이는 속도보다 두 배 이상 빠른 속도였다.

이 이론의 증거는 지구 자체에서 찾아볼 수 있다. 암석이 생성되는 동안 그 속의 광물들은 자연스럽게 기존에 있던 지구의 자기장과 일치된다. 따라서 광물의 결정 방향을 연구하면 거의 대부분 지구의 회전축 가까이에 놓여 있는 자북극Magnetic north과 비교해 고대 대륙의 위치를 알 수 있다. 이 데이터를 이용해 대륙의 위치를 표시하자 과학자들은 캄브리아기 무렵 비교적 짧은 기간 동안 대륙이 대이동을 했다는 사실을 밝혀냈다. 그 결과 5억 4000만~5억 1500만 년 전에 고대 북아메리카가 적도 쪽으로 움직였으며 5억 3500만~5억만 년 전에 곤드와나 대륙이 이동한 것을 알 수 있었다.

고생대, 중생대, 신생대란?

지질연대표에 나오는 대era는 지구에 발생한 주요 변화를 뜻한다. 약 5억 4300만 년 전으로 추정되는 선캄브리아기에서 고생대로 넘어오는 시기에 지구에는 생명체가 급증했다. 고생대와 중생대는 동식물이 '멸종'이라는 대량 감소현상이 나타난 약 2억 5000만 년 전후로 구분한다. 중생대와 신생대를 구분하는 변화는 약 6500만 년 전에 발생했으며 이번에도 동식물이 대대적으로 멸종했다. 공룡이 멸종한 것도 이때였다. 그러나 전체 종의 50%만 멸종되었기 때문에 대멸종 때만큼 대대적인 멸종은 아니었다.

중생대는 어떻게 세분화될까?

'파충류 시대' 또는 '공룡 시대'(그러나 공룡은 중생대가 시작된 지 한참 후에 나타났다)라고도 하는 중생대는 약 2억 5000만~6500만 년 전까지 지속되었다. 중생대는 트라이아스기, 쥐라기, 백악기로 나뉜다.

보다 최근에 발생했던 지질연대 구분으로는 어떤 것들이 있을까?

신생대는 제3기와 제4기(또는 인류기)로 나뉜다. 그리고 제4기는 거대한 빙상氷床이 생겨났다 사라진 플라이스토세와 약 1만 년 전에 시작된 홀로세로 나뉜다.

최초의 화석

화석이란?

원래의 형태를 거의 잃지 않은 상태로 땅속에 보존된 동식물의 유해를 가리켜 화석이라고 한다. 이 용어는 '파낸 것'이라는 뜻의 라틴어 포실리스fossilis에서 유래한다. 생물이 죽었을 당시의 상태와 잔해에 따라 다양한 화석이 생긴다. 이빨이나 껍질, 뼈, 나무처럼 생물의 딱딱한 부분이 화석이 될 수도 있고 고유의 특징을 그대로 간직한 화석이 생길 수도 있다. 또한 생물 전체가 방해석이나 황철석 같은 광물로 바뀌는 경우도 있다. 또한 얼음, 타르, 토탄, 고대 나무의 송진처럼 다른 물질 속에 보존되기도 한다.

단세포 생물의 화석이 38억 년 된 암석에서 발견된 적도 있었다. 동물 화석은 약 10억 년 된 암석에서 처음으로 발견되었다. 남극에서 발견된 공룡 화석이나 시베리아 스텝 지대에서 발견된 물고기 화석처럼 예기치 않은 장소에서 화석이 발견되는 이유는 지각을 구성하는 대륙판의 이동과 시간에 따른 환경 변화 때문이다. 즉 공룡의 화석이 남극에서 발견되었다고 해서 공룡이 남극에서 발생했다는 뜻은 아니다. 그보다는 여러 종류의 생물이 살았던 보다 광대한 대륙에 남극도 포함되어 있었다고 보는 것이 옳다.

화석은 어떻게 만들어지는 것일까?

유해의 형태와 환경에 따라 다양한 방식으로 형성될 수 있다. 일반적으로 대부분의 화석은 비슷한 과정을 통해 생긴다. 먼저 뼈, 이빨, 껍질처럼 동물의 딱딱한 부분과 식물의 씨앗이나 나무의 일부가 모래나 진흙 같은 침전물에 덮인다. 수백만 년에 걸쳐 침전물이 겹겹이 쌓이면서 이런 유해는 땅속 깊숙이 묻히게 된다. 침전물은 결국 돌로 변하고 유해는 대개 광물화 작용을 통한 화학적 변화로 인해 돌이 된다(박물관에서 흔히 볼 수 있는 공룡 뼈가 이런 종류의 화석이다). 석화된 나무, 분석(석화된 배설물), 몰드, 캐스트, 자국, 족적 화석 등은 모두 이런 식으로 형성된 것이다.

대부분의 화석은 퇴적암에서 발견되는데, 퇴적암은 모래나 진흙 같은 침전물이 축적되어 생기는 것이다. 바람과 기타 기후 조건으로 인해 육지 위에 있는 침전물이 물속으로 날아가는 경우가 있다. 따라서 해양 생물의 화석이 육지 생물의 화석보다 훨씬 더 많다. 화석이 보존된 육지 동식물의 경우 대부분 고요한 호수나 강어귀의 퇴적물 속에서 발견된다.

또 원래 물질이 그대로 보존되는 경우도 있는데 보통 뼈와 이빨이 그 예라고 할 수 있다. 그러나 뼈나 이빨이 있던 자리의 공동은 석화라는 삼투 과정을 통해 무기물로 채워지는 경우가 훨씬 더 많다. 흐르는 지하수에는 이산화규소나 탄산칼슘이 들어 있는데(황철석 등 다른 광물이 들어 있는 경우도 있다) 이런 무기물이 구멍을 채운다. 따라서 결국에는 원래 뼈나 다른 유기재의 복제만 남게 되는 것이다.

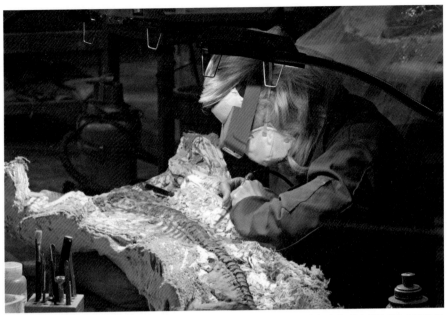

암석으로 둘러싸인 화석을 발굴하는 작업은 수백 시간이 걸리기도 한다. 수천만 년에 걸쳐 만들어진 유물을 망가뜨려서는 안 되기 때문이다.(iStock)

생물이 화석이 될 확률은 얼마나 될까?

모든 생물이 화석이 되는 것은 아니다. 살아 있는 생물이 화석이 될 확률은 매우 낮다. 부패해서 완전히 없어지거나 다른 동물이 씹다가 버리는 경우가 많기 때문이다. 그렇기 때문에 지구상에 살았던 동식물이 수십억이 되는데도 불구하고 화석은 얼마 없는 것이다. 우리가 발견한 화석은 지구상에 살았던 동식물의 일부에 불과하다.

생물이 죽은 직후 습한 퇴적물로 덮여서 포식자나 동물의 사체를 먹는 다른 동물, 박테리아 등의 공격을 받지 않는 경우에만 화석이 될 가능성이 있다. 동물의 연질부(피부나 세포막, 조직, 장기 등)는 빨리 부패하기 때문에 뼈와 이빨만 남는다. 발견된 화석의 대부분은 아무리 오래된 것이라고 해도 5억 년 이상 된 것이 아주 드문데 동물이 뼈와 그 밖의 경질부를 갖추기 시작한 것이 그때이기 때문이다.

다음은 공룡을 예로 들어 화석화 단계를 설명한 것이다. 이것을 보면 공룡이 화석화되는 것이 얼마나 어려운지 알 수 있다.

남은 살이 먹히고 부패함 공룡이 죽으면 곧 사체를 먹는 동물들에 의해 부드러운 살이 먹히게 된다. 부드러운 살 가운데 먹히지 않은 부분은 기후에 따라 빠르게 또는 천천히 썩어 결국에는 뼈만 남게 된다. 물론 경질부라고 변화하지 않는 것은 아니다. 바람과 물, 태양, 주변의 화학물질에 의해 둥글게 마모되거나 작아진다.

위치 퇴적물이 공룡의 뼈를 재빨리 덮을 수 있는 곳에 있지 않다면 화석화될 가능성은 희박하다. 강줄기가 바뀌거나 일시적으로 홍수가 발생하면서 뼈가 부서지고 흩어지기 때문이다. 그러나 가끔씩은 이런 이동으로 인해 화석화될 가능성이 높아지기도 하는데 강의 모래톱처럼 보존되기 좋은 장소로 뼈가 이동하기 때문이다.

매장 화석이 되기까지 가장 중요한 단계는 매장이다. 공룡의 뼈가 빨리 매장될수록 화석의 상태가 양호할 확률도 높아진다. 뼈가 다른 곳으로 이동하기 전이나 후에 진흙이나 모래로 덮이면 이동 후 손상되는 양이 줄어든다. 산소에도 덜 노출되기 때문에 추가적으로 뼈가 부패하는 정도가 줄어든다. 그래도 뼈는 여전히 손상될 수 있다. 뼈 위에 쌓이는 침전물의 양이 점점 늘어나기 때문이다. 또한 침전물 속에 들어 있는 산성 화학물질 때문에 손상되기도 한다.

화석화 네 번째는 실제 화석화 단계이다. 이 단계에서는 겹겹이 쌓인 침전물의 압력과 수분 손실로 화석을 둘러싼 침전물이 서서히 암석으로 변해간다. 그리고 알갱이들이 한데 뭉쳐 암석이라는 단단한 물질이 되는 것이다. 뼈대 속 공간이 방해석(탄산칼슘)이나 철을 함유한 무기물로 채워지거나 뼈 자체가 갖고 있던 인회석(인산칼슘)이 다시 결정화되면서 공룡 뼈는 화석으로 변한다.

노출 마지막으로 깊이 묻혀 있던 공룡 뼈가 표면으로 노출되어야 한다. 뼈가 발견되기 위해서는 뼈가 묻혀 있는 퇴적암이 땅위로 솟아서 바람과 물에 부식되어 화석화된 뼈가 노출되어야 하지만 너무 늦게까지 발견되지 않으면 바람과 물이 고대 생물의 소중한 기록을 없애버릴 수도 있다.

화석 기록상에 누락된 부분이 있는 이유는 무엇일까?

화석 기록에서 누락된 부분, 다시 말해서 지금까지 모인 화석으로 인해 '밝혀지지 않은' 대^{era}나 진화 단계가 있는 이유는 대부분 부식 때문이다. 부식은 주로 바람과 물, 얼음으로 인해 암석층과 그 안에 묻혀 있는 화석이 사라지는 지질 과정을 뜻한다. 또한 화석을 파괴하는 산의 융기와, 암석과 화석을 물리적으로 바꿔버리는 뜨거운 마그마 속에 화석이 묻히는 화산 활동 때문에도 일어난다.

화석의 나이는 어떻게 알 수 있을까?

화석의 나이를 알아내는 방법은 여러 가지가 있지만 대부분 간접적인 방법을 이용한다. 즉 화석의 나이가 아닌 화석이 발견된 토양이나 암석의 나이를 알아내는 것이다. 화석의 나이를 확인하는 가장 흔한 방법은 화석이 암석층의 어느 부분에 묻혀 있었는지 파악하는 것이다. 대부분의 경우 암석의 나이는 그 암석 속에 묻혀 있는 다른 화석에 의해 결정된다. 이것이 불가능한 경우에는 암석층의 나이를 확인하기 위해 특정한 분석 기법을 이용한다.

암석의 나이를 확인하는 기본 방법 중에는 방사능을 이용하는 방법이 있다. 예를 들어 지구 내부의 방사능이 광물 속에 있는 원자를 끊임없이 공격하면 결정체 구조 속에 갇힌 전자가 자극을 받는다. 이것을 바탕으로 전자스핀 공명법과 열 발광 측정법 등의 방사 측정 기법을 이용하여 광물의 나이를 알아내는 것이다. 광물 속에서 자극을 받은 전자의 수를 확인하여 유사한 자극을 받은 전자의 실제 증가량을 나타내는 데이터와 비교하면 자극된 전자가 축적되는 시간을 계산할 수 있다. 그리고 이 데이터를 통해 암석 사이에 묻혀 있는 화석의 나이를 판단하는 것이다.

다른 방법으로는 우라늄계 연대측정법도 있다. 이는 석회암 침전물 속에 들어 있는 토륨-230의 양을 측정해서 확인하는 방법이다. 석회암 침전물은, 우라늄은 있지만 토륨은 거의 없는 상태에서 생긴다. 우라늄이 토륨-230으로 부식되는 속도를 알기 때문에 석회암 암석 속에서 발견된 토륨-230의 양을 가지고 석회암 암석의 나이와 그 속에 묻힌 화석의 나이를 계산할 수 있다.

몰드와 캐스트란 무엇일까?

몰드와 캐스트는 화석의 종류이다. 매장된 동식물은 부패하기 때문에 대개 암석에는 속이 빈 몰드처럼 단단한 부분(아주 가끔은 연질부)의 외형만 남는다. 몰드에 침전물이 들어가게 되면 단단히 굳어 몰드에 대응하는 캐스트가 만들어진다.

흔적 화석이란?

모든 화석이 딱딱한 이빨과 뼈이거나 몰드와 캐스트는 아니다. 동물이 기어다녔거나 걸어 다녔거나 껑충껑충 뛰었거나 굴을 팠거나 뛰어다닌 증거만 보여주는 화석도 있다. 이것을 흔적 화석이라고 하는데 생물이 모래나 진흙과 같은 연한 퇴적물에 흔적을 남긴 것이다. 예를 들어 작은 동물이 먹이를 찾기 위해 호수 바닥에 이리저리 굴을 뚫었을 수도 있고, 공룡이 사냥하면서 부드러운 모래에 발자국을 남겼을 수도 있다. 단단한 부분이 화석화되는 것과 유사한 방식으로 이런 발자국이나 굴도 침전물로 채워진 다음 수백만 년에 걸쳐 층층이 쌓인 퇴적물에 묻혀 결국 굳게 된다. 이렇게 오래 전에 발생한 활동의 결과를 오늘날 흔적 화석에서 찾아볼 수 있다. 그런데 대부분의 흔적 화석은 어느 동물의 것인지 확인하기가 어렵다. 그 지역에 남겨진 생물의 단단한 화석 없이 흔적만 남아 있기 때문이다.

가장 유명한 흔적 화석으로는 공룡 발자국(컬페퍼, 버지니아, 골든 근처, 콜로라도 등)

화석이라고 해서 항상 뼈만 있는 것은 아니다. 이 물고기 화석은 실제 물고기 뼈가 아니라 토양에 새겨진 물고기의 자국일 뿐이다.(iStock)

과 사람의 발자국과 비슷한 발자국(예를 들어 동 아프리카에서 발견된 화석)이 있는데 모두 단단히 굳은 침전물에서 발견되었다.

족적 화석과 트레일에도 차이가 있다. 일반적으로 족적 화석은 뚜렷한 발자국 모양인 데 반해 트레일은 동물이 움직이면서 발이나 꼬리와 같은 부분을 질질 끈 자국만 나타낸다. 따라서 족적은 뚜렷하기 때문에 특정 발자국만으로도 서로 다른 동물을 구분할 수 있지만, 트레일만으로는 특정 동물을 알아내기가 어렵다.

공룡의 발자국이 우리에게 알려주는 것은 무엇일까?

'보행렬'이라고 하는 화석화된 수많은 공룡의 발자국은 공룡의 속도를 나타낸다. 그런 보행렬 중 하나가 애리조나 주 플래그스태프 북쪽에 있는 나바호 보호구역 Navajo Reservation에서 발견되었다. 이 장소는 1930년대에 미국 자연사박물관American Museum of Natural History의 바넘 브라운Barnum Brown이 발견했으나 얼마 전까지만 해도 알려지지 않은 화석지였다. 이 화석지에는 오른쪽과 왼쪽 거리가 2.4m나 되는 발자국이 남아 있어 공룡이 달리고 있었다는 사실을 알 수 있다. 발자국을 계산해보니 공룡의 속도는 시속 23.3㎞였는데, 이는 공룡이 빨리 달렸다는 뜻이다.

현재까지 가장 빠른 공룡의 발자국은 텍사스 주 글렌로즈에서 발견된 쥐라기 육식공룡의 것으로 왼쪽과 오른쪽 발자국의 거리가 5m나 떨어져 있었다. 이 공룡의 속도를 계산한 결과 시속 42.8㎞인 것으로 나타났는데 이는 가장 빠른 인간보다 훨씬 빠른 속도이다.

공룡 화석

공룡 화석과 다른 화석을 구분할 수 있을까?

공룡 화석을 확인하는 가장 좋은 방법 중에 하나는 크기를 재는 것이다. 크기가 엄청나게 큰 공룡 뼈가 많기 때문이다. 예를 들어 아파토사우루스^{Apatosaurus}의 대퇴골은 1.8m 이상이다.

그러나 크기가 전부는 아니다. 닭이나 고양이만큼 작은 공룡도 많았다. 공룡과 다른 동물을 구분하는 방법은 머리, 꼬리 엉덩이뼈 등 뼈대의 구조와 방향을 가늠하는 것이다. 또 공룡 화석은 다른 공룡과 함께 발견되는 경우가 많다. 호숫가나 바닷가에 여러 마리의 화석이 함께 발견되는 경우, 육식공룡이든 초식공룡이든 공룡의 화석일 가능성이 크다. 공룡은 동식물이 많이 사는 물가 주변에서 먹이를 찾아다녔기 때문이다.

물론 모든 공룡이 이런 식으로 발견된 것은 아니다. 1998년에 한 아마추어 화석 수집가는 영화 〈쥐라기 공원$^{Jurassic\ Park}$〉을 본 후에야 자신이 소유한 새의 화석이 공룡 화석이라는 것을 알았다. 이 화석의 표본은 이탈리아에서 발견되었는데 길이가 24㎝에 불과했다. 과학자들은 그것이 죽기 직전에 부화한 스키피오닉스 삼니티쿠스$^{Scipionyx\ samniticus}$라는 이름의 수각아목^{Theropod} 새끼 공룡이라는 것을 밝혀냈다. 이 화석은 공룡이 죽은 직후 산소가 부족한 물에 묻혔을 가능성이 크다. 장기와 근섬유, 그리고 간처럼 보이는 연질부 등이 보존되었기 때문에 지금까지 발견된 화석 중에서 가장 중요한 공룡 화석이라고 할 수 있다.

최초로 공룡 뼈가 수집된 것은 언제였으며 어떤 것이었을까?

아마도 인류가 살기 시작한 때부터 화석화된 공룡 뼈는 줄곧 발견되었겠지만 무엇인지는 몰랐을 것이다. 따라서 아주 최근까지 화석 기록이나 설명이 남아 있지 않았다. 화석화된 상어의 이빨과 껍질에 대한 기록은 중세 유럽 때부터 남아 있지만 중세인들은 하나님이 만든 동식물이 멸종하는 일은 없을 것이라 생각했기 때문에 다른 식으로 설명했다. 예를 들어, 고대의 멸종된 동식물 종이 아니라 현존하는 동식물의 유해라고 했고, 그 외에는 동식물의 유해를 닮은 돌에 불과한 것으로 인식했다.

공룡 뼈에 대한 최초의 기록은 1676년 영국 옥스퍼드 대학교의 화학 교수인 로버트 플롯Robert Plot(1640~1696)이 저술한 《옥스퍼드 주의 자연사The Natural History of Oxfordshire》에 남겨져 있다. 플롯 교수는 그것이 거대한 뼈의 부러진 일부라는 것을 정확히 파악하기는 했지만 공룡의 뼈라고는 생각하지 못했다. 그는 신화와 역사, 성경을 인용하며 그것이 남자 또는 여자 거인의 뼈일 것으로 추측했다. 1763년에는 R. 브룩스R. Brooks가 겉모습을 빗대어 그 뼛조각에 스크로툼 후마눔Scrotum Humanum이라는 학명을 붙였지만 진지하게 받아들여진 적은 한번도 없었다. 플롯 교수의 설명에 근거하여 현재 그 뼛조각은 쥐라기 중반에 현재 옥스퍼드 주에 해당하는 지역에 살았던 육식공룡 메갈로사우루스Megalosaurus의 아래쪽 대퇴골 끝 부분일 것으로 보고 있다.

1787년에는 미국의 물리학자 캐스파 위스타Caspar Wistar(1761~1818)와 티모시 매틀랙Timothy Matlack(정치인. 미국 독립 혁명 때의 애국자로 더 알려져 있음, 1730~1829)이 뉴저지 주에서 거대한 화석 뼈를 발견했다. 그들은 발견한 뼈를 발표했으나 무시되었고 끝내 공룡 뼈인지 확인하지 못했다. 어쩌면 그것이 북미에서 최초로 수집된 공룡 뼈일 수도 있다.

지금까지 발견된 공룡 화석 중 가장 오래된 것은?

현재까지 발견된 공룡 화석 가운데 가장 오래된 것이라고 주장하는 뼈가 몇 개 있다. 지금까지 발견된 가장 오래된 공룡 뼈와 두개골은 2m 길이의 작은 육식공룡 속屬일 가능성이 있지만, 그것이 조치류라는 또 다른 종류의 파충류라는 의견도 있다. 이 화석은 브라질에서 발견되었는데 2억 3500만~2억 4000만 년 전에 살았던 것으로 보고 있다.

그보다 앞서 아르헨티나에서는 2억 2800만 년 된 육식공룡 에오랍토르Eoraptor 가 발견되기도 했다. 얼마 전에는 브라질 남부의 산타마리아에서 약 2억 2000만 년 전에 살았던 초식공룡 원시용각하목Prosauropod 세 마리의 화석화된 뼈가 발견되기도 했다. 또한 마다가스카르에서 발견된, 2억 3000만 년 전에 살았던 것으로 보이는 원시 용각류가 가장 오래된 '공룡'(또는 공룡의 시조)이라는 주장도 있다.

에오랍토르는 방사선 동위원소 분석을 이용해 연대를 측정한 반면 마다가스카르에서 발견된 화석은 '공룡'의 연령을 측정하기 위해 주변 화석을 이용하는 표준 화석법을 이용했다.

공룡의 진화

공룡이란?

공룡이란 지사^{地史}학적으로 중생대에 살았던 특정한 동물을 가리키는 말이다. 개략적으로 설명하긴 어렵지만 두 가지 사항에 대해서만큼은 학자들의 의견이 일치한다. 공룡 중에는 몸집이 작은 종도 많았지만 대체로 지구상에 걸어 다녔던 동물 가운데 가장 큰 부류에 속한다는 점과 공룡이야말로 최소한 1억 6000만 년 동안 지구상에 존재했던 가장 성공적으로 번성한 동물 가운데 하나라는 점이다.

공룡이라는 뜻의 '다이너소어'라는 용어는 무엇을 의미할까?

다이너소어^{Dinosaur}는 데이노스^{Deinos}와 사우로스^{Sauros}라는 그리스어를 합친 디노사우리아^{Dinosauria}에서 유래한 용어로, '끔찍한 파충류' 또는 '끔찍한 도마뱀'이라는 뜻이다.

다이너소어라는 용어를 만든 사람은 영국의 유명한 해부학자 리차드 오웬 경^{Sir Richard Owen}(1804~1892)이다. 1842년, 그는 그때까지 알려지지 않았던 거대한 파충류 두 그룹의 1억 7500만 년 된 화석 유해를 설명하기 위해서 이 용어를 고안해 냈다. 그는 1854년에 영국 런던의 크리스탈 팔레스에서 최초의 공룡 전시회를 열기도 했다.

공룡의 시조

초기 단세포 생물이 생겨난 이후 생물은 어떤 식으로 진화했을까?

단세포 생물이 생겨난 지 수억 년이 지나자 바다는 크고 다양한 생물로 넘쳐났다. 약 6억 년 전이었던 선캄브리아기 말(선캄브리아기로 분류됨)에는 벌레와 해파리 같은 최초의 연질동물이 생겨났다. 껍질이 있는 연체동물처럼 경질부를 가진 최초의 동물은 선캄브리아기 시대가 지난 후 고생대의 첫 기期인 캄브리아기에 나타났다.

척추동물이란?

최초의 척추동물, 즉 척추를 가진 동물은 캄브리아기 말에서 오르도비스기 초에 생겼는데, 오늘날의 먹장어나 칠성장어와 비슷한 모습에 턱이 없는 민물고기였다. '물고기 시대'로 알려진 데본기에는 턱이 있는 물고기가 바다를 지배했다. 약 3억 8000만 년 전쯤에는 경골 골격을 갖춘 물고기 종이 진화해 공기를 흡입할 수 있는 허파와 몸을 지탱할 수 있는 '팔다리'를 갖게 되었다. 이들이 바로 양서류의 시조로 실루리아기 초에 식물이 육지로 번져나가면서 최초로 육지에 발을 내디딘 동물이다.

원시 양서류에는 어떤 것들이 있으며 언제 존재했을까?

양서류는 허파로 공기를 호흡했던 최초의 육지 척추동물로 총기어류Lobe-finned

fish와 원시 테트라포드Tetrapod에서 진화했다. 테트라포드는 물고기 모양의 머리와 꼬리를 가졌으며 서로 연결되어 있는 잎 모양의 지느러미 같은 다리를 가진 동물이다. 그들은 데본기 말이었던 3억 4000만 년 전쯤에 생겨났다.

현재까지 발견된 가장 오래된 양서류 시조의 화석은 3억 6000만 년 전에 살았던 것으로 추정된다. 이들은 물고기가 할 수 없었던 것, 즉 공기를 들이마실 수 있었다. 양서류가 생기기 시작하던 초기에 호흡기관이 아가미에서 허파로 바뀌었다. 원시 양서류는 물에서 살다가 육지로 이동한 원시 어류의 직계후손으로 동물의 중요한 전환 단계를 보인다. 또한 제대로 된 다리와 혀, 귀, 후두를 갖추게 된 최초의 척추동물이기도 했다.

양서류에 해당하는 '앰피비안Amphibian'이라는 말은 '둘 다'를 의미하는 그리스어 앰피amphi와 '생명'을 의미하는 바이오스bios에서 유래했다('이중 생활을 하는'으로 해석되기도 한다). 이 용어는 양서류가 물속에서도 살 수 있고 물 밖에서도 살 수 있다는 것을 의미한다.

약 3억 6000만~2억 8000만 년 전인 고생대 석탄기는 양서류의 수가 급증하던 시기였다. 약 2억 8000만~2억 4800만 년에 해당하는 페름기에도 양서류가 급증했다. 두 시기 동안 지구의 기후는 따뜻하고 습도

현재도 존재하는 해파리는 지구상에 최초로 생긴 연질동물 중 하나이다.(iStock)

가 높았으며 늪과 습지, 호수가 지형의 대부분을 차지하고 있었다. 즉 양서류에게 필요한 물이 충분히 있었던 완벽한 환경이라고 할 수 있다. 그래서 문헌에 따라서는 석탄기나 페름기를 가리켜 '양서류의 시대'라고도 한다(그러나 대부분 페름기에 접어들면서 양서류가 지배하던 세상을 파충류가 지배하기 시작한 것으로 보고 있다).

양서류의 시조 격에는 어떤 동물이 있을까?

양서류의 시조에 해당하는 몇가지 화석이 발견되었다. 예를 들어 양서류로 진화하는 초기 단계에 해당되는 동물로 아칸토스테가 Acanthostega라는 것이 있는데 데본기 말인 약 3억 6000만 년 전에 나타났다. 이것은 다리를 가진 최초의 동물 중 하나로 발가락도 있었고(한 쪽에 8개씩), 지느러미 줄도 없었으며, 또렷한 골반을 갖고 있었고, 성장한 후에도 아가미가 있었다. 또 다른 초기 양서류 화석은 어류와 양서류의 중간에 해당하는 것으로 익티오스테가 Ichthyostega다. 상태가 가장 좋은 익티오스테가 화석은 그린란드에서 발견되었다. 이 초기 양서류는 데본기 말 늪에서 살면서 온화하고 따뜻한 날씨를 만끽했다. 그때에는 육지에 벌레도 생겨났기 때문에 느릿느릿 움직이는 양서류들이 잡아먹을 수 있었다. 익티오스테가는 길이 1m에 다리가 네 개였고 꼬리에 지느러미가 달려 있었다. 즉 물에서 헤엄도 치고 육지로 올라올 수도 있는 양서류와 어류의 특징을 모두 갖추고 있었다.

물에서 육지로 이동할 때 양서류는 어떤 문제를 겪었을까?

초기 양서류가 직면한 가장 큰 문제는 몸을 지탱하는 것이었다. 물에서는 물의 부력에 의해 몸이 뜨기 때문에 사실상 '몸무게를 느끼지 못한다.' 그러나 육지에 올라오면 몸을 들어 올려야 하는데다 내부 장기도 중력으로 인해 눌리지 않도록 보호해야 했다. 즉 반드시 튼튼한 흉곽이 필요했다. 앞발과 뒷발 사이의 몸무게만 지탱하는 것이 아니라 머리까지 들어야 하기 때문에 척추와 인대, 근육 또한 튼튼해야 했다. 또한 걸어 다니기 위해서는 다리와 다리 근육의 모양이 변해야 했다. 따라

노처럼 생긴 꼬리를 가진 이 영원(newt)처럼 고대 양서류도 육지와 바다를 오가며 살았다. 고대 양서류는 물 밖에서 오랫동안 살 수 있었던 최초의 동물이다.(iStock)

서 뒷다리 근육이 다리를 지탱하는 골반에 붙게 되었고 뼈대 전체가 튼튼하게 변해갔다.

또 땅에서 호흡하는 데 적응하는 것도 문제였다. 그래서 초기 양서류는 점점 더 폐로 호흡하는 일이 많아지면서 아가미에서 폐로 호흡기를 변경해야 했다. 생식기, 수중 균형, 감각 또한 물속과 물 밖을 오가는 새로운 삶에 적응해야 했다. 예를 들어 초기 양서류는 대부분의 시간을 물속에서 보내면서 물속에서만 살아가는 새끼(올챙이)를 낳았을 것이다. 그러나 올챙이가 자라면 결국 물속과 물 밖에서 모두 살 수 있어야 했다. 물에 의존하던 양서류는 축축한 상태로 남아 있는 한 물 밖에서 살 수 있게 적응할 수 있었다. 뿐만 아니라 시각, 후각, 청각 모두 점점 더 중요한 역할을 하게 되면서 양서류의 감각도 마찬가지로 적응해야 했다. 예를 들어 양서류의 고막은 반 육지동물이 공기 중의 소리를 듣기 적합하게 진화했다. 양서류의 눈도 물이 아니라 공기 중에서 볼 수 있도록 발달해야 해 눈꺼풀이 생기게 되었다. 누관도 발달하여 눈물로 눈을 계속 적실 수 있었다.

이런 식으로 진화한 후에도 양서류들은 물속에 알을 낳고 부화해야 했기 때문에 여전히 연못이나 호수, 바닷가 근처에서 살았다. 진화도 양서류를 그렇게 많이 변화시키지는 못했다. 현생 양서류도 여전히 물과 떨어져 살 수 없으니 말이다.

양서류가 파충류로 처음 진화한 것은 언제일까?

양서류의 한 무리가 파충류로 진화한 것은 석탄기로 추정된다. 최초의 파충류는 도마뱀 정도로 크기가 작은 동물이었지만 방수가 되는 피부와 두꺼운 껍질을 가진 알 등 조상인 양서류와는 많은 면에서 달랐다. 따라서 파충류는 수분을 유지하거나 물속에 알을 낳기 위해 물 근처에서 살 필요가 없었다. 실제로 파충류의 진화는 지질학적으로 매우 빠른 속도로 이루어졌다. 4000만 년 만에 수천 종의 파충류가 생겨났으니 말이다.

파충류가 진정한 육지동물이 되기까지 일어난 가장 중대한 변화는 무엇일까?

껍데기에 싸인 알을 낳게 되면서 파충류는 오로지 육지에서만 번식을 하며 온전히 물 밖에서 살 수 있게 되었다. 성체가 되기 전에 물속에서 올챙이 시절을 보내야 하는 양서류 새끼와는 달리 껍데기에 싸인 파충류의 알은 파충류 새끼에게 일종의 '개인 연못' 역할을 했다.

알은 무수히 많은 작은 구멍이 뚫린 단단한 껍데기로 이루어져 있었다. 이 구멍을 통해 공기가 유입되면서도 껍데기가 단단했기 때문에 주변이 건조하지 않는 한 내부가 마르지 않는 구조였다. 알은 어미가 낳기 전에 어미의 몸속에서 수정되었다. 껍데기 안에는 매우 얇은 주머니가 세 개 있었는데 각각의 주머니는 저마다 다른 기능을 담당했다. 첫 번째 주머니는 자라나는 새끼와 수분을 담는 역할을 했다 (연못이나 개울의 역할). 이 부분을 양막 ^{amnion}이라고 하는데 알을 가리킬 때도 양막이라고 하는 이유가 이것 때문이다. 두 번째 주머니는 노른자가 담긴 곳으로 자라나는 배아에게 영양분을 공급했다. 세 번째 주머니는 껍데기를 뚫고 들어오는 공기와의 접촉을 담당했다. 따라서 새끼 파충류에게는 영양분과 공기를 흡입할 수 있고 포식자로부터 보호받으며 자라날 수 있는 수생 환경이 갖춰진 것이다. 그리고 결국 어미를 축소해 놓은 형태로 부화하여 자립할 수 있는 힘을 갖게 되었던 것이다. 껍데기가 있는 알 덕분에 파충류는 더 이상 번식하기 위해 물이 필요하지 않았기 때문에 물이 없는 곳에서도 사냥을 하면서 육지 위에서 번성할 수 있었다.

가장 오래된 파충류에는 어떤 것들이 있을까?

최초의 파충류라고 알려진 힐로노무스^{Hylonomus}와 팔레오티리스^{Paleothyris}는 모두 고생대의 석탄기 중기에 양서류에서 진화한 것이다. 양서류에서 파충류로 진화한 것을 가장 잘 나타내는 근거는 초기 파충류가 가지고 있던 높은 두개골(턱 근육이 있었다는 증거)과 두꺼운 알껍데기이다. 현재까지는 약 3억 1500만 년 전에 살았던 힐로노무스가 가장 오래된 파충류로 알려져 있으며 팔레오티리스는 3억 년 전쯤에 진화한 것으로 추정된다. 이들의 화석은 캐나다의 노바스코샤 부근에 있는 오래된 나무 그루터기에서 발견되었다. 이들은 벌레나 곤충을 쫓다가 나무 그루터기로 떨어졌고 그 속에 갇혀 죽은 것으로 보인다.

현생 양서류에는 어떤 것들이 있을까?

오늘날 양서류에는 개구리, 두꺼비, 도롱뇽, 영원류 등 이름만 들어도 알 만한 것들이 있다. 이들은 중생대 말 공룡이 멸종했을 때 살아남은 그룹이 진화한 것이다. 현생 양서류 중 초기 양서류와 가장 모습이 흡사한 것은 아마도 영원과 도롱뇽일 것이다. 현생 양서류의 크기가 훨씬 작긴 하지만 말이다.
현재 척추동물에 해당되는 양서류로는 약 3,500종이 있는데 다음 세 가지 목으로 나뉜다. 개구리와 두꺼비(무미 목), 도롱뇽과 영원(유미 목), 그리고 캐실리언 caecilian(무족영원 목)이다. 그러나 멸종된 양서류의 수가 훨씬 더 많다. 육지를 탐험하기 시작한 최초의 척추동물이었던 이 고대 양서류는 다른 종의 먹이가 되었던 것으로 보인다.

양서류가 아닌 파충류가 중생대를 지배한 이유는 무엇이었을까?

양서류처럼 물에 의존하지 않아도 된다는 것 외에도 파충류가 중생대를 지배했던 이유는 크게 두 가지로 볼 수 있다. 첫째, 파충류는 양서류보다 빨리 움직이기에 적합한 골격 구조로 진화했다. 둘째, 페름기는 기후가 그 전보다 더 따뜻하고 건조했으며 수원이 많이 사라진 상태였다. 비늘의 발달에서부터 알 속에 물을 보유해서 물이 없어도 살아갈 수 있게 되기까지 새로운 환경에 적응한 파충류는 그렇지 못

현생 물고기와 매우 유사하지만 파충류에 속하는 이크티오사우루스는 물속에서만 살았던 최초의 파충류 중 하나였다.(iStock)

한 양서류에 비해 꾸준히 번성할 수 있었다.

바다로 돌아간 파충류도 있을까?

그렇다. 파충류가 육지에 널리 퍼지면서 그중 일부는 물로 되돌아가기도 했다. 어느 정도 시간이 지나면서 물로 돌아간 파충류는 물속에 알맞게 진화하고 적응했다. 그들의 다리는 다시 서서히 지느러미와 물갈퀴로 진화했고 눈은 물속에서 볼 수 있게 적응했으며 체형도 물속에서 더 빨리 움직일 수 있도록 유선형으로 변했다. 뿐만 아니라 더 이상 육지에서 알을 낳을 수도 없게 되었다. 따라서 새끼를 어미의 몸속에서 낳는 방식으로 진화하게 되었는데 이것을 난태생이라고 한다. 이크티오사우루스Ichtyosaurus, 즉 '어룡'은 물고기와 가장 비슷하게 생긴 파충류라 할 수 있다.

파충류는 어떻게 분류될까?

최초의 파충류가 등장하고 1억 년 동안 수많은 종의 파충류가 끊임없이 나타났다. 현재 파충류의 분류에 관해서는 의견이 분분한 상태이지만, 일반적으로 다음과 같은 네 가지 목으로 나눌 수 있다.

악어목 크로커다일^{Crocodile}, 앨리게이터^{Alligator}, 가비알^{Gharial}, 카이만^{Caiman}
　　 등 총 23종

뱀목 도마뱀, 뱀, 지렁이 도마뱀, 무족도마뱀 등 7,900여 종

거북목 바다거북과 거북 등이 포함된 300여 종

옛도마뱀목 뉴질랜드에만 살고 있는 멸종 위기의 큰 도마뱀 등 2종

　파충류를 분류하는 다른 방법도 있다. 측두창, 즉 눈 뒤 두개골 옆에 나 있는 구멍의 위치에 따라 무궁류^{Anapsid}, 단궁류^{Synapsid}, 이궁류^{Diapsid}, 광궁류^{Euruapsid}로 분류하는 방법이다. 무궁류는 두개골에 구멍이 없는 종으로 오늘날의 거북과 바다거북으로 진화했다. '같은 구멍'이라는 뜻의 단궁류는 구멍이 두개골 낮은 쪽에 위치한 것인데, 한때 현생 포유동물의 조상으로 여긴 적도 있었다(즉 현재는 진정한 파충류로 인식되지 않는다). 이 중에서 공룡으로 진화한 것은 '두 개의 구멍'을 가진 이궁류이다. 광궁류에 대해서도 의견이 분분한데 광궁류란 두개골 옆에 구멍이 하나만 나 있는 것으로 지금은 주로 이궁류에 포함된다.

공룡의 등장

파충류는 어떻게 공룡으로 진화했을까?

　파충류 중에서도 공룡으로 진화한 것은 이궁류이다. 이들은 턱 근육이 두개골의 양 옆에 난 구멍에 연결되어 있어 턱이 더 많이 벌어지고 더 튼튼했다. 페름기에 들어서 어느 시점에서부터 이궁류는 인용류와 조룡류의 두 그룹으로 나뉘게 되었다. 그중 오늘날의 도마뱀과 뱀으로 진화한 것이 인용류이고, 공룡으로 진화한 것이 조룡류이다.

원시 조룡류는 어떻게 생겼을까?

가장 전형적인 조룡으로 볼 수 있는 머리가 큰 샨시수쿠스^{Shansisuchus}는 트라이아스기 중기인 약 2억 2000만 년 전에 현재 중국에 해당하는 지역에 살았다. 샨시수쿠스는 길이가 2.2m였고 긴 뒷다리와 짧은 앞다리를 가졌다.

그 외에 어떤 조룡류가 있었을까?

조룡류는 여러 면에서 다양했다. 트라이아스기 중기에 살았던 그라킬리스쿠스^{Gracilisuchus}처럼 길이 30㎝에 뒷다리만으로 짧은 거리를 달릴 수 있었던 것도 있었고 길이 4m에 사족보행하는 육중한 육식동물 카스마토사우루스^{Chasmatosaurus}도 있었다. 길이가 70㎝인 라게르페톤^{Lagerpeton}은 매우 독특한 뒷다리를 가졌는데, 그중에서도 유난히 긴 넷째 발가락은 걸터앉는 데 쓰인 것으로 보인다.

조치류란 무엇일까?

예전에는 조치류^{Thecodont}(구멍 이)를 페름기 후기에서 트라이아스기 말까지 살았던 그룹으로 보았다. 공룡이나 악어, 새, 익룡으로 진화한 조룡류 가운데 일부라고 생각했기 때문이다. 그러나 이제는 더 이상 사용하지 않는 명칭이 되었는데, 여기에는 명확한 이유가 있다.

대부분의 과학 분야와 마찬가지로 초기 공룡에 관한 연구 또한 끊임없이 변화하며 학자들의 의견도 여러 갈래로 나뉜다. 그중에는 1980년대 중반 조룡류에서 진화한 조치류 그룹이라는 주장도 있다. 하지만 현재는 과학자들 대부분이 조치류라는 그룹이 존재하지 않는다고 보고 있다. 그 근거로 이 그룹으로 분류되었던 동물 중에는 악어와 밀접한 관련이 있는 것도 있고 공룡과 관련이 있는 것도 있으며 조룡류 전체와 관련이 있는 것도 있다는 사실을 제시했다. 반면 조치류가 실제로 존재하지는 않는다 해도 조룡류에 속하는, 치조 속에 이빨이 있는 특정한 동물을 묘사하기에 편리한 명칭이라는 의견도 있다.

진정한 공룡으로 진화하는 과정에서 다음 단계는 무엇이었을까?

시간이 흐르면서 공룡의 진화 과정은 또 다른 국면을 맞이했다. 골격 구조, 특히 엉덩이가 변했는데 그로 인해 많은 공룡이 두 발로 달릴 수 있게 된 것이다. 도마뱀처럼 생긴 조그만 파충류인 에우파르케리아^{Euparkeria}는 사족보행하는 육지동물이었는데 급할 때는 두 발로도 달릴 수 있었다. 비슷한 시기에 오르니토수쿠스^{Ornithosuchus}, 즉 '새 악어'라는 이족보행하는 포식자도 있었다. 오르니토수쿠스의 앞다리는 네 발로 걷기에는 너무 작았고 허벅지는 거의 수직으로 곧게 뻗어 있었다. 이것으로 미루어보아 오르니토스쿠스는 두 발로 걸었던 것으로 짐작된다.

파충류 중 공룡에게만 있었던 특징은 무엇이었을까?

다른 파충류와 달리 공룡은 몸 아래쪽에 다리가 나 있었다. 그래서 매우 효율적으로 걷거나 달릴 수 있었는데, 그중에는 완벽하게 두 발 동물로 변한 것도 있었다. 또한 양서류, 원시 파충류와 달리 공룡은 후각, 시각, 청각이 발달해 있었다.

최초의 원시 공룡으로 알려진 것에는 무엇이 있을까?

최초의 원시 공룡으로 알려진 것 중 두 종류는 매우 빨리 달리는 육식동물이었다. '새벽 사냥꾼'이라고 알려진 에오랍토르는 1m 길이에 체중은 10kg 정도로 몸집이 작은 공룡이었고, 헤레라사우루스^{Herrerasaurus}는 길이가 3~6m 정도였다. 두 종류 모두 지금의 아르헨티나에 해당하는 지역에서 약 2억 3000만 년 전에 살았다. 또 다른 원시 공룡으로는 트라이아스기 후기(약 2억 2000만 년 전)에 살았던 것으로 추정되는 스타우리코사우루스^{Staurikosaurus}가 있는데 브라질에서 발견되었다. 길이가 약 2m인 이 공룡은 직립보행이 가능해서 빨리 걸을 수 있었다.

이런 원시 공룡이 진화한 다른 공룡이 잇달아 나타나기 시작하면서 공룡은 점점 더 다양한 종류가 등장해 생태적 지위를 차지했다.

초기 육식공룡과 초식공룡은 어떻게 생겼을까?

최초의 육식공룡은 모습과 크기가 가지각색이었다. 전형적인 육식공룡으로는 쥐라기 전기에 살았던 6m 길이의 딜로포사우루스^{Dilophosaurus}를 꼽을 수 있다. 이 공룡의 뒷다리는 튼튼했지만 앞다리는 짧고 약했다. 또한 이마에 가느다란 볏이 두 개 나 있었는데 체온을 조절하거나 영역을 차지하거나 짝을 찾는 과정에서 과시용으로 이용되었을 것이다. 초기 초식공룡도 크기와 형태가 다양했다. 전형적인 초식공룡으로는 쥐라기 전기에 살았던 칠면조 크기의 헤테로돈토사우루스^{Heterodontosaurus}를 꼽을 수 있는데, 헤테로돈토사우루스는 날카로운 앞니와 송곳니 모양의 엄니, 그리고 식물을 씹기에 적합한 어금니를 갖고 있었다.

공룡은 어떻게 분류할까?

모든 동식물은 현대 분류표에 따라 분류된다. 현대 동식물 분류표를 처음으로 만든 사람은 스웨덴의 동식물 연구가였던 카롤루스 린네^{Carolus Linaeus, Carl von Linne}(1707~1778)이다. 동물 분류에 대한 표준 린네식 체계에 따르면 공룡은 동물계(계), 척삭동물문(문), 파충류(강), 공룡류(하강)와 같은 계층으로 나뉜다. 물론 이보다 더 많은 분류가 있는데 새로운 공룡 화석이 발견될 때마다 분류체계가 점점 더 길어지는 중이다.

그러나 일반적으로 공룡은 엉덩이뼈를 중심으로 크게 두 부류로 나뉜다. 두 개의 낮은 뼈가 서로 반대 방향으로 향해 있고 치골이 앞으로 향한 것을 용반목 또는 도마뱀 골반 공룡이라고 하고, 두 개의 낮은 뼈가 뒷다리 뒤에 함께 놓여 있고 치골이 뒤로 향한 것을 조반목, 또는 새 골반 공룡이라고 한다. 티라노사우루스 렉스는 도마뱀 골반 공룡에 속하고 이구아노돈^{Iguanodon}은 새 골반 공룡에 속한다.

세월이 흐르면서 공룡에 대한 정의는 어떻게 변했을까?

1842년, 리차드 오웬 경은 공룡이 모두 같은 조상의 후손이라고 생각했다(고생물학적 용어로 일원성 그룹^{monophyletic} group이라고 한다). 이것은 모든 공룡이 공통적인 특징을 가졌다는 뜻인데, 그는 공통된 특징만 알아낸다면 다른 동물과 진정한 공룡을 구분하는 데 이용할 수 있을 것이라고 생각했다.

1887년에는 해리 실리^{Harry Seeley} (1839~1909)가 용반목과 조반목이라는 두 종류의 공룡 그룹이 있다는 사실을 발견했다. 이때부터 공룡의 조상은 한 종류 이상일 것이라고 생각하게 되었다. 그런데다 발견된 여러 공룡 종이 제각각 다른 조상을 가리키자 문제는 한층 더 복잡해졌다. 결국 공룡은 공통된 특징이 거의 없

1842년에 영국의 동물학자 리차드 오웬 경이 '공룡'이라는 용어를 만들었다.(iStock)

는 파충류의 한 그룹으로 분류되었다. 이런 초창기 과학적 해석으로 인해 공룡은 더 이상 한 가지 공통된 특징을 갖지 않은 동물, 즉 조룡류에 속하는 여러 조상에서 파생된 다원성 그룹으로 분류되었다. 이렇게 해서 모든 공룡이 공통적으로 갖고 있는 유일한 특징은 더 이상 거론되지 않았다.

현재까지 알려진 공룡의 종은 모두 얼마나 될까?

현재까지 발견된 공룡 종에 모두 이름이 붙여진 것은 아니다. 지금 현재는 600~700종의 공룡이 있다. 그러나 주의해야 할 점이 있다. 이 표본의 절반 정도만 완전한 뼈대로 이루어져 있는데, 완전한(아니면 거의 완전한) 뼈대가 있어야만 그 뼈가 완전한 별개의 종에 속하는지 확신할 수 있다는 것이다. 놀랍게도 아직 발견

되지 않은 공룡 속은 700~900가지나 되는 것으로 예상된다.

최초로 공룡 뼈대가 발견된 후 얼마나 많은 종의 공룡에게 이름이 붙여졌을까?

명명된 종의 수는 자료에 따라 다르다. 250개 정도밖에 안 되는 것도 있고 1,000여 개가 나오는 것도 있다. 19세기에 최초로 공룡 뼈대가 발견된 이후 수백 종의 공룡에게 이름이 붙여졌다고 말하는 편이 안전할 것이다. 매년 새롭게 발견되는 화석과 종에 관한 의견 일치가 이루어지지 못하는 현실에서 공룡 진화 패턴의 수수께끼는 공룡 연구에 커다란 장애가 되고 있다.

현생 동물 종에 비해 현재까지 알려진 공룡 종의 수는?

정확하게 알려진 공룡의 종은 700종이나 되지만, 현재 알려져 있는 거미 종의 1/3에도 되지 않고 조류 종의 1/10도 되지 않으며 포유류 종의 1/15에도 미치지 못한다.

현재 공룡은 분기학을 이용해 어떻게 정의되고 있을까?

분기학은 하나의 조상에서 파생된 모든 생물을 분류하는 방법으로 생물의 진화 가계도의 분지를 근거로 삼는다. 동일한 조상을 가진 유사한 특징을 가진 생물들은 계통군이라고 하는 분류학상 그룹에 속하게 된다.

분기학을 통해 연구한 결과 모든 공룡이 여러 가지 고유한 공통점을 가진 것으로 밝혀졌다. 사실 이런 파충류들은 공통된 조상에서 진화한 일원성 그룹으로 정의된다. 또한 현대 분지 분석 '테스팅' 기법의 발달로 인해 밀접한 연관이 있으면서도 공룡은 아닌 현생 동물과 진정한 공룡을 분류할 수 있게 되었다.

분기학을 이용해 화석화된 뼈대에서 특정한 특징이 발견될 경우 그 파충류는 공룡으로 판단된다. 이런 특징으로는 다음과 같은 것들이 있다.

상완골에 있는 가늘고 긴 삼각형 돌기^{deltopectoral crest}, 세 개 이하의 넷째 손가락의 뼈마디, 퇴화된 후전두골, 경골 위에 있는 돌기, 세 개 이상의 천추, 완전하게 열려 있는 흡반, 공 모양의 대퇴골 윗부분, 경골의 발목 부분에 있는 거골의 돌출부. 다시 말해서 공룡인지 아닌지 확인하기 위해서는 뼈대의 해부학적 구조를 자세히 분석해야만 한다. 이것은 매우 전문적인 능력을 요하기는 하지만 요점은 화석 뼈대가 공룡의 것인지 아닌지 분별할 수 있는 명확한 검사법이 이제는 존재한다는 사실이다.

공룡의 이름은 어떻게 정해질까?

공룡의 이름은 여러 곳에서 따오지만 일반적으로 신체적 특징을 따서 만든 것도 있고('높고 구불거리는 이빨'이라는 뜻의 힙실로포돈^{Hypsilophodon}), 뼈가 최초로 발견된 장소를 딴 것도 있으며(무타부라사우루스^{Muttaburrasaurus}), 발견에 참여한 사람의 이름을 따서 지은 것도 있다(레아엘리나사우라^{Leaellynasaura}).

대부분의 경우 공룡의 이름에는 두 단어의 그리스어나 라틴어가 포함되어 있는데 그리스어와 라틴어가 합성된 것도 있다. 예를 들어 티라노사우루스 렉스는 '폭군 도마뱀의 왕'이라는 뜻의 그리스어와 라틴어가 합성된 것이다. 속명과 종명이라고 알려진 학명은 생물학자들이 지구상의 모든 생물을 설명할 때 이용하는 것이다. 인간(호모 사피엔스 사피엔스$^{Homo\ sapiens\ sapiens}$), 애완견(카니스 파밀리아리스$^{Canis\ familiaris}$), 방울뱀(크로탈루스 오리두스$^{Crotalus\ horridus}$)처럼 말이다.

공룡은 어떻게 진화했을까?

1980년도부터 공룡의 소그룹을 나타낸 공룡 진화 계보가 150여 개나 발표되었기 때문에 어느 공룡 계보가 맞고 틀린지 결정하기는 쉽지 않다.

공룡은 어떻게 분류될까?

공룡을 목^{Order}, 아목^{Suborder}, 하목^{Infraorder}, 과^{Family} 순으로 정리하면 다음과 같다.

공룡의 분류*

목	아목	하목	과
용반목	수각아목 Theropods	헤레라사우루스하목 Herrerasauria	살토푸스과 Saltopodidae 스타우리코사우루스과 Staurikosaurids 헤레라사우루스과 Herrerasaurids
		케라토사우루스하목 Ceratosauria	코엘로피시스과 Coelophysids 케라토사우루스과 Ceratosaurids 포도케사우루스과 Podokesaurids 아벨리사우루스과 Abelisaurids 노아사우루스과 Noasaurids 세기사우루스과 Segisauridae
		코엘루로사우루스하목 Coelurosauria	코엘루루스과 Coelurids 드립토사우루스과 Dryptosaurids 콤프소그나투스과 Compsognathids 아비미무스과 Avimimids 오르니토미무스과 Ornithomimids 가루디미무스과 Garudimimids 데이노케이루스과 Deinocherids 드로마에오사우루스과 Dromaeosaurids 트로오돈과 Troodontids 티라노사우루스과 Tyrannosaurids
		카르노사우루스하목 Carnosauria	알로사우루스과 Allosaurids 카르카로돈토사우루스과 Carcharodontosaurids 스피노사우루스과 Spinosaurids 바리오닉스과 Baryonychids 메갈로사우루스과 Megalosaurids
		세그노사우루스하목 Segnosauria	테리지노사우루스과 Therizinosaurids 세그노사우루스과 Segnosaurids
	용각아목 Sauropods	원시용각하목 Prosauropoda	안키사우루스과 Anchisaurids 플라테오사우루스과 Plateosaurids 멜라노로사우루스과 Melanorosaurids 마소스폰딜루스과 Massospondylidae

목	아목	하목	과
		용각하목 Sauropoda	케티오사우루스과 Cetiosaurids 카마라사우루스과 Camarasaurids 디크레오사우루스과 Dicraeosaurids 에우헬로푸스과 Euhelopodids 티타노사우루스과 Titanosaurids 디플로도쿠스과 Diplodocids 브라키오사우루스과 Brachiosaurids
조반목 Ornithischians	조각아목 Ornithopods	파브로사우루스하목 Fabrosauria	헤테로돈토사우루스과 Heterodontosaurids 파브로사우루스과 Fabrosaurids
		레소토사우루스하목 Lesothosauria	
		조각하목 Ornithopoda	힙실로포돈과 Hypsilophodontids 드리오사우루스과 Dryosaurids 이구아노돈과 Iguanodontids 캄프토사우루스과 Camptosaurids 하드로사우루스과 Hadrosaurids 람베오사우루스과 Lambeosaurids 테스켈로사우루스과 Thescelosaurids
	주식두아목 Marginocephalia	파키케팔로사우루스하목 Pachycephalosauria	파키케팔로사우루스과 Pachycephalosaurids 호말로케팔레과 Homalocephalids
		각룡하목 Ceratopsia	프로토케랍토스과 Protoceratopsids 케라톱스과 Ceratopsidae 프시타코사우루스과 Psittacosaurids
	장순아목 Thyreophoa		스쿠텔로사우루스과 Scutellosaurids 스켈리도사우루스과 Scelidosaurids
		스테고사우루스하목 Stegosauria	휴양고사우루스과 Huayangosaurids 스테고사우루스아과 Steosaurinae 스테고사우루스과 Stegosauridae
		안킬로사우루스하목 Ankylosauria	노도사우루스과 Nodosaurids 안킬로사우루스과 Ankylosaurids

* 이 표는 다양한 공룡 분류표 중 하나에 불과하다. 과학 연구에 따라 다양한 공룡 분류체계가 있는데 새로운 화석이 발견되고 해석되면서 앞으로도 계속 더 많은 분류체계가 나올 것이다.

공룡 화석이 발견되지 않은 대륙이 있을까?

없다. 한때는 공룡 화석이 발견되지 않은 대륙은 남극 대륙뿐이라고 생각한 적도 있다. 그러나 2003년 12월, 남극대륙에서 수천 킬로미터 떨어진 곳에서 그 당시까지 알려지지 않았던 두 종의 공룡 화석으로 보이는 것이 발견되었으며, 그중 하나는 원시용각하목이었다. 2007년에는 또 다른 공룡 화석이 남극 대륙에서 발견되었다. 약 1억 9000만 년 전에 살았던 것으로 추정되는 글라시알리사우루스 햄머리Glacialisaurus hammeri라는 거대한 초식공룡으로 원시 사우로포도모르프Sauropodomorph에 속하는 것이었다. 쥐라기 전기에 살았던 이 공룡은 새로운 공룡속과 종에 속한다.

용반목에는 어떤 종류의 공룡이 있을까?

용반목은 먼저 육식공룡과 초식공룡 그룹으로 나뉜다. 이들은 이족보행이나 사족보행을 한다. 육식공룡에는 몸집이 크고 이족보행하는 알로사우루스, 케라토사우루스Ceratosaurus, 타르보사우루스Tarbosaurus, 티라노사우루스가 있다. 또 몸집이 작고 이족보행하는 오르니토미무스Ornithomimus와 드로마에오사우루스Dromaeosaurus도 있는데, 발달된 다리와 사냥감을 공격하는 데 이용하는 날카롭고 독특한 발톱이 있었다. 잘 알려진 초식 용반목으로는 몸집이 크고 사족보행하는 용각아목이 있는데 지구상에 존재했던 가장 큰 공룡으로 알려져 있다. 이 공룡은 긴 목과 꼬리에 비해 작은 머리를 가지고 있었다. 이 그룹에 속한 공룡으로는 브라키오사우루스, 카마라사우루스Camarasaurus, 디플로도쿠스Diplodocus, 마멘키사우루스Mamenchisaurus, 세이스모사우루스Seismosaurus 등이 있다.

조반목에는 어떤 종류의 공룡이 속할까?

조반목은 모두 초식공룡으로 다리가 둘이거나 넷이었다. 사족보행 공룡으로는 안킬로사우루스Ankyosaurus와 스테고사우루스Stegosaurus가 있다. 에우켄트로사우루스Eucentrosaurus, 트리케라톱스Triceratops처럼 몸집이 크고 뿔이 달린 공룡도 있었다. 이족보행 공룡에는 이구아노돈을 비롯해 코리토사우루스Corythosaurus, 람베오사우루스Lambeosaurus, 마이아사우라Maiasaura 같은 오리주둥이 공룡(하드로사우루스과 Hadrosaur)이 있었다.

공룡이 중생대를 지배하게 된 계기는 무엇이었을까?

약 2억 5000만 년 전 페름기 말이나 트라이아스기 초(즉, 고생대가 끝나고 중생대로 넘어가는 시점)에 대멸종이 일어났다. 이 멸종으로 그 당시 지구상에 존재했던 생물의 90% 정도가 사라졌다(지구상의 모든 생물이 거의 다 멸종한 것이다). 바다와 육지를 가리지 않고 대멸종이 발생하면서 무척추동물과 고대 물고기, 파충류가 멸종했다.

이렇게 대멸종이 일어난 원인에 대해서 알려진 바는 없지만 몇 가지 학설이 있다. 하나는 소행성이나 혜성이 지구와 충돌하면서 상층 대기를 먼지와 파편으로 덮는 바람에 햇빛이 차단되어 지구의 기후가 바뀌었다는 학설이다. 또 다른 학설은 대륙이 이동하면서 기후와 해수면이 변하는 바람에 변화에 적응한 생물은 살아남고 그렇지 못한 생물은 죽었다는 것이다. 그런가 하면 시베리아 범람 현무암에 초점을 맞춘 학설도 있다. 페름기 말 아시아의

스웨덴의 동식물학자 카롤루스 린네가 동식물의 분류 체계를 만들었는데, 이 분류 체계는 지금까지도 현생 종과 공룡을 비롯한 멸종한 종을 분류하는 데 이용된다.(iStock)

드넓은 영역을 덮친 수천 톤의 화산물질이 기후와 특정한 서식지를 바꾸었다는 것이다.

실제로 어떤 일이 일어났든 멸종되지 않은 생물들은 텅 빈 생태지에 적응했기 때문에 살아남아 진화할 수 있었던 것이다. 페름기 대멸종 이후 중생대 동안 가장

많이 진화하여 지구를 지배했던 종은 파충류, 그중에서도 공룡이었다.

공룡은 얼마나 오랫동안 지구를 지배했을까?

공룡은 약 1억 6000만 년 동안 지구를 지배했다. 종종 '파충류 시대'라고도 하는 중생대는 약 2억 5000만~6500만 년 전까지 지속되었다. 중생대는 트라이아스기, 쥐라기, 백악기로 나뉜다.

중생대 초에도 공룡이 살았을까?

흥미롭게도 중생대 초에는 다른 파충류들이 지구를 지배했으며 진정한 공룡이라고 할 만한 동물이 존재하지 않았다. 그러나 트라이아스기 말부터 공룡은 약 1억 6000만 년 동안이나 지구를 지배했다. 이 시기에 존재했던 생명체가 공룡만 있었던 것은 아니다. 예를 들어 몸집이 작은 도마뱀 같은 파충류도 있었고 초기 포유동물과 곤충, 양서류, 무척추동물, 다양한 식물이 존재했다. 사실 공룡이 그렇게 오랫동안 지배적으로 살 수 있었던 것은 이런 생물들 덕분이기도 했다. 수많은 공룡이 풍부한 먹이를 먹으며 생명을 유지하고 성장할 수 있었기 때문이다.

공룡 시대는 언제 끝났을까?

공룡의 시대는 약 6500만 년 전에 막을 내렸다. 그 이후에 살았던 공룡의 화석은 현재까지 발견된 바가 없다. 중생대 말인 백악기에 거대한 공룡을 비롯한 여러 생물이 멸종한 후 제3기와 더불어 신생대가 시작되었다.

> **공룡은 지질연대의 몇 %에 해당하는 기간 동안 지구상에 존재했을까?**
>
> 과학자들은 공룡이 약 1억 6000만 년 동안 지구상에 존재했던 것으로 보고 있다. 따라서 공룡들은 지구가 생긴 이후 3.1%의 기간 동안만 존재한 셈이다.

트라이아스기

트라이아스기란 무엇이고 왜 그런 이름이 붙여졌을까?

트라이아스기는 지질연대상 페름기의 다음 시기를 가리킨다. 이 시기에는 초기 파충류에서 공룡이 진화하기 시작했고 최초의 원시 포유동물이 생겨난 반면, 갑옷 양서류와 포유류처럼 생긴 파충류들은 멸종하기 시작했다. 트라이아스기는 지질 연대표에서 최초로 이름 붙여진 시기로 쥐라기, 백악기와 더불어 중생대의 3기 중 첫 기에 해당한다.

트라이아스기는 1834년 독일 지질학자 프레드리히 아우구스트 폰 알베르티 Fredrich August von Alberti(1795~1878)가 세 부분으로 나뉜 독일의 암석 유형을 설명할 때 처음 명명되었다. 원래는 트리아스 Trias라고 했는데 지금도 많은 유럽 지질학자들은 그렇게 부른다. 트리아스라는 말은 그 암석 유형이 밑에서부터 시기를 나타내는 사암, 석회암, 합동 혈암의 순으로 쌓여 있다는 데서 나온 것이다. 이 세 지층은 밑에서부터 분터 Bunter(대부분 트라이아스기 전기를 가리킴), 무셸칼크 Muschelkalk(트라이아스기 중기), 코이퍼 Keuper(트라이아스기 후기) 순으로 쌓여 있다.

트라이아스기는 얼마나 오랫동안 지속되었을까?

지질연대표는 나라나 과학자에 따라 다르기 때문에 정확하지 않다. 트라이아스기 또한 표에 따라서는 500만 년 동안 지속되었다고 하는 것이 있는가 하면 1000만 년 동안 지속되었다고 보는 것도 있다. 평균적으로 트라이아스기는 2억 5000만~2억 500만 년 전까지의 약 4500만 년 동안 지속된 것으로 보인다.

트라이아스기는 어떻게 세분화될까?

일반적으로 트라이아스기는 트라이아스기 전기, 중기, 후기라는 비공식적인 명칭으로 나뉜다. 보다 공식적으로는 전세, 중세, 후세, 또는 하부, 중부, 상부로 나눈 후 다시 세분화하기도 한다. 다음은 트라이아스기의 세에 관한 일반적인 해석을 나타낸 표이다(과학자마다 조금씩 다른 표기법을 사용한다. 예를 들어 라에티아 절$^{Rhaetian Age}$의 경우 쓰지 않는 과학자도 있다).

트라이아스기

세	절	시기(년)
전세	올레네키아^{Olenekian}	2억 4500만~2억 4200만
	인두아^{Induan}	2억 5000만~2억 4500만
중세	라디니아^{Ladinian}	2억 3400만~2억 2700만
	애니시아^{Anisian}	2억 4200만~2억 3400만
후세	라에티아^{Raetian}	2억 1000만~2억 500만
	노리아^{Norian}	2억 2100만~2억 1000만
	카르니아^{Carnian}	2억 2700만~2억 2100만

트라이아스기가 의미하는 것은?

트라이아스기는 페름기의 대멸종이 일어난 직후의 시기를 나타낸다. 또한 변화의 시기라고도 할 수 있다. 고생대에 살았던 고대 생물이 사라지고 중생대의 생물이 훨씬 더 발달하고 다양하게 생겨났기 때문이다. 페름기의 대멸종으로 인해 지구상에 존재하던 동식물의 거의 대부분(약 90%)이 사라진 까닭에 트라이아스기 전기는 을씨년스러웠다. 이때는 특정한 식물군과 동물상이 육지 곳곳에 드문드문 퍼져 살다가 1000만 년이 지나고 나서야 생물이 다시 나타나기 시작했다. 그러나 몸집이 큰 동물이나 산호초, 특정 동물의 경우에는 페름기 말의 대멸종 이후 다시 진화하기까지 그보다 더 오랜 시간이 걸렸다.

트라이아스기의 대륙 분포

대륙은 이동을 할까?

그렇다. 대륙은 끊임없이 위치를 바꾼다. 그러나 먼 거리를 이동하기까지는 수백만 년이 걸린다. 대륙은 사실 지각을 구성하는, 크기와 모양이 다양한 두꺼운 판들의 일부이다. 그런 판들은 퍼즐처럼 서로 잘 맞물린다. 또 대륙판은 1년에 몇 센티미터 정도씩만 움직인다.

대륙이동설과 판구조론이란 무엇인가?

지각이 움직이는 이유는 아직까지 미스터리로 남아 있다. 가장 그럴 듯한 학설로는 대륙이동설이라는 이론과 그 방법을 나타내는 판구조론이 있다. 낮은 곳에 있는 유동적인 맨틀에 의해 대륙판이 지구 표면을 측면으로 이동한다는 것이다. 어떤 판의 경계에서는 맨틀에서 녹은 암석이 중앙해령에서 솟아오르거나(대서양 밑에 놓인 긴 화산맥인 대서양 중앙해령), 육지에서도 마그마가 산등성이의 양옆으로 흐르다 굳어 열곡이 되기도 한다(동아프리카에 있는 것). 어떤 판의 경계에서는 판들이 옆의 판 아래로 밀려들어가 지각이 다시 맨틀 속으로 가라앉는 섭입대$^{subduction\ zone}$를 형성하기도 한다. 또한 북아메리카 판의 일부가 태평양판을 스쳐 지나가는 캘리포니아 주의 산안드레아스 단층[San Andreas Fault]처럼 판들이 서로 스치기만 하는 곳도 있다.

물론 이 이론에 모두가 동의하는 것은 아니다. 대륙판이 움직인다는 생각은 그럴듯해 보이지만 판구조론을 일으키는 과정을 완전히 알 수 없기 때문이다. 그래서 대륙 이동설은 믿으면서도 판구조론은 믿지 않는 과학자도 있다. 이들은 대부분 지구의 크기가 커지면서 대륙이 이동한 듯한 착각을 불러

페름기
2억 2500만 년 전

수억 년 전에는 7개의 대륙이 따로 떨어져 있지 않고 판게아(Pangea)라는 초대륙을 이루고 있었다. 이후 트라이아스기에 이르러 이 초대륙은 로라시아 대륙(Laurasia)과 곤드와나 대륙(Gondwanaland)으로 나뉘게 되었고 결국에는 여러 개의 대륙들로 분리되었다.(based on a U.S. Geological Survey map)

일으켰다고 생각한다(그러나 지구가 어떻게, 무엇 때문에 커졌는지 설명할 수 있는 사람은 아무도 없다). 또 다른 가설로는 '서지 구조론[surge tectonics]'이라는 것이 있다. 이것은 맨틀의 꾸준한 움직임에 의한 지속적인 흐름 때문이 아니라 대륙판의 갑작스런 이동에 의해 지구 표면이 현재와 같은 모습이 되었다는 주장이다. 또 대륙들이 처음부터 지금과 같은 위치에 있었다는 주장도 있다.

대륙판이 지속적으로 움직이는 이유를 완벽하게 설명할 수 있는 사람은 없다. 단 대륙판이 움직인다는 사실만큼은 분명하다. 지구 주위를 도는 지구 관측 위성이 생긴 이후로 과학자들은 미세한 움직임을 측정할 수 있는 최첨단 레이저 범위 측정 도구를 이용해 대륙판의 움직임을 관찰하고 있다.

화석 증거는 어떻게 대륙 이동설을 뒷받침했을까?

각각 멀리 떨어져 있는 대륙에서 동일한 생물의 화석을 발견되었는데, 그 원인에 대해 두 가지 학설이 있다. 하나는 서로 다른 종이 멀리 떨어진 대륙에서 똑같이 발생했다는 학설인데 그럴 가능성은 매우 낮다. 두 번째는 수억 년 전에 대륙들이 서로 연결되어 있다가 어떤 이유에서인지 여러 개로 나뉘었다는 것이다.

예를 들어 남아메리카에서 발견된 화석과 호주 및 남극 대륙에서 발견된 화석은 서로 관련이 있다. 이 대륙들은 과거에는 서로 연결되어 있었고 동일한 동물 종들이 대륙 곳곳을 떠돌다가 죽은 후 화석이 되었다. 대륙의 암석층에 매장되어 있던 화석은 대륙과 함께 이동했고, 이로 인해 멀리 떨어진 곳에서도 거의 동일한 모습의 화석이 발견된 것이다.

대륙들이 퍼즐처럼 들어맞는다는 사실을 알게 된 것은 언제였을까?

여러 대륙이 실제로 서로 맞물린다는 주장은(대륙들이 퍼즐 조각처럼 서로 들어맞는다는 주장) 1858년 안토니오 스니데르 펠레그리니^{Antonio Snider-Pellegrini}(1802~ 1885)에 의해 처음으로 제기되었다. 그 후 수년 동안 다른 과학자들도 이 이론을 언급하긴 했지만, 대륙들이 한때 판게아라는 초대륙을 형성했다면서 이 이론에 세부적인 사항을 덧붙인 사람은 1912년 독일의 기상학자이자 지질학자인 알프레드 베게너^{Alfred Wegener}(1880~1930)가 처음이었다. 그러나 베게너의 이론은 대륙판의 이동 메커니즘(판 구조론)을 마침내 밝혀냈다고 생각한 1960년대까지 제대로 인정받지 못했다.

대양저 확대설을 제기한 사람은 누구일까?

대양저 확대를 발견한 사람은 미국의 지질학자이자 프린스턴 대학교 지질학 교수인 해리 헤스^{Harry Hess}(1906~ 1969)이다. 시추 작업 중에 대양저에서 가져온 물질을 살펴보던 그는 대양저의 암석이 대륙의 암석만큼 오래되지 않았다는 사실을 발견했다. 또한 대양저 암석들의 연대가 다양하다는 사실도 발견했다. 중앙해령^{Mid-}

ocean ridge에 가까울수록 연대가 덜 오래되었고 중앙해령에서 멀어질수록 연대가 더 오래되었던 것이다. 헤스는 지구 내부에서 마그마가 분출되면서 대양저가 대양의 중앙해령을 따라 널리 퍼지는 것이라고 주장했다. 즉 새롭게 생성된 대양저가 중앙해령에서 멀리 떨어진 곳으로 서서히 퍼져나간 후 다시 해구 주변에서 지구 내부로 가라앉는다는 것이다.

대양저 확대설을 증명하기 위해 이용한 자기 근거Magnetic evidence는 어떤 것일까?

녹은 용암이 중앙해령에서 뿜어져 나오면 차갑게 식어서 새로운 대양저를 형성한다. 암석이 식으면서 자성을 가진 특정한 광물은 지구의 우세한 자기장을 따라 늘어서게 된다. 이로 인해 특정한 시점의 자기장 방향에 대한 기록이 남게 되는 것이다. 암석의 자기장 기록이 변하는 것을 자기이상magnetic anomaly이라고 하는데 대개는 수십만 년에 걸쳐 지구의 자기장이 뒤집히거나 자북극과 자남극이 자리를 바꿀 때 발생한다. 아직까지 이런 자기극의 역전이 발생하는 이유는 밝혀지지 않았지만 지구 내부의 거대한 대류 전류와 연관이 있는 것으로 보인다.

대양저 암석의 자기이상을 측정한 결과 대양저 확대설을 확인할 수 있었다. 대양저에서 줄무늬 모양의 대칭적인 자기이상이 대서양 중앙산령 양쪽으로 퍼져나간 것을 발견했던 것이다. 이 중앙산령은 북아메리카, 유럽, 아프리카, 남아메리카 대륙들 사이에서 대서양 대양저를 따라 길게 늘어선 화산 산맥이다. 이 줄무늬의 패턴과 퍼진 모양은 수백만 년 동안 여러 번에 걸쳐 자기장이 역전되었다는 것을 보여주는데 수백만 년 동안 대양저가 멀리 떨어지는 경우에만 생겨날 수 있었던 것이었다.

대륙판은 어떤 힘에 이끌려 이동하는 것일까?

대륙판이 지구를 가로질러 움직인 이유에 대해서는 의견이 분분하다. 그러나 몇 가지 학설은 있다. 일반적으로 이런 학설은 대륙판이 지구 내부에 녹아 있는 무거운 물질(맨틀) 위를 '떠다니는' 가벼운 물질로 이루어졌다고 주장한다. 맨틀의 윗부분이 회전하고 움직이면서 대륙판이 지구 위를 천천히 '떠다닌다'는 것이다.

대륙판의 이동은 어떤 영향을 줄까?

말 그대로 대륙판의 이동은 대륙의 위치를 변화시킨다. 대륙판이 상호작용을 하면서 화산과 산들이 대륙의 경계를 따라 늘어선다. 어떤 대륙들은 천천히 서로 부딪혀 거대한 산맥을 형성하기도 한다. 인도판과 아시아판의 충돌로 형성된 아시아의 히말라야 산맥처럼 말이다. 어떤 대륙판은 섭입대라는 곳에서 다른 판 아래로 밀려들어가기도 한다. 안데스 산맥은 나즈카판Nazca과 남아메리카판 사이의 섭입대에 생긴 것이다. 태

대륙판의 이동은 기후의 변화에서 대지진에 이르기까지 지구에 여러 가지 영향을 끼친다. 이런 판구조론은 수천 년 전 공룡에게 영향을 미쳤던 것처럼 오늘날 우리에게도 영향을 미친다.(iStock)

평양판과 북아메리카판처럼 서로 수평으로 밀리는 것도 있다. 이 경우에는 대륙판이 밀리면서 캘리포니아 주의 산 안드레아스 단층 같은 것이 형성된다.

그러나 대륙판의 이동으로 인해 다른 결과가 발생하기도 한다. 대륙판의 이동은 바다를 만들기도 하고 없애기도 하면서 전 세계의 해류를 변화시키고 기후까지 바꿔버린다. 뿐만 아니라 대륙판이 다른 판의 밑으로 내려앉으면서 화산이 만들어지기도 하고 지진이 발생하기도 한다.

트라이아스기 초에 지구는 어떤 모습이었을까?

오늘날과 마찬가지로 트라이아스기에도 지구의 대부분은 물로 덮여 있었지만

대륙의 분포는 지금 같지 않았다. 과거에는 판타랏사라는 거대한 대양이 하나밖에 없었다고 한다. 판타랏사 대양은 하나의 거대한 대륙, 즉 판게아라는 초대륙을 둘러싸고 있었다. 판게아란 '모든 지구'라는 뜻이다. 이 거대한 대륙은 엉성한 'C'자 형태로 적도 부근에 형성되어 있었다. 'C'자 형으로 둘러싸인 테티스 해^{Tethys Sea}(또는 테티스 대양^{Tethys Ocean})라는

트라이아스기
2억 년 전

판게아가 나뉘기 시작하면서 로라시아와 곤드와나 대륙이라는 두 개의 작은 초대륙이 형성되었다.(based on a U.S. Geological Survey map)

비교적 크기가 작은 바다도 있었다. 한두 개의 대륙 지각만이 판게아와 붙어 있지 않고 흩어져 판게아의 동쪽에 위치해 있었다. 그런 대륙 지각 중에는 오늘날 우리가 만주라고 부르는 중국 북부, 중국 동부, 인도차이나, 그리고 중앙아시아의 일부가 포함된다. 또한 해수면이 낮았고 극지방에는 빙하가 없었다.

판게아 초대륙이 형성된 원인은 무엇이었을까?

판게아의 형성은 판게아를 여러 개의 대륙으로 분리시킨 과정과 동일한 과정으로 이루어졌을 것이다. 즉 빙하가 바다 위를 떠다니는 것처럼 대륙들이 지구 위를 떠다니다가 판게아가 형성되었을 것이다. 고생대에는 두 개의 거대한 대륙이 있었다. 북아메리카와 유라시아에 해당하는 로라시아 대륙은 적도 위쪽에, 아프리카, 인도, 남극 대륙, 호주에 해당하는 곤드와나 대륙은 적도 아래쪽에 있었다. 이 두 대륙이 고생대 말에 서서히 충돌하여 판게아라는 초대륙을 형성했던 것이다. 중생대 초에는 지구상에 판게아 대륙밖에 존재하지 않았다.

트라이아스기 동안 초대륙 판게아는 어떻게 변했을까?

트라이아스기에 초기 판게아는 대양저가 확대되는 과정에서 균열이 생기면서 다시 두 개의 커다란 대륙으로 나뉘기 시작했다(이 균열은 아이슬란드의 화산섬을 따라 지속적으로 퍼져나가는 화산층인 오늘날의 대서양 중앙해령과 유사하다). 트라이아스기의 균열은 테티스 해에서부터 오늘날의 지중해에 해당하는 곳을 가로질러 서쪽으로 확장되었다. 이 균열로 북쪽의 로라시아 대륙과 남쪽의 곤드와나 대륙이 나뉘었고, 결국에는 원시 대서양(또는 초기 대서양)이 생겼다. 또한 북아프리카가 남부 유럽과 떨어지게 되면서 해수면이 서서히 높아져 남부 유럽과 중부 유럽에 홍수가 발생하기도 했다.

트라이아스기가 중기를 지나 후기로 향하면서 북아프리카와 유럽 사이의 균열은 서쪽까지 지속되어 북아프리카와 북아메리카 동부가 분리되었다. 그 결과로 형성된 지구대가 원시 대서양 형성의 첫 단계에 해당된다.

대륙의 배치가 공룡에게는 어떤 영향을 끼쳤을까?

트라이아스기 전기에는 판게아 초대륙밖에 없었기 때문에 공룡의 선조들은 거대한 대륙을 마음대로 휘젓고 다닐 수 있었다. 그러다 초대륙이 서서히 두 개로 분리되면서 결국 공룡 종들은 서로 떨어지게 되었다. 대륙의 이러한 움직임은 어느 바다는 넓히고 어느 대륙의 일부는 물에 잠기게 하면서 해안선을 바꾸었다. 그래서 특정 지역에 살던 동식물의 종류가 바뀌게 된 것이다.

그렇게 오랜 기간 동안 발생했던 세세한 변화를 이 책에서 모두 다 살펴보기는 어렵다. 그러나 일반적으로 발생한 변화들을 몇 가지 꼽을 수는 있다. 예를 들어 대서양이 생기면서 대양이 된 호수는 전보다 더 커지거나 작아졌으며 심지어 여러 개로 나뉘기도 했다. 이런 변화는 대개 해양생물의 멸종이나 번성을 수반했다. 또한 많은 동식물이 해안선을 따라 살게 되었다. 이런 해안선에 놓인 적이 있었던 퇴적물에서 공룡의 발자국이 발견되면서 일부 공룡이 먹이와 물을 찾기 위해 변화하는 호수로 내려왔다는 사실이 밝혀졌다.

트라이아스기의 암석은 어디에서 발견되었을까?

트라이아스기 암석층은 북아메리카 동부와 서부, 남아메리카, 영국 제도, 서유럽, 아시아, 아프리카, 호주의 특정 지역에서 발견되었다. 현재까지 발견된 것 중 가장 두꺼운 트라이아스기의 암석층은 7,500m나 되는데 알프스 산맥에서 발견되었다.

뉴아크 누층군이란 무엇이고 중요한 이유는 무엇일까?

뉴아크 누층군^{Newark Supergroup}은 미국 동부에 있는 트라이아스기 암석층으로 트라이아스기의 암석과 화석이 발견된 것으로 유명하다. 이 암석층에서는 서로 연결된 여러 개의 분지 속에 4500만 년 동안 수천 미터나 쌓인 퇴적암과 화산암의 자취를 볼 수 있다. 이 층은 뉴저지, 버지니아, 노스캐롤라이나 등 여러 곳에서 발견되었다. 이 퇴적 지층에는 곤충, 물고기, 거북이, 원시 파충류(공룡, 도마뱀, 뱀 등)와 다양한 식물 화석 등 트라이아스기 후기의 화석 단면이 담겨 있다.

대서양 지구대라고 하는 이 지구대의 대부분에 해당하는 뉴아크 누층군은 파충류 발자국으로 유명한데, 잘 보존된 트라이아스기와 쥐라기의 발자국이 수만 개나 발견되었기 때문이다. 이 발자국은 1836년 미국 고생물학자이자 애머스트 대학의 자연신학 및 지질학 교수였던 에드워드 히치콕 목사^{Edward Hitchcock}가 처음으로 발견했다. 그는 또 코네티컷 강 계곡에서 발견된 공룡 발자국도 설명했다. 이 발자국이 중요한 이유는 진화의 증거와 공룡이 지배했다는 증거이기 때문이다. 뉴아크 누층군에서 더 많은 척추동물 화석이 발견되어 트라이아스기에 특히 공룡을 비롯한 여러 생물군이 생겨나게 된 진화 과정이 새롭게 조명되기를 기대하고 있다.

트라이아스기 화석이 가장 풍부한 곳 중 하나인 뉴아크 누층군은 미국 동부에 있다.(iStock)

이스치구알라스토 지층은 무엇이고 중요한 이유는 무엇인가?

아르헨티나 이스치구알라스토 지층Ischigualasto formation의 트라이아스기 암석은 헤레라사우루스 이스치구알라스텐시스Herrerasaurus ischigualastensis, 에오랍토르 뉴넨시스Eoraptor lunensis, 피사노사우루스 메르티이Pisanosaurus mertii 같은 매우 잘 보존된 초기 공룡 화석을 비롯해 화석이 가장 많이 축적되어 있는 곳으로 추정되고 있다. 이 칙칙한 회색빛 지층은 습기가 많은 곳에서 침전되었다. 이 지층이 발견된 지역, 즉 '달의 계곡Valley of the Moon'이라고도 하는 이스치구알라스토 계곡은 섭입대의 동쪽에 위치해 있다. 따라서 이 지층에는 트라이아스기 동안 화산재가 침전하기도 했다. 이 화산재의 연대를 살펴본 결과 이 지층이 약 2억 2800만 년 전에 형성되었다는 사실을 밝혀냈는데 이는 트라이아스기 중기에서 후기에 해당된다.

이 지층에는 발달된 형태의 단궁아강 뼈대와 린코사우루스Rhynchosaur라는 이상하게 생긴 부리가 달린 파충류의 뼈대 등 육지에 살았던 척추동물의 화석이 많이 있다. 또한 라우이수키아^{Rauisuchian}이라는 거대한 육식동물과 그보다 작은 조룡의 화석도 발견되었다. 하지만 이 지층에서 가장 많이 발견된 화석은 공룡의 화석이다.

이 공룡 화석들과 브라질 산타마리아 지층에서 발견된 공룡 화석을 근거로 공룡이 남아메리카에서 발생했을 가능성도 대두되고 있다.

트라이아스기의 공룡

트라이아스기의 공룡은 날아다녔을까?

그렇지 않다. 중생대 전반에 걸쳐 날아다니고 활공하는 파충류가 있기는 했지만 날아다니는 공룡은 없었다.

트라이아스기의 공룡 중에 바닷속에서 살았던 것도 있었을까?

아니다. 다양한 해양 파충류가 바닷속에서 살기는 했지만 해양 공룡은 없었다. 공룡 전체가 특정한 특징을 가진 육지 파충류를 벗어나지 않는다.

트라이아스기에는 공룡이 많이 살았을까?

현재까지 발견된 화석 기록을 살펴보면 트라이아스기에는 공룡이 많이 살지 않았던 것으로 보인다. 트라이아스기 말에 들어 파충류에서 진화하기 시작했지만 공룡의 수가 많아진 것은 쥐라기에 들어서이다.

트라이아스기 후기에 공룡이 번성한 이유는 무엇일까?

트라이아스기 후기에 공룡이 등장한 이유에 대해 몇 가지 학설이 있다. 하나는 공룡이 생물학적으로 월등하게 진화했다는 것이다. 예를 들어 공룡은 두 발로 걷는 직립보행을 하게 되었는데 그로 인해 보폭이 넓고 빨라져 완전히 직립보행을 하지 못하는 다른 파충류를 잡아먹을 수 있었다. 또 다른 점은 공룡이 온혈동물로 진화했다는 주장인데 이에 대해서는 아직까지 논쟁이 벌어지고 있다. 만약 공룡이 실제로 온혈동물이었다면 다른 냉혈동물에 비해 더 활동적이었을 것이다.

반면 공룡이 지구를 지배한 이유가 이런 적응력 때문이 아니었다는 주장도 있다. 이들은 트라이아스기 중기에 특정한 수궁류(포유류의 원조 격으로 지목되는 파충류)와 린코사우루스(도마뱀 같은 파충류), 초기 조룡(공룡, 익룡, 악어류이 속하는 파충류)이 대부분 멸종하면서 공룡이 차지할 수 있는 생태적 지위가 생긴 것으로 보고 있다.

최초의 공룡은 어떻게 생겼을까?

현재의 화석 기록을 살펴보면 최초의 공룡은 트라이아스기 후기인 약 2억 3000만 ~2억 2500만 년 사이에 나타난 것으로 보인다. 최초의 공룡은 작고 날렵한 육식 파충류로 두 발로 걷는 등의 고유한 특징 덕분에 생태적 지위를 재빨리 차지할 수 있었다.

공룡이 막 등장하기 시작하던 초기에도 이미 조반목와 용반목이라는 두 개의 큰 그룹으로 나뉘었다. 이는 공룡의 엉덩이뼈를 기준으로 구분한 것이다.

초기 공룡에는 어떤 것들이 있을까?

트라이아스기에는 초기 공룡이 그렇게 많지 않았다. 다음 공룡 중 일부는 겨우 몇 개의 화석 발견을 통해 밝혀진 것이다. 앞으로 점점 더 많은 공룡 화석이 발견되고 연대가 밝혀지면 이 목록은 바뀌게 될 것이다.

트라이아스기 전기의 공룡

이름	의미	추정 연대 (년 전)	지역	최대 몸길이 (미터)
안키사우루스 Anchisaurus	준도마뱀	2억~1억 9000만	미국	2
코엘로피시스 Coelophysis	뼛속이 빈 공룡	2억 2500만~ 2억 2000만	미국	3
에오랍토르 Eoraptor	새벽의 약탈자	2억 2500만	아르헨티나	1
헤레라사우루스 Herrerasaurus	헤레라 도마뱀	2억 3000만~ 2억 2500만	아르헨티나	3
플라테오사우루스 Plateosaurus	납작한 도마뱀	약 2억 1000만	프랑스, 독일, 스위스	7

헤레라사우루스 이스치구알라스텐시스를 초기 공룡으로 보는 이유는 무엇일까?

조룡과 공룡의 특징이 모두 보이는 뼈대의 특성을 바탕으로 헤레라사우루스 이스치구알라스텐시스가 초기 공룡이었다고 보고 있다. 길이가 3~6m인 육식 파충류는 에우파르케리아Euparkeria 같은 다른 조룡과 비슷한 뼈대와 발을 갖고 있다. 그러나 이것만으로 헤레라사우루스가 진정한 공룡인지 판단할 수 없었다. 그런데 현대의 분기학을 이용한 결과 헤레라사우루스의 뼈대가 공룡의 특징 중 몇 가지를 갖추고 있다는 사실이 밝혀졌다. 특히 헤레라사우루스는 관골구 중앙에 뼈가 없는데, 이는 이 파충류가 진정한 공룡이며 현재까지 알려진 공룡 중에서 가장 원시적인 공룡임을 나타내는 중대한 특징이다.

에오랍토르 뉴넨시스도 가장 원시적인 공룡 중 하나일까?

그렇다. 이 책을 쓰고 있는 지금 현재를 기준으로 남아메리카 아르헨티나의 이스치구알라스토 지층에서 발견된 에오랍토르 뉴넨시스(새벽의 약탈자) 화석은 가장 원시적인 공룡 가운데 하나로 추정되고 있다(앞서 살펴본 헤레라사우루스 이스치구알라스텐시스 역시 가장 원시적인 공룡에 해당한다). 그 이유는 에오랍토르 화석에 원시적인 특성과 전문적인 특성, 즉 '최초의' 공룡이 가졌을 것으로 보이는 특징들이 섞여 있기 때문이다. 에오랍토르의 앞발에는 손가락이 세 개 있었는데 수각아목 공룡도 비슷한 특징이 있었다. 그러나 에오랍토르 화석에서는 한 그룹에만 있는 전문적인 특성은 나타나지 않았다.

트라이아스기의 초식공룡으로는 어떤 것이 있었을까?

여러 종류의 초식공룡이 트라이아스기 말에 생겨났다. 최초로 발견된 트라이아스기 공룡 화석 중에는 작은 초식공룡인 테코돈토사우루스^{Thecodontosaurus}(이빨이 구멍에 끼워져 있는 도마뱀)의 화석도 있다. 이 화석은 1836년에 영국에서 발견되었다. 플라테오사우루스^{Plateosaurus}(납작한 도마뱀)도 트라이아스기에 살았던 초식공룡이다. 최초의 플라테오사우루스 화석은 1834년 독일에서 발견되었지만 제대로 밝혀지기까지는 3년이 넘는 시간이 걸렸다. 이 초식공룡은 그 당시 존재했던 공룡 중 몸집이 가장 큰 것으로 보인다. 이 화석에는 뾰족한 못처럼 생긴 이빨과 커다란 엄지발톱이 있었는데 아마도 높은 곳에 매달린 나뭇잎을 딸 때 사용했던 것 같다.

최초의 초식공룡은 무엇일까?

최초의 초식공룡으로 추정되는 피사노사우루스 메르티이는 남아메리카 아르헨티나의 이스치구알라스토 지층에서 발견되었다. 이 공룡은 약 2억 3000만 년 전(트라이아스기 후기)에 살았던 것으로 보인다. 친척인 헤레라사우루스 이스치구알라스텐시스, 에오랍토르 뉴넨시스와 마찬가지로 피사노사우루스도 비교적 몸집이 작고(약 1m) 가벼웠으며 두 발로 걸었다.

트라이아스기 공룡 중 육식공룡은 어떤 것이 있었을까?

트라이아스기에 살았던 최초의 육식공룡은 에오랍토르와 헤레라사우루스였다. 이 두 공룡은 몸집이 작고 두 발로 걸었으며 튼튼한 뒷다리와 균형을 잡아주는 긴

최초의 포식공룡 중 하나인 코엘로피시스는 무리를 지어 살았던 것으로 보이는 최초의 동물이라는 의견이 있다.(iStock)

꼬리가 있었다. 이후에 살았던 코엘로피시스 역시 육식공룡이었다. 이 공룡의 화석이 처음 발견된 곳은 미국 남서부인데 아직까지 논쟁이 일고 있기는 하지만 최초로 무리를 지어 다닌 공룡이라는 의견도 있다.

코엘로피시스는 어떻게 생겼었을까?

코엘로피시스(뼈 속이 빈 공룡)는 약 2억 1500만 년 전에 나타났다. 이 공룡은 몸집이 작았고 다른 공룡에 비해 연약한 편이었다. 가장 긴 것의 몸길이가 3m 정도로 긴 목을 갖고 있었고 손아귀의 힘이 강했으며 날카로운 이빨에 두개골은 길고 가느다랬다. 두 발로 걸었던 코엘로피시스는 길고 가느다란 꼬리를 이용해 균형을 잡았다. 또한 발의 폭이 좁았고 발가락은 세 개밖에 없었는데 이는 수각아목 공룡의 대표적인 특성이기도 하다. 코엘로피시스는 육식공룡 그룹에 속하는데 이 그룹에는 나중에 나타난 티라노사우루스 렉스와 벨로키랍토르^{Velociraptor}도 포함된다.

트라이아스기에 살았던 가장 작은 공룡은?

트라이아스기에 살았던 공룡 가운데 가장 작은 것으로 밝혀진 것은 두 발로 직립보행을 했던 육식공룡 에오랍토르와 헤레라사우루스이다. 에오랍토르는 길이가 약 1m밖에 되지 않았고 헤레라사우루스의 길이는 약 3~6m 정도였다.

트라이아스기 중기에서 후기까지 살았던 다른 파충류 중에 원시 공룡에 해당하는 것이 있을까?

있다. 트라이아스기 중기와 후기에 북아메리카와 남아메리카에 헤레라사우루스의 다른 공룡 친척이 살았을지도 모른다. 일각에서는 브라질 남부와 아르헨티나 북부에 살았던 스타우리코사우루스 프리케이Staurikosaurus pricei와 북아메리카의 친리층Chinle formation에서 발견된 친데사우루스 브리안스말리Chindesaurus bryansmalli가 가까운 친척이라고 보고 있다. 그러나 이 공룡들을 전체 공룡 계보상 어디에 두어야 하는지에 대해서는 여전히 의견이 분분하다. 다만 공룡이 최초로 나타난 시기와 초기 공룡이 어떻게 생겼는지 파악하는 데 이 그룹이 중요하다는 점만은 확실하다.

트라이아스기의 공룡 중 가장 큰 것은?

트라이아스기에 살았던 공룡 중에서 가장 큰 것은 몸길이가 6~10m였던 초식공룡 플라테오사우루스로 추정된다. 이 공룡은 긴 목과 거대하고 다부진 몸집에 서양 배 모양의 몸통을 가지고 있었다. 두개골은 코엘로피시스보다 깊었지만 몸집에 비하면 여전히 작고 좁았다. 이 공룡은 이빨이 나뭇잎 모양에, 작은 못처럼 뾰족했으며 톱니처럼 거칠었다. 눈은 앞을 보기보다 옆을 향하고 있었기 때문에 깊이를 인지하기가 쉽지 않았지만 시야가 넓어서 포식자를 감지하기에는 좋았을 것이다.

플라테오사우루스의 발은 헤레라사우루스의 발과 매우 비슷했으며 다리의 구조로 보아 빨리 달리지는 못했을 것이다. 플라테오사우루스는 앞치마 모양의 넓은 치골이라는 특징이 있는데 거대한 내장을 지탱하는 '선반' 역할을 했던 것으로 보인다. 이 공룡의 꼬리는 시작되는 부분에서 위로 곧게 굽어져 있어 나무에 기대어 일어서기에 좋았을 것이다.

트라이아스기에 존재했던 다른 생물

트라이아스기에 공룡이 막 생겨나기 시작했다면 그 당시 육지와 해양을 지배했던 동물은?

트라이아스기 후기에 공룡이 생겨나기 시작한 후에도 육지를 지배했던 동물은 비공룡류 포식자였던 조룡이었고 가장 많았던 초식동물은 디키노돈트^{dicynodont}(단궁류)였다. 바다에는 여러 종류의 파충류와 어류가 살았다.

테트라포드는 무엇일까?

테트라포드^{Tetrapod}(사지동물)는 물을 떠나 육지로 옮겨 살았던 네 발을 가진 동물을 가리키는 말이다. 최초의 사지동물은 양서류였고 공룡 역시 테트라포드였다. 사실 현대의 모든 양서류, 파충류, 조류, 포유동물은 모두 테트라포드에 해당된다(인간도 원래 테트라포드의 후손이므로 테트라포드에 속한다는 주장도 있다. 인간도 네 다리를 가졌지만 그중 두 개는 걷는 데 이용하지 않고 팔로 이용한다).

트라이아스기 후기에 테트라포드들은 판게아의 어느 곳에 살았을까?

판게아가 하나의 거대한 대륙이었음에도 불구하고 트라이아스기 후기의 테트라포드의 서식지는 고르게 분포해 있지 않았다. 가장 큰 이유는 거대한 대륙의 기후대가 매우 뚜렷했기 때문이다. 북위 50°에서 북극 사이와 남위 50°에서 남극 사이에는 기후가 습하고 온화했다. 적도는 좀 더 높은 온도와 습한 기후대였지만 북위 30°와 남위 30° 부근에는 건조한 기후대가 형성되고 있었다.

테트라포드는 이런 기후 변화에 따라 분포했다. 예를 들어, 플라테오사우루스가 포함된 공룡 그룹인 원시용각하목은 대부분 남반구와 북반구의 온대지역에 해당되는 곳에 살았는데 이 지역에는 커다란 양서류도 살았다. 악어의 먼 친척인 피토사우루스Phytosaur는 남반구의 해안 지역과 북반구에만 살았으며, 라우이수키아, 악어류, 아에토사우루스Aetosaur와 같은 테트라포드는 판게아 전역에 분포해 살았다.

5,000여 종에 달하는 현생 개구리과는 모두 점프를 할 수 있다. 이들은 트라이아스기에 살았던 트리아도바트라쿠스(Triadobatrachus)의 후손이다. (iStock)

트라이아스기에 육지에 살았던 주요 동물로는 어떤 것이 있을까?

트라이아스기에 살았던 육지동물의 수와 종류, 진화하게 된 계기는 고대 역사를 해석하려고 할 때면 늘 그렇듯 여전히 큰 논쟁거리가 되고 있다. 다음은 커다란 동물 중 일부에 관한 일반적인 사항을 정리한 목록이다. 그러나 이런 해석에 모든 과학자가 동의하는 것은 아니다. 화석은 해석에 따라 달라지며, 과학자마다 다르게 해석하는 경우도 있기 때문에 이런 동물에 관한 정확한 사실을 밝히기는 어려운 실정이다. 트라이아스기에 살았던 공룡 이외의 동물에 관해 간략히 설명하면 다음과 같다.

양서류

원시 양서류 페름기 대멸종 이후 중생대에 살았던 몸집이 큰 원시 양서류(미치류Labyrinthodont)는 몇 종류에 불과하다. 중생대 동안 원시 양서류는 수와 종류가 점점 줄어들었는데 대부분은 민물 속에서 살았다.

원시 개구리와 두꺼비 현생 양서류(또는 진양서아강 Lissamphibian)와 직접적으로 연관되는 동물이 트라이아스기 전기에 처음으로 생겨났다. 개구리 그룹 중 가장 오래된 것은 트라이아도바트라쿠스Triadobatrachus로 뛰어오르는 동작을 하는 진정한 개구리와 개구리의 원시 조상 사이를 이어주는 유일한 동물이다.

육지 파충류(무궁류, 이궁류, 광궁류)

최초의 거북이 고생대에 살았던 무궁류 중 거북이와 프로콜로포니드 Procolophonid만 중생대까지 살아남았다. 가장 오래된 소그룹인 프로가노케리스Proganochelydian는 몸집이 중간 정도였고 껍질 속으로 머리를 집어넣을 수 없었다. 거북이가 무궁류가 아니라 이궁류인지에 관해서는 과학자마다 의견이 분분하다.

프로콜로포니드 전체적인 습성이나 모양이 도마뱀과 같으며 곤충과 작은 동물, 일부 식물을 먹고 살았을 것이다. 도마뱀처럼 생기긴 했지만 진정한 도마뱀은 쥐라기 후기에 가서야 생겼다.

린코사우루스 조룡형류에 속하는 이궁류 파충류로 짧은 기간 동안 존재했다. 린코사우루스는 초식동물로 네 발로 걸었으며 식물을 씹는 데 도움이 되는 커다란 부리가 있었다. 트라이아스기 동안 널리 분포해 살았기 때문에 이 동물의 화석을 이용해서 여러 대륙의 침전물을 비교하기도 한다.

이 쥐 정도로 작은 설치류만한 포유동물이 트라이아스기에 처음으로 생겼다.(iStock)

타니스트로페우스^{Tanystropheid} 조룡형류^{Archosauromorpha}에 속하는 이궁류 파충류로 매우 짧은 기간 존재했다. 주로 바닷가 근처나 바닷속에 살았다. 굉장히 긴 목에 작은 머리를 갖고 있었고 몸은 짧고 중간 크기라 생김새가 이상했다. 이렇게 목이 길었던 이유는 아직까지 밝혀지지 않고 있지만 물고기를 잡기 위해 목을 길게 뻗어 물속으로 집어넣었을 것이라는 학설이 있다.

조룡 조룡형류에 속하는 이궁류의 일종으로 중생대의 대부분 동안 대륙을 지배했던 테트라포드이다. 조룡(지배 파충류)은 공룡의 조상으로, 발과 다리, 엉덩이가 육지에서 민첩하게 움직일 수 있도록 발달했다는 특징을 가지고 있다. 간혹 두개골의 구멍을 기준으로 조룡을 분류하는 과학자도 있다. 최초의 조룡은 비교적 몸집이 큰 육식동물로 육지에 살았거나 육지와 물을 오가며 살았을 것으로 짐작된다.

아에토사우루스 두꺼운 비늘이 덮인 초식조룡.

피토사우루스 트라이아스기 후기 동안에만 존재했던 것으로 현생 악어와 매우 비슷하게 생겼다.

악어류 크로커다일, 앨리게이터, 카이만^{Caiman}, 가비알^{Gavial}이 포함된 그룹으로 트라이아스기 후기부터 현재까지 존재하는 것으로 알려져 있다. 그러나 모든 종류가 현재까지 살아남은 것은 아니다. 빨리 달리는 살토푸스^{Saltoposuchian}도 현존하지 않는다.

라우이수키아 몸통 아래에 앞다리와 뒷다리가 수직으로 나 있어 트라이아스기 동안 육지를 지배하는 포식자가 될 수 있었다.

오르니토수키안^{Ornithosuchian} 비교적 몸집이 큰(3m) 육지 포식자로 사족보행했을 것으로 보인다. 그러나 빨리 달릴 때는 두 발로 달렸다. 오르니토수키안은 비공룡 조룡 가운데 가장 공룡과 닮은 종이다.

오르니토디라^{Ornithodira} 트라이아스기 중기와 후기에 살았던 조룡 그룹으로 공룡도 여기에 속한다. 여기에는 또한 익룡과 조류를 비롯해 공룡과 익룡의 가까운 친척으로 여겨지는 동물의 조상도 해당된다.

날아다니는 파충류(이궁류)

글라이딩 파충류 트라이아스기 후기에 살았던 세 종류의 주요 글라이딩 파충류는 날개와 다리의 피부막을 이용하거나(샤로빕테릭스^{Sharovipteryx}), 비늘을 이용하거나(롱기스쿠아마^{Longisquama}), 부채 모양의 날개(쿠에네오사우루스^{Kuehneosaurus})를 이용했다. 이것이 모두 날개처럼 작용해 파충류가 허공을 활강할 수 있었던 것이다. 그렇다고 동력 비행을 위해 '날개'를 퍼덕거리지는 않았을 것으로 보인다.

플라잉 파충류 익룡(프테로닥틸^{Pterodactyl}이라고도 하지만 프테로닥틸은 익룡의 하위 그룹일 뿐이다). 네 번째 손가락이 길어져 몸 쪽으로 뻗어 있는 세포막을 지지하면서 앞다리(또는 팔)가 날개로 변했다. 동력 비행을 위해 이따금 날갯짓을 했을 것이다. 이들은 해안가와 내륙에 살면서 물고기, 곤충을 비롯한 작은 동물을 먹고 살았다. 이들은 트라이아스기 후기에 진화했다.

포유동물과 파충류 같은 친척(단궁류)

수궁류 단궁류에서 한 단계 더 발전한 형태. 2억 9000만 년 전인 석탄기 후기에 등장해 페름기 후기에 멸종한 최초의 포유동물처럼 생긴 파충류 펠리코사우루스로^{Pelycosaur}에서 진화한 파충류 그룹이다. 가장 큰 변화는 펠리코사우루스의 경우 네 다리로 기어다니듯 걸었지만 수궁류는 몸통 아래에 난 다리를 이용해 보다 효율적으로 걸을 수 있었다는 점이다. 수궁류 중 한 그룹이 트라이아스기 후기부터 오늘날까지 존재하고 있는 포유동물로 진화했다.

아노모돈트^{Anomodont} 가장 흔한 하위 그룹으로는 몸집이 크고 초식성이며 포유동물처럼 생긴 파충류인 디키노돈트가 있다. 아노모돈트에는 몸길이

1~2m에 돼지처럼 생긴 리스트로사우루스^{Lystrosaurus}가 포함되는데 리스트로사우루스의 화석은 호주, 남아프리카, 인도, 중국, 남극 대륙에서 발견되었다. 또한 하마와 비슷하게 생기고 몸길이 3m에, 위턱에 두 개의 커다란 송곳니 같은 것이 있는 칸네메이에리아^{Kannemeyeria}도 여기에 포함된다. 아노모돈트는 트라이아스기 후기에 멸종했다.

키노돈트^{Cynodont} 포유동물처럼 생긴 육식성의 수궁류 파충류. 다리가 몸통의 아래쪽에 나 있었기 때문에 좀 더 똑바로 서서 걸을 수 있었다. 일부는 여우와 비슷한 동물도 있었고 일부는 수염이 난 것도 있기 때문에 털이 났을 가능성도 있다. 즉 온혈동물이었을지도 모른다. 키노돈트는 페름기 후기에서 쥐라기 중기 사이에 진화했는데 적어도 이 중 한 그룹은 포유동물로 진화했을 것으로 보인다.

테로케팔리아^{Therocephalian} 페름기 후기에서 쥐라기 중기에 존재한 이 수궁류 파충류는 고생대 후기에 부리를 갖기도 했다. 몸집이 작거나 중간 정도 크기에 네 발로 걸었으며 곤충이나 작은 동물을 먹고 살았다.

진정한 포유류 쥐나 들쥐만큼 크기가 작았으며 가장 큰 것은 고양이만 했다. 야행성이었을 것으로 추정되며 곤충이나 작은 동물을 먹고 살았을 것으로 보인다. 최소한 한 그룹은 초식성이었다. 이들은 공룡이 최초로 등장한 트라이아스기 후반에 생겨났다.

삼돌기치목^{Triconodont} 트라이아스기 후기에서 백악기 후기까지 존재했던 포유류. 가장 오래된 포유동물 화석 중 하나이기도 하다. 어금니의 세 돌기가 세로로 직선상으로 배열되어 있다고 해서 이런 이름이 붙여졌다.

하라미오이드^{Haramyoid} 트라이아스기 후기에서 쥐라기 중기에 걸쳐 살았던 포유동물. 가장 오래된 포유동물 화석 중 하나이다. 이들의 이에는 돌기가 많이 있었는데 적어도 2열로 나 있었다.

곤충 아주 흔했던 것으로 유충에서 번데기를 거쳐 성충으로 완전히 탈바꿈하는 최초의 종이 여기에 포함된다.

거미 매우 흔했다. 거미는 이미 수억 년 동안 지구상에 존재했던 것으로 캄브리아기에 살았던 화석이 발견된 적도 있다.

지렁이 매우 흔했다. 지렁이는 이미 수억 년 동안 지구상에 존재했던 것으로 캄브리아기에 살았던 화석이 발견된 적도 있다.

트라이아스기에 살았던 주요 해양 동물에는 어떤 것들이 있을까?

트라이아스기에 바닷속을 헤엄치고 다닌 해양 동물은 많았다. 그중 다수가 오늘날까지도 존재한다. 일반적으로 바다에는 다음과 같은 동물이 살았는데 새로운 화석이 발견되면 이 목록도 바뀌게 될 것이다.

주요 해양 동물

파충류(광궁류)

어룡 '물고기 파충류'라고도 하는 이 어룡은 조개류와 어류, 다른 해양 파충류를 잡아먹고 살았던 포악한 바다 파충류였다. 이들은 현생 돌고래와 고래, 상어와 비슷한 모습에 비슷한 습성을 가졌던 것으로 보인다. 트라이아스기 전기에서 백악기 중기까지 바닷속에서 살았으며 백악기 중기에 모사사우루스^{Mosasaur}에 의해 멸종되었을 것으로 추정된다.

플레시오사우루스 크기는 중간 정도에서 큰 편까지 있었고, 목이 짧고 몸집이 둥글납작했다. 또한 네 발은 노처럼 모양이 바뀌었다. 대개 물고기를 먹고 살았다. 대부분 바닷속에서 살았던 것으로 보이지만 민물 호수에서 산 것도 있었다. 이들은 트라이아스기 전기에서 백악기 말까지 존재했는데 로크네스 괴물의 생김새를 나타내는 모델이 바로 이 플레시오사우루스이다.

플라코돈트^{Placodont} 몸통과 꼬리가 긴 커다란 해양 파충류로 발에는 물갈퀴가 달렸던 것으로 보인다. 이빨은 먹이를 부수는 용도로 이용되었으며 대양저에 있는 조개나 다른 껍질 속에 사는 무척추동물을 먹었을 것으로 짐작된다.

노도사우루스^{Nothosaur} 몸집이 작거나 중간 정도 크기의 해양 파충류로 목이 길었으며

에라스모사우루스(Elasmosaurus)는 바닷속을 헤엄치고 다녔던 가장 큰 플레시오사우루스과(Plesiosaur) 중 하나이다. 오늘날 스코틀랜드의 로크네스 괴물이 멸종된 후에도 살아남은 플레시오사우루스의 일종이라고 믿는 사람들도 있다.(iStock)

원뿔 모양의 날카로운 이로 물고기를 사냥했다. 다리는 보다 발달된 광궁류가 가진 노처럼 생긴 다리가 아니라 물갈퀴로 진화했다. 이들은 트라이아스기 전기에서 후기까지 존재했다.

기타 해양 생물

성게 페름기의 대멸종 후에 살아남았던 몇 안 되는 연필성게가 현생 성게의 조상이다. 트라이아스기에는 굴속에 사는 성게가 최초로 등장하기도 했다.

산호 현생 산호에 가까운 친척이 트라이아스기에 생겨났다.

게와 바다가재(갑각류) 현생 게와 바다가재의 가까운 친척이 트라이아스기에 최초로 나타났다.

암모노이드^{Ammonoid}(방과 같은 껍데기가 달린 동물) 트라이아스기에는 다양한 종류의 암모노이드가 급증했다.

경골어류 바닷물, 기수, 민물에서 발견되었는데 이 세 곳을 옮겨다니며 살았

브리티시 콜럼비아(British Columbia) 주 해안에 사는 이 붉은 성게와 같은 모든 현생 성게들은 페름기 대멸종 때 살아남은 성게의 후손이다.(iStock)

을 가능성도 있다. 이들은 구조에 따라 조기어류(예를 들어 트라이아스기의 펄레이두스Perleidus)와 **도총기어류**(예를 들어 트라이아스기의 디플루러스Diplurus)의 두 그룹으로 나뉜다.

상어류 트라이아스기에 원시 상어와 현생 상어의 중간에 해당하는 형태가 나타났다. 최초의 상어는 고생대의 데본기 중간쯤인 약 1억 3000만 년 전에 나타났다. 이 그룹에 속하는 현생 상어로는 포트잭슨상어Port Jackson shark 가 있다.

JURASSIC PERIOD

쥐라기

쥐라기란 무엇이고 이 명칭이 붙은 이유는 무엇일까?

쥐라기는 지질연대상 트라이아스기의 다음에 해당된다. 비록 트라이아스기에 공룡이 생겨나 2500만 년에 걸쳐 진화하기는 했지만 실제로 번성했던 것은 쥐라기에 들어서이다. 아파토사우루스 같은 거대한 용각아목 초식공룡이 육지를 배회하고 스테고사우루스처럼 골판 달린 공룡이 처음 나타났으며 알로사우루스 같은 거대한 육식공룡이 다른 공룡을 잡아먹었던 것도 이때였다. 또한 쥐라기에는 새의 조상이라고 여기는 시조새, 즉 아르카에옵테릭스^{Archaeopteryx}가 날아다니기도 했다.

쥐라기라는 명칭은 프랑스와 스위스의 국경에 걸쳐 있는 주라 산맥에서 따온 것이다. 그곳에서 쥐라기의 퇴적암과 화석이 최초로 발견되었기 때문이다. 쥐라기는 중생대를 이루고 있는 두 번째 기에 해당된다(첫 번째 기는 트라이아스기, 세 번째 기는 백악기이다).

쥐라기는 어떻게 세분화될까?

일반적으로 쥐라기는 전세, 중세, 후세로 나뉜다. 비공식적으로 전기, 중기, 후기라고도 하고, 과학자들은 쥐라기를 하위, 중위, 상위로도 나눈다.

이 세는 다시 세분화되는데 유럽식 명명법을 따르는지 북미나 호주, 뉴질랜드 명명법을 따르는지에 따라 세분화된 절의 명칭이 달라지기 때문에 더욱 복잡해진다. 여기에서는 북아메리카 명명법에 따라 쥐라기를 구분했다. 여기에 나오는 연대 또한 절대적인 것이 아니기 때문에 출처에 따라 조금씩 달라질 수 있다.

쥐라기

세	절	(약)년 전
전세	나바호 Navajo	1억 9500만~1억 7800만
	카옌타 Kayenta	2억 200만~1억 9500만
중세	트윈크리크 Twin Creek	1억 7000만~1억 6300만
	깁섬 스프링스 Gypsum Springs	1억 7800만~1억 7000만
후세	모리슨 Morrison	1억 5600만~1억 4100만
	선댄스 Sundance	1억 6300만~1억 5600만

쥐라기는 얼마나 오랫동안 지속되었을까?

쥐라기는 약 2억~1억 4500만 년 전까지 거의 5500만 년 동안 지속되었다. 물론 정확한 연대에 대해서는 의견이 분분하고 문헌에 따라 조금씩 다르지만 큰 틀은 비슷하다.

트라이아스기와 쥐라기 사이에 발생한 사건으로 공룡에게 중요한 의미를 갖는 것은 무엇일까?

약 2억 년 전 트라이아스기와 쥐라기 사이에 대멸종이 일어났다. 약 1만 년 동안 지속된 이 대멸종으로 암모노이드를 비롯한 많은 해양 생물이 거의 완전히 사라졌다. 뿐만 아니라 조룡, 피토사우루스, 아에토사우루스, 라우이수키아를 비롯한 일부 파충류까지도 완전히 멸종했다. 소행성의 충돌 때문에 이렇게 많은 생물이 멸종했다는 주장이 대세를 이루고 있지만 충돌 당시 생긴 것으로 보이는 큰 분화구가 사실은 그보다 1000만 년이나 더 오래된 것으로 밝혀졌다. 때문에 생물이 멸종하게 된 원인에 대한 열띤 논쟁은 아직까지도 식을 줄 모르고 있다.

트라이아스기 말에 발생한 멸종으로 생태적 지위(한 종의 생물이 생태계 속에서 차지하는 물리적 위치와 기능)가 더 넓어져서 공룡이 번성하고 지구를 지배할 수 있었다는 의견도 있다. 그런가 하면 페름기 말에 발생했던 대멸종으로 인해 공룡이 이미 지배적인 위치를 차지하고 있었다는 주장도 있다. 어떤 것이 더 먼저인지 아직까지는 밝혀지지 않았지만 어쨌든 공룡이 쥐라기 초부터 지구를 지배한 것은 분명하다.

트라이아스기와 쥐라기의 경계에 발생한 대멸종에 관한 다른 학설도 제기되고 있다. 트라이아스기에서 쥐라기로 넘어갈 무렵 약 60만 년 동안 매우 거대한 용암류가 있었다는 것이다. 지구상에 발생했던 용암류 가운데 가장 큰 것으로 추정되는 이 용암류로 인해 이산화탄소와 황산가스가 발생해서 대기의 성분과 기후가 바뀌는 바람에 대멸종이 일어났다는 주장이다.

또 소행성이나 혜성의 충돌이 용암류를 일으켰거나 충돌과 용암류가 모두 발생하여 생물이 살아가기 힘든 환경으로 변했을 것이라는 주장도 있다. 그 결과 기후 변화에서 식물의 변화에 이르기까지 다양한 환경의 변화가 일어나 트라이아스기와 쥐라기 사이에 대멸종이 발생했다는 것이다.

모리슨 지층은 무엇이고 어디에서 발견되었을까?

모리슨 지층Morrison Formation은 다양한 쥐라기의 공룡 화석이 많이 발견된 것으로 유명한 퇴적층이다. 콜로라도 주 모리슨의 지명을 본따 이름 붙여진 이 지층은 북미 서부의 여러 지역에서 발견되었다. 유타 주의 모리슨 지층에서 발견된 쥐라기 공룡 화석으로는 알로사우루스, 아파토사우루스, 바로사우루스Barosaurus, 브라키오사우루스, 카마라사우루스, 캄프토사우루스Camptosaurus, 케라토사우루스, 디플로도쿠스, 드리오사우루스Dryosaurus, 디스트로파에우스Dystrophaeus, 마르쇼사우루스

Marchosaurus, 스테고사우루스, 스토케소사우루스Stokesosaurus, 토르보사우루스Torvosaurus 등이 있다.

텐다구루 지층이란?

텐다구루 암석 지층은 쥐라기 말에 형성된 것으로 동아프리카의 탄자니아에서 발견된 최고의 노두(암석의 노출부)이다. 1900년대 초에 발견된 이 지층은 전 세계에서 가장 넓은 공룡 무덤으로 통하고 있다. 20세기 초 독일과 영국의 과학자들이 이 지역을 탐사했는데, 그 이후에도 여러 번 탐사가 이루어졌다.

매우 다양한 쥐라기 화석이 미국 콜로라도에 있는 모리슨 지층의 퇴적암에서 발견되었다.(iStock)

텐다구루 지층Tendaguru Formation은 주로 모리슨 지층과 비교되는데 두 지역 모두 공룡 화석이 풍부한 암석층인데다 전체적인 동물군이 유사하기 때문이다. 예를 들어 두 지층에서 발견된 브라키오사우루스의 화석은 놀라울 정도로 비슷하다. 이렇게 비슷한 이유 중 하나는 쥐라기에는 대륙들이 근접해 있어 공룡이 여러 곳에 분포해 살 수 있었기 때문이다. 그러나 다른 점도 있다. 모리슨 지층에서는 커다란 수각아목 공룡 화석이 발견되었지만 텐다구루 지층에서는 발견되지 않았다.

트라이아스기와 쥐라기 사이에 공룡의 수가 급증한 이유는 무엇일까?

트라이아스기 말은 육지의 척추동물에게 역사상 가장 분주했던 시기였다. 그 시기에는 악어, 거북이, 도마뱀 친척, 익룡, 수궁류, 거대 양서류, 최초의 포유동물, 공룡 등 온갖 종류의 동물이 공존했다. 그러나 쥐라기가 시작된 지 겨우 500만~1000만 년 사이에 공룡이 거의 모든 지역을 차지하며 육지를 지배하기 시작했다.

공룡이 지배하게 된 원인에 관해서는 몇 가지 가설이 있다. 첫 번째 가설은 경쟁에 관한 것이다. 공룡이 다른 동물에 비해 먹을 것을 더 많이 차지할 수 있었기 때문이라는 것이다. 두 번째는 기회주의에 초점을 맞춘다. 전문화된 특성 덕분에 공룡이 다른 동물의 영역까지 차지할 수 있었다는 주장이다. 특히 특정 수궁류(포유동물의 파충류 선조)와 린코사우루스(도마뱀과 같은 파충류), 원시 조룡(공룡, 익룡, 크로커다일과로 구성된 파충류)이 트라이아스기 중반에 대멸종하면서 공룡이 차지할 수 있는 생태적 지위가 생긴 것으로 보고 있다.

또 특별한 해부학적 구조 덕분에 다른 동물보다 우위를 차지할 수 있었다는 학설도 있다. 예를 들어 공룡은 두 발로 직립보행을 하도록 진화했기 때문에 보폭이 넓어졌고 더 빨리 걸을 수 있었다. 따라서 불완전 직립을 했던 다른 파충류를 잡아먹을 수 있었다. 티라노사우루스 렉스를 비롯한 거대한 육식공룡이 대표적이다. 이런 공룡들은 엉덩이의 구조상 똑바로 서서 걸을 수 있었기 때문에 자유롭게 앞발을 사용해 먹이를 잡을 수 있는 잇점을 갖추고 있었다. 이것은 다른 동물이 가지지 못한 능력이었다.

비록 아직까지 의견이 분분하긴 하지만 공룡이 온혈동물로 진화했을지도 모른다는 가설도 있다. 공룡이 실제로 온혈동물로 진화했다면 다른 냉혈 친척보다 훨씬 더 활동적이었을 것이다.

쥐라기에는 대륙들이 어디에 위치했을까?

쥐라기 전기에는 대륙들이 적도 주변에서 테티스 해와 면해 있는 C자형으로 모여 있었다. 그러나 모든 대륙들이 판게아라는 거대한 초대륙의 일부였던 트라이아스기와 달리 쥐라기에는 분열이 발생해 판게아는 두 개의 거대한 대륙으로 분리되었다. 초대륙 판게아가 분열된 이유도 가장 일반적인 학설에 의하면 판구조의 움직임이 C자형의 판게아에 균열을 일으켜 거대한 두 개의 땅덩어리로 나뉘게 된 것이라고 한다.

곤드와나 대륙과 곤드와나는 어떻게 다를까?

곤드와나 대륙과 곤드와나는 사실상 같은 의미이다. 원래 초대륙을 나타낼 때 쓰던 명칭은 곤드와나 대륙이었다. 두 용어는 동의어로 개인에 따라 곤드와나 대륙이라고 하는 사람도 있고 곤드와나라고만 하는 사람도 있다.

로라시아와 곤드와나는 무엇이었을까?

로라시아와 곤드와나 대륙, 혹은 곤드와나는 쥐라기에 존재한 두 개의 거대한 대륙(대개 초대륙이라고 부른다)이나. 균열로 인해 북아메리카와 아프리카 사이에 큰 틈이 생기면서 북아메리카와 남아메리카의 틈도 벌어졌다. 그 틈이 물로 채워지면서 판게아는 북쪽의 로라시아 대륙과 남쪽의 곤드와나 대륙으로 나뉘었다. 거대한 대륙이 이렇게 나뉘었음에도 불구하고 브라키오사우루스의 뼈대 화석과 골판이 달린 스테고사우루스의 화석은 아프리카와 북아메리카 두 대륙에서 발견되었다. 이는 비록 대륙이 분리되기는 했지만 대륙을 잇는 다리 같은 것이 있어 동물들이 두 대륙을 이동할 수 있었음을 의미한다.

로라시아에는 현재의 유럽, 북아메리카, 시베리아가 포함된다. 또한 그린란드도 이 거대한 땅덩어리에 속한다. 곤드와나 대륙에는 현재의 아프리카, 남아메리카, 인도, 남극, 호주가 속한다.

쥐라기 시대에 북쪽의 로라시아와 남쪽의 곤드와나는 어떻게 변했을까?

서쪽으로 이어진 균열로 판 게아가 나뉘면서 로라시아와 곤드와나가 생겼다. 그 후 수백만 년 동안 이 거대한 두 대륙에는 엄청난 변화가 일어났다. 아프리카가 유럽에서 분리되면서 지중해가 형성되기 시작했다. 이탈리아, 그리스, 터키와 이란이 곤드와나의 북아프리카 쪽에 연결된 반면 남극과 호주는 곤드와나로부터 떨어져 나갔다. 하지만 위치상 여전히 곤드와나에 근접해 있었다.

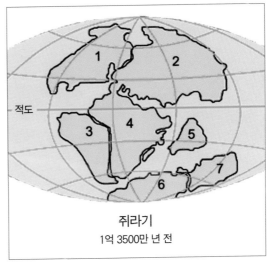

쥐라기
1억 3500만 년 전

로라시아 대륙과 곤드와나 대륙이 쥐라기에 떨어져 나가기 시작했다. 그림에 표시된 번호는 다음을 나타낸다. 1) 북아메리카 대륙, 2) 유라시아 대륙, 3) 남아메리카 대륙, 4) 아프리카 대륙, 5) 인도 아대륙, 6) 남극대륙, 7) 호주 대륙.

그리고 현재 인도에 해당하는 땅 덩어리가 북쪽으로 이동했다.

또한 곤드와나에서 분리된 북아메리카가 서쪽으로 떠내려가면서 멕시코만을 형성했고 북대서양이 넓어졌다. 남아메리카와 아프리카도 분리되면서 길고 좁은 해로가 생겼는데 이 해로가 나중에 남대서양이 된다. 그리고 이 시기 동안 해수면이 높아져 쥐라기 말에는 남아메리카와 유럽의 일부에 천해가 범람하기도 했다.

쥐라기에 발생한 기후 변화 때문에 새로운 공룡 그룹이 발생한 것일까?

그렇다. 쥐라기에 기후가 온화해지면서 열대식물이 무성하게 자라났을 것이다. 바뀐 환경에 맞춰 새로운 공룡 그룹이 생겨났는데 목이 긴 용각아목(초식공룡)도 이때 생겨났다. 쥐라기에는 식물이 급증하면서 이런 공룡들이 제법 크게 성장했다. 이렇게 긴 목은 다른 공룡이 닿지 못하는 곳의 먹이까지 먹을 수 있게 했다. 풍부한

기후가 새롭게 변화하면서 거대한 식물이 자랐났다. 식물을 먹을 수 있도록 용각아목 공룡의 목이 길게 진화했다.(iStock)

먹이 덕분에 초식공룡은 세대를 거듭하면서 지속적으로 증가할 수 있었다.

쥐라기의 주요 공룡들

쥐라기에 살았던 주요 공룡으로는 어떤 것들이 있을까?

쥐라기의 공룡은 크게 두 그룹으로 나눌 수 있다. 그것은 용각아목(초식공룡)과 수각아목(육식공룡)으로 나뉘는 용반목(파충류 또는 도마뱀 골반을 가진 것들)과, 스테고사우루스하목, 안킬로사우루스하목, 조각아목처럼 초식공룡인 조반목(조류 골반을 가진 것들)이다. 다음은 쥐라기에 살았던 공룡의 일부를 나타낸 표이다. 새로운 화석이 계속해서 발견되고 있으므로 그에 따라 이 목록도 상당히 늘어나게 될 것이다.

쥐라기의 공룡

이름	의미	나이(년 전)	지역	최대 몸길이 (미터)
알로사우루스^{Allosaurus} 알로사우루스Allosaurus	다른 도마뱀	1억 5000만~ 1억 3500만	미국	15
아파토사우루스Apatosaurus	속이는 도마뱀	1억 5400만~ 1억 4500만	미국	21
시조새Archaeopteryx*	고대의 날개	1억 4700	독일	0.5
바로사우루스Barosaurus	무거운 도마뱀	1억 5500만~ 1억 4500만	미국	24
브라키오사우루스Brachiosaurus	팔 도마뱀	1억 5500만~ 1억 4000만	미국/탄자니아	23
카마라사우루스Camarasaurus	방 도마뱀	1억 5500만~ 1억 4500만	미국	20
캄프토사우루스Camptosaurus	굽은 도마뱀	1억 5500만~ 1억 4500만	미국	5
코엘루루스Coelurus	속이 빈 꼬리	1억 5500만~ 1억 4500만	미국	2.4
콤프소그나투스Compsognathus	예쁜 턱	1억 4700만	독일	0.66
다켄트루루스Dacentrurus	뾰족한 꼬리	1억 5700만~ 1억 5200만	프랑스, 영국, 포르투갈	6
디플로도쿠스Diplodocus	두 개의 기둥	1억 5500만~ 1억 4500만	미국	27
드리오사우루스Dryosaurus	떡갈나무 도마뱀	1억 5500만~ 1억 4000만	미국, 탄자니아	4
켄트로사우루스Kentrosaurus	끝이 뾰족한 도마뱀	1억 4000만	탄자니아	3
마멘키사우루스Mamenchisaurus	마멘키 도마뱀	1억 5500만~ 1억 4500만	중국	22
마소스폰딜루스Massospondylus	거대한 척추	2억 800만~ 2억 400만	남아프리카	4
메갈로사우루스Megalosaurus	큰 도마뱀	1억 7000만~ 1억 5500만	영국, 탄자니아	9
오르니톨레스테스Ornitholestes	새 도둑	1억 5500만~ 1억 4500만	미국	2
스쿠텔로사우루스Scutellosaurus	작게 보호된 도마뱀	2억 800만~ 2억 만	미국	1.2
파타고사우루스Patagosaurus	파타고니아의 도마뱀	1억 6300만~ 1억 6100만	아르헨티나	18
펠로로사우루스Pelorosaurus	괴물 도마뱀	1억 5000만	영국	미상
스켈리도사우루스Scelidosaurus	다리 도마뱀	2억 300만~ 1억 9400만	영국	4
스테고사우루스Stegosaurus	지붕 도마뱀	1억 5500만~ 1억 4500만	미국	9
투오지앙고사우루스Tuojiangosaurus	투오지앙 도마뱀	1억 5700만~ 1억 5400만	중국	6.4
불카노돈Vulcanodon	화석의 이빨 도마뱀	약 1억 8000만	아프리카	6.5

* 시조새의 서식지에 대해서는 1861년 처음으로 화석이 발견된 이후 논쟁이 일고 있다.

용반목 공룡

용반목 공룡은 어떻게 분류될까?

용반목 공룡은 용각아목와 수각아목(육식공룡)이라는 두 그룹으로 나뉜다. 이 두 그룹에는 다양한 종의 공룡을 포함되기 때문에 보다 세분화된다.

모든 분류와 마찬가지로 이 분류체계 또한 저마다 차이가 있고 각각의 분류체계 내에서도 끊임없는 논쟁과 변화가 지속된다. 예를 들어 어떤 분류체계에서는 용반목을 수각아목과 용각형아목^{Sauropodomorpha}으로 나눈다. 그리고 이 용각형아목을 다시 용각아목과 원시용각아목으로 나눈다. 그러나 원시용각아목은 쥐라기 초에 멸종했기 때문에 다른 분류체계에서는 용각아목만 다루기도 한다.

여기에서 이용하는 일반적인 분류체계는 한 가지 버전만 사용한다. 쥐라기 시대의 용각아목은 디플로도쿠스과와 브라키오사우루스과로 분류된다. 카마라사우루스과는 브라키오사우루스과의 일부에 포함되거나 별도의 그룹으로 분류된다.

수각아목은 케라토사우루스하목과 테타누라하목으로 분류된다. 테타누라하목은 다시 코엘루로사우루스하목과 알로사우루스과라고 알려지기도 한 카르노사우루스하목으로 나뉜다. 코엘루로사우루스하목을 오르니토미무스과와 마니랍토르 계통군으로 나누는 분류체계도 있다.

용각아목의 일반적인 특징은?

용각아목은 비교적 몸길이가 작은 것에서부터(약 7m) 현재까지 육지동물 가운데에서 가장 긴 것(40m)으로 알려진 것에 이르기까지 다양한 종류가 포함된 네 발 공룡 그룹이다. 용각아목 중에는 60m나 되는 공룡도 있었던 것으로 보인다. 용각아목은 굉장히 긴 꼬리와 목을 가졌으며 발가락이 다섯 개 달린 '손'과 발, 거대한 다리, 아주 작은 머리, 그리고 못처럼 생긴 이빨을 갖고 있었다. 용각아목은 초식동물로 공룡 중 머리와 몸통의 비율(대뇌비율 지수)이 가장 낮았다. 이 공룡들은 쥐라기 전기에 처음 나타났으며 쥐라기 후기에 들어 가장 많이 진화하고 다양해졌다.

공룡의 뼈대를 용각아목 그룹의 것으로 판단할 만한 특징에는 무엇이 있을까?

공룡의 뼈대가 용각아목의 것인지 판단하기 위해 몇 가지 기술적인 특징을 이용한다. 일반적으로 다음과 같은 기준에 부합되는 경우 용각아목으로 판단한다.

1. 12개 이상의 경추.
2. 다섯 개 이상의 천추(엉덩이뼈 사이의 척추)(현생 파충류들은 2개, 새는 10개 이상, 현생 포유동물은 3개에서 5개 사이의 천추를 갖고 있다).
3. 길고 단단한 뼈를 가진 거대한 수직 다리.
4. 장골(골반의 일부)이 등까지 확장된 형태.

모든 용각아목은 경추가 더 달려 있는데 이는 배추골^{Dorsal vertebrae} 대신 갖게 된 진화적 특성이다. 또한 두개골이 약하게 연결되어 있었기 때문에 뼈대 중에 두개골만 없는 경우가 많다. 이 밖에도 꼬리의 V자형과 척추 사이의 움푹 파인 곳의 구조를 비롯해 화석을 그룹과 종으로 분류하는 데 이용하는 다른 뼈대 특징도 있다.

원시용각류란 무엇일까?

원시용각류는 1830년대에 발견되어 알려진 최초의 공룡 그룹 중 하나이다. 그 당시는 이 거대한 파충류를 공룡이라고 부르지도 않던 시대였다. 원시용각류, 즉 '용각아목의 선조'라는 명칭은 사실 적절하지 못하다. 현재까지 알려진 최초의 공룡은 용각아목의 조상이라 하기에는 매우 특화되었기 때문이다. 그러나 지금까지도 이 명칭이 그대로 이용되고 있다.

원시용각류는 2억 3000만 년 전 트라이아스기 말에 나타났으며 쥐라기 전기에 멸종한 것으로 추정된다. 대부분의 원시용각류는 뭉툭한 이빨과 긴 앞다리를 가졌으며 앞다리 엄지발가락에 굉장히 큰 발톱이 달렸다. 또한 두 발로 직립보행했다. 대체로 초식공룡이었는데 쥐라기 전기에 들어서야 거대한 몸집을 갖게 되거나 나중에 생긴 초식공룡이 가졌던 특성을 보이기 시작했다.

현재로서는 원시용각류를 정확하게 분류하기는 어렵다. 분류체계에 따라서는 용반목 공룡을 용각형아목과 또 다른 원시용각류로 나누기도 한다. 또한 용각형아목을 용각하목, 원시용각하목, 세그노사우루스하목으로 구분하기도 하고, 원시용각류를 멸종한 용반목에 속하는 그룹으로만 분류하는 분류체계도 있다.

가장 원시적인 용각아목으로 알려진 것은?

가장 원시적인 용각아목은 아프리카 짐바브웨에서 발견된 불카노돈이라는 쥐라기 전기의 공룡이다. 안타깝게도 두개골과 척추(꼬리와 골반 뼈의 일부를 제외한)는 발견되지 않았다. 이 공룡은 사족보행했으며 몸길이가 약 10m였다. 뼈대는 원시용각류와 용각아목의 특징이 있다.

원시용각류 화석 중에는 어떤 것이 발견되었을까?

1836년, 최초의 공룡 화석이 발견된 지 얼마 지나지 않아(그때는 아직 공룡이라는 용어가 생기기 전이었다), 최초의 원시용각류에 속하는 테코돈토사우루스 공룡의 화석이 발견되었다. 그 이후 대부분의 화석은 제2차 세계대전 중에 파괴되었다(그 이후 다른 화석들이 발견되었다). 플라테오사우루스의 화석이 1834년에 발견되면서 그 당시 가장 큰 동물로 추정되기도 했는데, 오늘날 모든 원시용각류 중 가장 잘 알려져 있고 가장 많이 연구되는 것이기도 하다. 다른 원시용각류 화석들도 여러 해에 걸쳐 발견되었는데 아젠도사우루스^{Azendohsaurus}, 셀로사우루스^{Sellosaurus}, 사투르날리아^{Saturnalia}, 리오자사우루스^{Riojasaurus} 등 모두 트라이아스기 후기에 살던 것들이었다. 쥐라기 전기에 살던 가장 흔한 원시용각류로는 마소스폰딜루스^{Massospondylus}, 유나노사우루스^{Yunannosaurus}, 루펜고사우루스^{Lufengosaurus}가 있다.

쥐라기에 살았던 주요 용각아목 그룹에는 어떤 것들이 있을까?
쥐라기에는 다음과 같은 주요 용각아목 그룹이 살았다.

케티오사우루스과^{Cetiosauridae} 케티오사우루스과는 초기 용각아목에 속하는 그룹이다. 사실 이 그룹은 비교적 단순한 척추 뼈를 가진 여러 종류의 용각아목들을 아우르는 그룹이다. 그중에는 쥐라기 후기까지 살았던 것도 있지만 원시적인 특성을 그대로 갖고 있었다. 케티오사우루스가 디플로도쿠스과, 브라키오사우루스과, 카마라사우류스과와 같은 용각아목 그룹 중에서 진화적으로 가장 많이 발달한 그룹이다. 두개골까지 완벽하게 보존된 이 그룹의 표본들이 최근 중국에서 발견되었다. 이 용각아목은 특히 턱에 구멍이 없고 천추가 다섯 개라는 대표적인 특징이 있다. 케티오사우루스과에는 쥐라기 중기에 살았던, 꼬리에 곤봉이 달린 슈노사우루스^{Shunosaurus}와 19개의 긴 경추로 이루어진 매우 긴 목을 가진 마멘키사우루스가 속한다. 마멘키사우루스는 계보상 디플로도쿠스과에 가깝지만 디플로도쿠스과와 구분되는 원시적인 특성을 그대로 간직하고 있었다.

디플로도쿠스과^{Diplodocidae} 디플로도쿠스과는 발달한 용각아목 그룹 중 하나로 쥐라기 후기에 살았다. 디플로도쿠스과에는 가장 긴 공룡으로 알려진 그룹이 속한다. 디플로도쿠스과는 최소한 80개의 척추 뼈로 이루어진 긴 채찍 모양의 꼬리와 높은 등뼈로 이루어진 척추, 작고 긴 납작한 두개골을 가졌으며 주둥이는 길었고 못처럼 생긴 이빨이 입의 앞부분에만 나 있었다. 또 머리 꼭대기에는 콧구멍이 있었다.

브라키오사우루스과^{Brachiosaurids} 브라키오사우루스는 용각아목에 속하는 또 다른 그룹이다. 쥐라기의 이 공룡은 디플로도쿠스과보다 몸집이 훨씬 더 육중했다. 특징은 앞다리가 뒷다리만큼 길다는 것인데 간혹 뒷다리보다 더 긴 것도 있었다. 게다가 목이 길어서 자세가 기린 같았다. 또 50개의 작은 척추 뼈로 이루어진 비교적 짧은 꼬리가 있었고 콧구멍은 머리 위 돌출부에 나 있었으며 긴 목은 평균 13개의 커다란 척추 뼈로 이루어져 있었다.

카마라사우루스과^{Camarasaurids} 분류체계에 따라 카마라사우루스과로 불리는 용각아목은 브라키오사우루스과의 일부로 분류되기도 하고 별도의 그룹으로 분류되기도 한다. 카마라사우루스는 디플로도쿠스에 비해 몸길이가 짧고 무거웠으며 앞다리와 뒷다리의 길이가 비슷했다. 쥐라기 후기에서 백악기 후기까지는 가장 큰 초식공룡이 살았던 시대였다. 그들은 평균 12개의 경추가 있었고 등뼈의 위치가 낮고 굵었으며 척추 뼈에는 깊은 구멍이 많이 나 있었다. 또한 짧고 뭉툭한 두개골에, 양눈 사이에는 커다란 콧구멍이 있었고 큰 숟가락처럼 생긴 이빨이 나 있었다. 카마라사우루스과는 미국 서부에 있는 모리슨 지층에서 발견된 화석 중에서 가장 흔한 용각아목이자 가장 작은 공룡 그룹이기도 하다(9~18m). 또한 골격, 즉 뼈의 해부학적 구조가 완벽히 파악된 유일한 공룡 그룹이기도 하다.

쥐라기에 살았던 용각아목으로는 어떤 것들이 있을까?
다음은 쥐라기에 가장 많았던 용각아목과 특성을 나타낸 것이다.

디플로도쿠스과

디플로도쿠스 이 공룡으로 인해 이 그룹 전체가 디플로도쿠스과라는 명칭을 얻게 되었다. 디플로도쿠스는 몸길이가 27m였고 몸무게는 약 10~11t 정도 되었던 것으로 짐작된다.

아파토사우루스 한때 브론토사우루스^{Brontosaurus}라고 알려지기도 했던 아파토사우루스는 디플로도쿠스에 비해 몸통이 짧고 컸다. 길이가 23m나 되는

디플로도쿠스는 몸길이가 약 27m였고 몸무게는 9t이 넘었다. 지구상에 존재했던 가장 큰 용각아목 중 하나이다.
(iStock)

아파토사우루스는 현재까지 존재했던 육지동물 가운데 길이가 가장 긴 그룹 중 하나로 알려져 있다.

바로사우루스 디플로도쿠스와 유사하지만 경추가 디플로도쿠스보다 33% 더 길었다.

수우와세아 Suuwassea 미국 모리슨 지층에서 발견된 수우와세아 공룡은 몸길이가 14~15m 정도 되었던 것으로 추정된다.

수퍼사우루스 Supersaurus 길이가 가장 긴 공룡 중 하나로 추정되는 또 다른 공룡이다. 수퍼사우루스는 몸길이가 33~34m에 달했다.

브라키오사우루과

브라키오사우루스 이 공룡으로 인해 브라키오사우루스과라는 그룹 전체를 가리키는 명칭이 생겼다. 쥐라기 후기에 살았던 공룡의 화석 가운데 현재까지 발견된 가장 큰 화석이기도 한 이 공룡은 몸길이가 약 25m에 체고가 약 13m로 4층짜리 건물과 맞먹었다.

루소티탄 ^{Lusotitan} 이 공룡은 앞다리가 길고, 몸길이도 25m에 달했다. 포르투갈에서 발견된 가장 완전한 화석에 두개골은 포함되어 있지 않지만 과학자들은 이것이 브라키오사우루스과에 속한다고 보고 있다.

카마라사우루스과

카마라사우루스 비교적 작은 용각아목 공룡. 몸길이는 약 18m였으며 브라키오사우루스과만큼 앞다리가 뒷다리에 비해 길지 않았다.

또 다른 용반목 그룹인 수각아목의 대표적인 특징으로는 어떤 것들이 있을까?

수각아목의 특징은 매우 다양하다. 육식동물이었기 때문에 이빨은 칼날 같았고 표면은 톱날처럼 생겼다. 손발톱, 특히 손에 난 손톱은 거꾸로 휘었는데 끝으로 갈수록 가늘고 뾰족했다. 손 바깥쪽으로 난 손가락은 크기가 작거나 아예 없는 경우도 있었다. 대부분의 수각아목은 다리가 길었고 직립보행을 했으며 몸이 날씬해서 재빠르게 움직일 수가 있었다. 이런 특징 덕분에 수각아목은 사냥감을 쉽게 잡을 수 있었다. 또한 발가락이 세 개 있었는데 걸을 때 이용했던 것으로 보인다.

수각아목은 사지 뼈가 텅 비어 있었다. 간혹 한 단계 진화해 몸의 특정 부분 뼈가 공기로 가득 찬 함기골^{pneumatic}인 것도 있다. 이 함기골은 꼬리 중간에서 발견되는가 하면 두개골의 뒷부분에서 발견된 경우도 있다.

몸집이 큰 수각아목의 경우 다른 공룡을 공격했다는 근거가 상당히 많다. 예를 들어 콜로라도에서 발견된 용각아목 뼈에는 커다란 수각아목에게 물린 자국이 있다. 또 뼈에 남은 자국으로 포식자의 공격을 받았던 사냥감이 살아남았다는 것을 알 수 있는 경우도 있다. 또 몸집이 작은 용각아목을 쫓거나 끈질기게 따라다닌 발자국이 발견된 곳도 있다.

공룡의 뼈대가 수각아목의 것인지 알 수 있는 특징으로는 무엇이 있을까?

발견된 공룡의 뼈대가 수각아목에 속하는 것인지 판단할 때 기준이 되는 뼈대의 특징에는 여러 가지가 있다. 일반적인 특징을 나열하면 다음과 같다.

1. 눈앞의 뼈(누골)가 두개골의 맨 위쪽까지 이어져 있다.
2. 아래쪽 턱에 관절이 하나 더 많다.
3. 어깨뼈(견갑골)가 끈 같은 형태이다.
4. 위팔뼈(상완골)의 길이가 대퇴골 길이의 절반에 미치지 못한다.
5. 긴 손의 바깥쪽 손가락 두 개가 조그맣거나 아예 없다.
6. 손바닥뼈의 가장 윗부분(손목과 손가락 사이의 손바닥뼈)이 움푹 패여 있고 인대가 있다.
7. 손가락 끝에서 두 번째 관절과 마지막 관절 사이의 뼈마디가 길다.
8. 대퇴골 윗부분 주변에 근육이 달릴 수 있게 선반 모양으로 길쭉하게 솟은 부분이 있다.

수각아목은 어떻게 분류될까?

대부분의 공룡 연구처럼 수각아목의 분류도 연구마다, 심지어 과학자마다 상당히 다르다. 공통적으로 분류되는 사항으로는 다음과 같은 것이 있다. 아목 수각아목, 하목 케라토사우루스하목, 계통군 테타누라계통군, 하목 카르노사우루스하목, 계통군 코엘루로사우루스계통군, 하목 오르니토미모사우루스하목, 계통군 마니랍토르계통군 등이다. 더 많은 공룡 화석이 발견되면 이 목록도 계속해서 변경될 것이다.

케라토사우루스과는 무엇인가?

케라토사우루스과(뿔 있는 도마뱀)는 수각아목의 주요 부분을 차지한다. 이들은 가장 원시적인 수각아목 가운데 하나로, 트라이아스기에 생겨나 쥐라기에 훨씬 더 큰 동물로 진화했다.

수각아목과 마찬가지로 케라토사우루스과의 뼈도 텅 비어 있었는데, 속이 꽉 찬 뼈에 비해 훨씬 더 강했으며 더 쉽게 구부릴 수 있었다. 케라토사우루스과 공룡은 현생 조류의 목과 모양은 비슷하지만 크기는 훨씬 더 크고, S자 형태로 심하게 굽은 목을 가지고 있었다(이것을 케라토사우루스가 새 같은 특징을 보이기 시작했다고도 하는데, 엄밀히 말하면 새가 케라토사우루스의 특징을 보인다고 하는 게 더 정확할 것이다).

케라토사우루스과가 가진 또 다른 특징으로는 독특한 위턱 뼈 구조가 있다. 두 개의 위턱뼈 사이에 앞 상아골(위턱의 앞 뼈)과 턱(앞 상아골 뒤에 있는 주요 위턱뼈)이 느슨하게 달려 있었다. 그래서 입을 다물 때마다 아래턱에 난 커다란 이빨이 V자 모양으로 생긴 틈 속으로 들어갔다.

테타누라 계통군은 무엇인가?

테타누라 계통군(뻣뻣한 꼬리)은 케라토사우루스과의 자매 그룹으로 여긴다. 그러나 테타누라 계통군이 케라토사우루스과보다 현생 조류와 더 밀접한 관련이 있는 수각아목으로 보고 있다. 테타누라 계통군은 많은 종이 포함된 크고 다양한 그룹으로, 가장 잘 알려진 수각아목의 대부분을 비롯한 여러 종이 여기에 속한다. 이 그룹의 특징으로는 독특한 치열, 거대한 치골, 턱 앞에 나 있는 큰 구멍, 막대 형태로 서로 맞물려 있는 척추의 돌출부로 인해 뻣뻣하게 선 꼬리의 뒷부분을 들 수 있다. 테타누라 계통군은 또한 세 개의 손가락이 달린 손이 있었다. 시조새, 알로사우루스, 오비랍토르, 스피노사우루스, 티라노사우루스, 벨로키랍토르 등 가장 인기 있는 공룡과 현생 조류의 모든 종이 테타누라 계통군에 속한다.

카르노사우루스하목은 무엇인가?

카르노사우루스하목('육식 도마뱀'이라는 뜻의 그리스어)은 쥐라기 중기에 처음으

알로사우루스과는 벨로키랍토르나 티라노사우루스 같은 육식공룡이 속하는 테타누라 계통군의 일종이다.
(iStock)

로 등장해서 백악기 말에 멸종했다. 전에는 카르노사우루스하목에 신랍토르과 Sinraptoridae, 알로사우루스과, 카르카로돈토사우루스과가 속했지만 현재는 알로사우루스과와 알로사우루스과의 가장 가까운 친척만 포함된다.

　카르노사우루스하목에 속하는 공룡은 몸집이 크고 무거운 포식자였다. 큰 몸집 외에도 두개골의 누골에 커다란 구멍이 있었다. 안구공(두개골에 난 눈구멍)의 앞과 위에 난 이 구멍에도 분비기관이 있었던 것으로 보인다. 다른 특징으로는 길고 좁은 두개골에 난 커다란 안구공과 경골(정강이 뼈)보다 큰 대퇴골(허벅지 뼈), 앞은 공처럼 둥글고 뒤는 구멍이 뚫린 경추가 있다. 또한 앞다리가 상당히 큰 편이었다. 기가노토사우루스Giganotosaurus와 티라노티탄Tyrannotitan등 카르카로돈토사우루스과(카르노사우루스하목에 속하는 한 계통군)에 속하는 거대한 일부 카르노사우루스하목 공룡은 현재까지 알려져 있는 공룡 중에서 가장 큰 포식 공룡이다.

코엘루로사우루스하목은 무엇인가?

코엘루로사우루스하목은 카르노사우루스하목보다 조류에 더 가까운 수각아목 공룡들이 속하는 계통군을 말한다. 이 그룹에는 티라노사우루스과, 오르니토미모사우루스하목, 마니랍토르 계통군 등이 속한다. 마니랍토르하목에는 현재까지 살아 있는 코엘루로사우루스하목의 유일한 후손인 조류가 포함된다. 예전에는 이 계통군에 몸집이 작은 수각아목이 모두 포함되었고 카르노사루우르스하목에 몸집이 커다란 수각아목이 전부 포함되었으나, 현재는 그렇지 않다. 또한 여러 가지 분류 체계가 있지만 전 세계적으로 받아들여지는 것은 없다.

이 수각아목 그룹은 굉장히 다양하기 때문에 이 그룹의 정의, 이 그룹에 속하는 공룡이나 다양한 종간의 관계가 끊임없이 바뀌고 있다. 현재 코엘루로사우루스하목에 속하는 주요 하위 그룹으로는 오르니토미모사우루스하목과 마니랍토르 계통군이 있으며 최근에는 티라노사우루스과가 포함되기도 했다. 이 그룹에 속하는 공룡 중에는 쥐라기 후기에 생겨난 것도 있지만 대부분은 백악기에 가장 크게 번성했다.

이런 육식공룡은 커다란 카르노사우르스하목에 비해 모습과 특징이 조류와 더 비슷했다. 실제로 조류는 마니랍토르 계통군이라고 알려진 코엘루로사우루스하목의 하위 그룹으로 분류된다. 코엘루로사우루스하목은 앞다리가 매우 길고, 경첩처럼 생긴 잘 발달된 발목을 가지고 있었으나 이후에 이 그룹에서 진화한 다른 공룡은 이런 특징이 없어졌거나 변했다. 코엘루로사우루스하목이 가진 다른 특징으로는 골반 아랫부분에 삼각형으로 불룩 튀어나온 뼈와 돌출한 발목뼈 같은 독특한 뼈 구조를 들 수 있다.

예전에는 티라노사우루스 렉스를 비롯한 티라노사우루스과 육식공룡으로 분류되었지만 요즘에는 분기학(계통) 분석을 근거로 티라노사우루스를 코엘루로사우루스하목에 더 가까운 공룡으로 분류하고 있다(코엘루로사우루스하목은 조류의 친척인 공룡 강에 속한다. 티라노사우루스과는 또한 '뻣뻣한 꼬리'를 가진 테타누라라는 보다 큰 계통군에 속한다). 티라노사우루스과 중에는 쥐라기 후기에 나타난 것도 있지만 대부분은 백악기 때 가장 크게 번성했다.

오르니토미모사우루스하목은 무엇인가?

오르니토미모사우루스하목('새를 닮은 공룡'이라는 의미의 오르니토미모사우루스 계통
군에 속한다)은 타조 등의 현생 주조류와 겉모습이 비슷한 수각아목 공룡이다. 이 공
룡은 날씬하고 유연한 목과 조그만 머리, 이빨이 없는 부리, 길고 가는 뒷다리를 가
졌으며 팔은 길었고 튼튼한 세 개의 손가락이 달린 손을 이용해 다른 동물을 잡을
수 있었다. 오르니토미모사우루스하목은 쥐라기 후기에 생겼다가 백악기 말에 멸
종했다.

오르니토미모사우루스하목 공룡이 모두 작았던 것은 아니다. 어떤 것은 몸길이
가 6m나 되는 것도 있었다. 하퇴골과 발의 구조로 인해 타조처럼 매우 빨리 달릴
수 있었다는 의견도 있다. 스트루티오미무스^{Struthiomimus}라는 종은 시속 35~60㎞로
달릴 수 있었던 것으로 추정된다. 이 밖에도 오르니토미모사우루스과에는 갈리미
무스^{Gallimimus}, 안세리미무스^{Anserimimus}, 오르니토미무스 등이 있다.

오르니토미모사우루스하목이 현생 타조의 직접적인 조상은 아니지만 생김새는 매우 비슷하다.(iStock)

마니랍토르 계통군은 무엇인가?

마니랍토르 계통군(손을 움켜쥐는 공룡)은 조류와, 조류와 가장 가까운 친척 공룡을 포함하는 코엘루로사우루스하목에 속하는 계통군이었다. 마니랍토르 계통군에는 오르니토미모사우루스하목보다 조류와 더 가까운 모든 공룡이 포함된다. 실제로 조류가 쥐라기에 나타난 마니랍토르 계통군의 후손이라고 여기는 것이 일반적이다.

마니랍토르 계통군은 매우 다양한 그룹이라 언뜻 봐서는 서로 아무런 관련이 없는 것처럼 보인다. 그러나 모두 공통된 특징을 갖고 있기 때문에 이 그룹에 속하는 것이다. 마니랍토르 계통군에는 드로마에오사우루스과, 트로오돈과, 테리지노사우루스하목(또는 세그노사우루스하목), 오비랍토르사우루스하목^{Oviraptorsaur}이 포함되며 얼마 전에는 조류 강도 포함되었다.

마니랍토르 계통군이 가진 일반적인 특징으로는 휘어진 손목뼈(긴 반달형 손목뼈), 관이 달린 쇄골과 가슴뼈(흉골), 긴 팔, 그리고 발(뒷발)보다 더 큰 손(앞발)이 있다. 또한 아래쪽으로 뽀족 튀어나온 치골(골반뼈)과 끝으로 갈수록 빳빳해지는 짧은 꼬리도 마니랍토르 계통군의 일반적인 특징이라고 할 수 있다.

드로마에오사우루스하목, 트로오돈과, 테리지노사우루스하목, 오비랍토르사우루스하목 중에 쥐라기에 살았던 것이 있을까?

쥐라기의 암석에서 드로마에오사우루스하목이나 트로오돈과, 테리지노사우루스하목(또는 세그노사우루스하목), 오비랍토르사우루스하목의 공룡 화석이 발견된 적은 거의 없다. 다만 드로마에오사우루스과와 트로오돈과의 이빨이 쥐라기 말 암석에서 발견된 적은 있었다. 현재는 이런 공룡들이 쥐라기 후기에 나타나 백악기에 매우 번성했을 것으로 보고 있다.

쥐라기에 살았던 수각아목에는 어떤 것이 있을까?

다음은 쥐라기에 살았던 수각아목과 특징의 일부를 정리한 것이다.

케라토사우루스하목

케라토사우루스 몸집이 크고 육중한 육식공룡으로 큰 것은 몸길이가 7m에 달했다. 눈 위에 칼처럼 생긴 짧은 볏이 달렸으며 코에는 삼각형 모양의 짧은 뿔이 달렸다. 케라토사우루스하목 가운데 가장 큰 것으로 알려져 있으며 쥐라기 후기에 나타났다. 이 공룡을 독특하다고 생긴 뒤 과학자들도 있다. 이 공룡은 다른 케라토사우루스하목 공룡이 생기고 난 후 한참 후에 나타났기 때문에 이 그룹에 속하지 않을지도 모른다. 실제로 어떤 이들은 이 공룡을 카르노사우루스하목으로 분류하기도 한다.

딜로포사우루스과 ^{Diplosauridae}

딜로포사우루스 가장 큰 것은 크기가 6m 정도였고 제법 날씬했다. 두개골에는 코에서부터 이마까지 얇은 벼슬이 평행으로 나 있었다. 영화 〈쥐라기 공원〉에서는 목 주변에 주름 장식이 달려 있고 독을 뱉으며 실제보다 훨씬 더 작은 모습으로 등장했다.

카르노사우루스하목

알로사우루스 제법 길고 근육이 발달된 앞다리와 커다란 발톱을 가진 거대한 포식자. 알로사우루스는 커다란 다리와 발톱이 달린 육중한 발과 크고 좁은 턱을 가졌다.

메갈로사우루스 학계에 최초로 모습이 발표된 공룡. 원래는 가장 큰 것의 크기가 9m나 된다고 생각했지만 최근 뼈대의 일부분을 연구한 결과 카르노사우루스의 일부인 것으로 밝혀졌다.

딜로포사우루스는 딜로포사우루스과에 속하는 유일한 공룡이다. 머리에 두 개의 볏이 달린 독특한 모습이지만 영화 〈쥐라기 공원〉에서처럼 실제로 독을 뿜지는 않았다.(iStock)

코엘루로사우루스하목

메갈로사우루스^{Megapnosaurus} '거대한 죽은 도마뱀'라는 뜻의 작고 날씬한 이 공룡은 체고가 3m였고 코엘로피시스와 비슷한 모습을 했으며 한때 신타르수스^{Syntarsus}로 알려지기도 했다.

콤프소그나투스 쥐라기 후기에 나타난 작은 코엘루로사우루스하목 공룡. 유일하게 인정된 종으로는 콤프소그나투스 롱기페스^{Compsognathus longipes}가 있다. 이 공룡은 독일 졸른호펜에 있는 한 석회암 채석장에서 발견되었는데 최초의 조류로 알려진 시조새가 발견된 곳이기도 하다.

티라노사우루스 렉스 '폭군 도마뱀'이라는 뜻의 이 공룡은 쥐라기 후기에 나타난 매우 큰 육식공룡이다. 이 공룡은 그 시대를 지배하던 포식자가 되었는데 큰 것은 길이가 15m나 되었다.

갈리미무스 쥐라기 후기에 나타난 오르니토미모사우루스하목 공룡. 갈리미무스 불라투스^{Galimimus bullatus}가 영화 〈쥐라기 공원〉에 등장하기도 했다. 긴 뒷다리를 가진 것으로 보아 가장 빠른 공룡 중 하나였을 것으로 짐작된다.

조반목 공룡

조반목 공룡은 어떻게 분류될까?

일부 원시조반목을 제외한 조반목 공룡은 모두 게나사우루스 계통군^{Genasauria}에 속한다. 조반목 공룡은 부리가 달린 초식공룡으로 육식공룡인 수각아목의 먹잇감이었다. 주로 이용되는 한 분류체계에 따르면 게나사우루스 계통군은 신조반목^{Neornithischia}과 장순아목^{Thyreophora}으로 나뉜다. 장순아목은 다시 스테고사우루스하목^{Stegosauria}(검룡하목)과 안킬로사우루스하목^{Ankylosauria}으로 나뉜다(이 두 부문을 하나의 그룹으로 묶는 분류체계도 있고 스테고사우루스하목과 안킬로사우루스하목, 그리고 에우리포다^{Eurypoda}까지 세 그룹으로 나누는 분류체계도 있다). 신조반목은 여러 종류의 공룡으로 분류되는데 그중 가장 많은 것이 케라포다아목^{Cerapoda}이다. 케라포다아목에는 조각아목과 주식두아목이 속한다.

모든 게나사우루스 계통군 공룡은 트라이아스기 중기에서 후기 사이에 발생했으며 쥐라기와 백악기에 진화를 거듭하며 수적으로 증가했다.

조반목 공룡은 모두 몇 가지 공통된 특징을 갖고 있다. 치골이 뒤쪽으로 향했고 좌골과 평행을 이루었다(조반목이라는 뜻의 '오르니티스키아^{Ornithischia}'라는 명칭은 '새의 골반'이라는 뜻으로, 현생 조류도 치골이 뒤쪽을 향해 있다). 이 공룡의 엉덩이 구조 외에도 조반목(게나사우루스 계통군) 공룡은 공통적으로 턱 가장자리 안쪽부터 치열이 나 있었다. 치열이 이처럼 턱 가장자리 안쪽부터 형성되어 있기 때문에 이 공룡에게 뺨이 있었다는 주장도 나오고 있다(조반목 공룡은 모두 초식동물이었기 때문에 뺨이 있다는 것은 이빨을 싸고 있는 뺨 사이에 볼주머니가 만들어져 씹고 있는 음식물이 밖으로 흘러나가는 것을 방지할 수 있었다는 중요한 뜻이 된다).

최초의 조반목으로 알려진 두 공룡은?

최초의 조반목 공룡으로 알려진 공룡으로는 레소토사우루스^{Lesothosaurus}와 헤테로돈토사우루스^{Heterodontosaurus}가 있다. 이 두 공룡의 화석은 남아프리카 스톰버그 그룹^{Stormberg Group} 지층에 있는, 트라이아스기 후기에서 쥐라기 전기의 암석 속에서 발견되었다. 레소토사우루스는 3m 크기의 작고 날씬한 두발 공룡으로 뒷다리가 길었고 팔은 짧고 약했으며 다섯 손가락이 달린 손이 있었다. 이 공룡이 조반목 특유의 엉덩이 구조이기는 하지만 턱 가장자리 안쪽에는 치열이 없기 때문에 뺨이 발달하지는 않았다. 때문에 가장 원시적인 조반목 공룡일 것으로 보고 있다. 또한 신조반목 게나사우루스 계통군과 연관이 있는 것으로 보기도 한다.

1m 크기였던 헤테로돈토사우루스는 레소토사우루스와 다른 두개골과 손을 가지고 있었다. 턱 가장자리 안쪽까지 치열이 있었고 '이빨의 용도가 각각 다른 도마뱀'이란 뜻답게 더 복잡했으며 앞쪽의 작고 뾰족한 이빨로는 먹이를 잡아 뜯었고 어금니가 그 먹이를 잘게 씹었다. 헤테로돈토사우루스는 레소토사우루스보다 더 발달된 공룡으로, 이후에 나타난 조반목 공룡이 가진 특징의 일부도 있었다.

장순아목은 어떤 특징을 가지고 있을까?

장순아목(갑옷을 입은 도마뱀)은 게나사우루스 계통군에 속하는 두 그룹 중 하나이다. 이 그룹의 특징은 몸에 갑옷 같은 것이 덮여 있다는 것이다. 장순아목은 갑옷의 종류에 따라 분류된다. 스테고사우루스하목(골판 달린 공룡)은 등에 뾰족한 골판이나 등뼈가 있었고 안킬로사우루스하목(굽은 파충류)은 등이 조그만 골판들로 덮여 있었다. 스테고사우루스과와 안킬로사우루스하목을 구분하지 않는 분류체계도 있다.

장순아목의 주요 특징인 뾰족한 갑옷을 가진 스테고사우루스야말로 장순아목의 대표적인 공룡이라고 할 수 있다.
(iStock)

초기 장순아목으로는 어떤 것들이 있을까?

초기 장순아목으로는 스쿠텔로사우루스^{Scutellosaurus}와 스켈리도사우루스^{Scelidosaurus}가 있다. 북아메리카 서부에서 화석이 발견되었으며 쥐라기 전기에 살았던 스쿠텔로사우루스는 크기가 작은 두발 동물로 레소토사우루스와 모습이 비슷했다. 스쿠텔로사우루스는 여러 개의 작은 골판으로 덮여 있었고(이후에 나타난 장순아목 공룡만큼 골판이 크지는 않았다) 몸이 골판으로 덮여 있었던 공룡 중에 가장 작아서 크기가 0.5~1m 정도밖에 되지 않았다. 스켈리도사우루스는 약 1억 8000만 년 전 쥐라기 전기에 현재의 서부 유럽과 영국에 해당하는 지역에 살았던 공룡이다. 이 공룡은 네 발 동물이었으며 체고가 약 4m로 스쿠텔로사우루스보다 훨씬 컸다. 또한 무거운 골판과 발굽 모양의 발톱이 있었다.

스테고사우루스하목이란?

스테고사우루스하목은 장순아목을 이루는 두 그룹 가운데 하나이다(스테고사우루스하목을 장순아목에 속하는 안킬로사우루스하목과 같은 그룹으로 분류하기도 한다). 이 '골판 달린' 네 발 공룡은 쥐라기 중기에 처음 나타났다. 크기는 약 4~9m로 중간 정도에 해당했고, 단순하고 약한 이빨을 가진 작고 긴 머리와 이빨이 없는 긴 부리가 있었다. 이들은 또한 꼬리와 등, 목을 따라 두 줄로 난 수직 골판 또는 등뼈가 있었다. 스테고사우루스하목의 화석은 전 세계 곳곳에 있는 쥐라기와 백악기 지층에서 발견되었는데 각 종마다 고유한 등뼈와 골판을 가지고 있었다. 이들이 가장 번창했던 시대는 쥐라기였다.

스테고사우루스하목이 '두 번째 뇌'를 가지고 있었다고 추정되었던 이유는 무엇일까?

스테고사우루루스하목을 구성하는 스테고사우루스와 켄트로사우루스 같은 공룡들은 머리가 매우 작았다. 예를 들어 몸무게가 0.9~1.8t 정도 나갔던 스테고사우루스는 겨우 70~80g밖에 되지 않는 호두알만 한 머리를 가지고 있었다고 추정된다. 또 스테고사우루스의 엉덩이뼈 화석에서 확장되어 있는 척수의 일부가 발견되기도 했다. 원래 뇌의 구멍보다 더 크게 부푼 이 부분을 '두 번째 뇌'라고 추측했지만, 현재는 이것이 두 번째 뇌가 아니라 신경 조직과 결합 조직, 지방과 연관된 부분이라고 여기고 있다.

안킬로사우루스하목은 무엇인가?

안킬로사우루스하목은 장순아목을 구성하는 두 그룹 중 하나이다(다른 하나는 스테고사우루스하목이다). 두개골, 쇄골, 갑옷의 차이에 따라 안킬로사우루스하목은 노도사우루스과와 안킬로사우루스과로 나뉜다.

안킬로사우루스하목은 전 세계 여러 지역에서 발견된 중간 정도 크기의 네 발 공룡이다. 사실 남극에서 발견된 최초의 공룡이 안킬로사우루스하목에 속하는 안타르크토펠타 Antarctopelta였다. 이 화석은 1986년 로스 섬 Ross Island에서 발견되었다. 안킬로사우루스하목은 다리가 짧아 땅딸막했으며 몸통이 길고 넓었다. 머리는 길고 좁은 것에서부터 코와 입 부분이 넓고 평평한 것에 이르기까지 다양했다. 이 공룡들은 모두 몸이 골판으로 덮여 있었으며 주로 바깥쪽으로 향하는 뾰족한 등판을 가지고 있었다. 인갑이라고 알려진 골판이 피부를 덮고 있었는데 머리까지 덮여 있는 것도 있었다. 이 공룡은 공룡 세계의 '탱크'로 거의 모든 포식자와 싸워 이길 수 있었다.

안타깝게도 이 공룡의 화석은 거의 발견되지 않았기 때문에 파악된 바가 매우 적다. 안킬로사우루스하목은 쥐라기 전기에서 중기에 처음 나타났지만 수와 종류가 가장 많았던 것은 백악기였다. 대부분의 안킬로사우루스하목 공룡들은 백악기 초에 살았던 노도사우루스과에 속한다(단, 살코레스테스^{Sarcolestes}속은 쥐라기에 살았다). 하위 그룹인 안킬로사우루스하목은 백악기 후반에 더 많았는데 넓은 머리, 머리 뒤편에 난 뾰족한 판, 곤봉과 같은 모양의 꼬리를 갖고 있었다.

케라포다아목은 무엇인가?

케라포다아목^{Cerapoda}(발에 뿔이 달린 것)은 신조반목에 속하는 그룹으로 게나사우루스 계통군에 속하는 장순아목의 자매 그룹이다. 이들은 조각하목(새발을 가진 것)과 주식두아목(장식이 달린 머리)으로 나뉜다. 주식두아목을 파키케팔로사우루스하목(두꺼운 머리를 가진 도마뱀)과 각룡하목(뿔이 달린 얼굴)으로 다시 나누는 분류체계도 있다. 일반적으로 케라포다아목은 다섯 개 이하의 전상악골 이빨이 있는데 각 이빨의 면마다 범랑질 층이 다르게 분포되어 있다는 주요 특징이 있다. 주식두아목은 두개골 뒷부분이 돌출되어 있다는 특징이 있다. 남아프리카에서 발견된 쥐라기 전기의 스토름베르기아^{Stormbergia} 공룡 화석이 이에 속한다.

쥐라기의 조각아목 공룡으로는 어떤 것이 있을까?

현재까지 발견된 것 중 가장 유명한 것은 이구아노돈(이구아나의 이빨)으로 가장 초기에 발견된 공룡이기도 하다. 조각아목에는 하드로사우루스과(볏이 달린 것으로

눈에 띄게 두드러진 볏을 가진 하드로사우루스과는 쥐라기 공룡 중 가장 쉽게 알아볼 수 있는 종류이다. (iStock)

유명한 '오리주둥이' 공룡)와 이구아노돈과, 헤테로돈토사우루스과, 힙실로포돈과 등 여러 공룡이 포함된다. 그러나 이런 공룡은 백악기가 되어서야 번성하기 시작했다. 일반적으로 조각아목 공룡은 두 발 동물이었으며 체고 1m, 길이 2m 정도의 작은 것에서부터 체고 7m, 길이 20m 정도의 큰 것까지 다양했다. 조각아목은 초식동물로 쥐라기 초에 나타나 백악기 말에 멸종했다. 이들은 남극을 비롯한 모든 대륙에서 살았는데 여러 개의 치열과 볼 주머니가 있어 실제로 씹는 기능을 할 수 있었던 최초의 초식공룡이었다.

쥐라기 시대의 살았던 조반목 공룡으로는 어떤 것들이 있을까?
쥐라기에 살았던 조반목 공룡의 일부를 나타내면 다음과 같다.

장순아목

스테고사우루스하목

휴양고사우루스^{Huayangosaurus} 쥐라기 중기에 살았던 공룡으로 중국에서 발견되었다. 이 공룡은 등에 뾰족한 골판이 나 있었으며 앞다리와 뒷다리의 길이가 같았다. 몸길이는 약 4m 정도였으며 주둥이가 짧았다. 스테고사우루스하목에 속하는 공룡 중 가장 오래된 것으로 보인다.

스테고사우루스 몸무게가 1~2t 정도 되는 쥐라기 후기 공룡이다. 등과 꼬리를 따라 골판이 나 있었다. 뒷다리는 길었지만 앞다리는 짧고 육중했다. 머리는 작고 길었으며 몸집에 비해 상당히 작은 뇌를 가지고 있었다. 미국의 모리슨 지층에서 80여 개의 표본이 발견되었다.

켄트로사우루스 '끝이 뾰족한 도마뱀'이라는 뜻의 이름을 가진 이 공룡은 꼬리와 엉덩이, 어깨, 등에 가시가 나 있었다. 또한 스테고사우루스와 비슷한 골판이 등의 앞부분과 목까지 나 있었다. 길이는 4m 정도였고 가까운 친척인 스테고사우루스보다 더 유연했던 것으로 짐작된다.

안킬로사우루스하목

살코레스테스 쥐라기 중기에 나타난 이 공룡(고기 강탈자)은 가장 오래된 안킬로사우루스하목 공룡으로 추정된다. 이 공룡은 바깥쪽 표면에 커다란 골판이 나 있으며 1800년대 후반에 발견되었을 당시 최초의 육식공룡으로 여겨졌기 때문에 이런 이름을 얻게 되었다.

드라코펠타^{Dracopelta} 드라코펠타(무장한 용)는 쥐라기 후기에 포르투갈에 살았던 작은 안킬로사우루스하목 공룡이다. 현재까지 발견된 화석이 얼마 없기 때문에 길이가 약 2m 정도일 것으로 짐작만 하고 있을 뿐이다.

신조반목

조각하목

캄프토사우루스 '굽은 도마뱀'이라고 불리는 부리 달린 이 공룡은 쥐라기 후기에서 백악기 전기까지 살았던 것으로 크기는 중간 정도에 두 발로 걷는 초식공룡이었다. 몸길이 7.9m에 엉덩이 부근의 체고는 약 2m 정도였다. 이 공룡은 백악기에 번성했던 많은 초식공룡의 조상으로 보인다.

헤테로돈토사우루스 길이가 약 1m 정도밖에 되지 않는 작은 공룡이다. 송곳니가 있었고 비교적 긴 팔과 큰 손을 갖고 있었다. 또한 이빨은 먹이를 자를 수 있는 형태로 되어 있었다.

주식두아목

케라톱스^{Ceratops} 이 공룡(뿔 달린 얼굴)은 백악기 후기에 살았던 각룡하목에 속한다. 이 공룡의 화석은 미국 몬태나 주와 캐나다 앨버타 주에서 발견되었다. '이마'의 중간과 코 위에 뿔이 달린 것으로 유명하다.

쥐라기 공룡에 관한 일반적인 사실

쥐라기에 살았던 주요 초식공룡과 육식공룡은 무엇이 있을까?

쥐라기에 살았던 가장 큰 공룡은 초식공룡이었다. 가장 잘 알려진 것으로는 브라키오사우루스, 아파토사우루스^{Apatososaurus}처럼 목이 긴 용각아목 공룡으로 높은 나무 꼭대기에 달린 나뭇잎을 먹고 살았다. 또한 골판이 달린 스테고사우루스나 안킬로사우루스하목 같은 조반목 공룡도 모두 초식동물이었다. 캄프토사우루스와 같은 조각아목 공룡은 거대한 용각아목 공룡과 먹이를 두고 경쟁했다. 반면 수각아목 공룡은 모두 육식동물로 메갈로사우루스와 알로사우루스처럼 거대한 포식자로 진화했다.

쥐라기에 살았던 가장 작은 공룡과 가장 큰 공룡은 무엇일까?

쥐라기에 살았던 공룡 가운데 가장 큰 육지생물로 진화한 것은 대부분 초식공룡이었다. 또한 매년 새로운 화석이 발견될 때마다 더 큰 공룡이 하나씩 나오는 것 같다.

현재까지 발견된 가장 크고 완전한 공룡은 브라키오사우루스로 약 23m 길이에 체고가 14m나 되는, 4층 건물과 맞먹을 정도로 큰 공룡이었다. 그러나 쥐라기에 살았던 이 공룡을 가장 큰 공룡이라고 단정하기에는 확실하지 않은 점이 많다. 브라키오사우루스에게 '가장 큰' 공룡의 지위를 선뜻 부여하기 어려운 이유는 큰 공룡 종의 화석의 경우, 다리뼈와 척추 등 일부만 발견되었을 뿐 전체적인 것은 거의 발견되지 않았기 때문이다. 따라서 이런 공룡 종의 크기를 파악하기가 쉽지 않다. 여러 개의 부분 화석을 살펴본 결과 아르겐티노사우루스[Argentinasaurus], 암피코엘리아스[Amphicoelias] 같은 공룡이 브라키오사우루스보다 1.5~2배 정도 더 컸을지도 모른다는 가능성이 제기되고 있다.

쥐라기에 살았던 가장 긴 공룡은 용각아목에 속하는 초식공룡인 디플로도쿠스와 수퍼사우루스였을 것이다. 디플로도쿠스는 길이가 27m였고 수퍼사우루스는 42m 길이에 체고가 16.5m로 지구상에 살았던 육지동물 가운데 가장 긴 것으로 추정되고 있다. 한때는 이렇게 거대한 동물이 육중한 몸을 지탱하기 위해서는 물속에서 살 수밖에 없었을 것이라고 생각했지만 최근 연구 결과 이 공룡들은 육지에서 몸을 지탱할 수 있었던 것으로 보인다.

쥐라기 공룡 가운데 가장 작은 것은 콤프소그나투스(예쁜 턱)라고 불리는 것으로 크기가 닭보다 조금 컸다. 이 공룡의 몸길이는 약 1m였고 몸무게는 2.9kg 정도밖에 되지 않았다.

몸집이 큰 육식공룡으로는 15m 길이에 달하는 알로사우루스가 있다. 과학자들은 알로사우루스가 입을 크게 벌리고 먹이를 향해 돌진하는 놀라운 방식으로 사냥감을 공격했을 것으로 보고 있다. 2t이나 나가는 이 육중한 공룡은 단검처럼 생긴 60개의 이빨이 달린 입으로 먹이를 집어 삼켰을 것이다.

최초로 명명된 공룡 화석이 쥐라기 시대의 공룡 화석일까?

그렇다. 최초로 명명된 공룡 화석은 메갈로사우루스로 1824년에 지질학자 윌리엄 버크랜드^{William Buckland}(1784~1856)가 명명했다. 이 화석은 쥐라기 중기의 화석으로 영국의 옥스퍼드 주에서 발견되었다.

화석의 그림만 가지고 추정하는 쥐라기의 거대 공룡에는 어떤 것이 있을까?

암피코엘리아스(이중으로 텅 빈)는 가장 큰 공룡인 쥐라기 후기의 암피코엘리아스 프라질리무스^{Amphicoelias fragillimus}가 속하는 초식성 용각아목 공룡 그룹이다. 이 공룡에 대한 근거로는 1870년대에 발견된 단일 화석 뼈가 있다. 묘사된 내용이 사실이라면 이 공룡은 길이가 40~60m로 공룡 뼈 중 가장 긴 척추 뼈를 가졌고 122t의 체중은 지구상에 존재했던 가장 무거운 동물인 흰긴수염고래와 맞먹었을 것이다. 그러나 유일하게 발견된 이 공룡의 화석 뼈가 연구 후에 사라졌기 때문에 현재는 그림과 현장기록 속에서만 근거를 찾을 수 있다.

브론토사우루스라고 불렸던 쥐라기의 공룡은 무엇일까?

아파토사우루스는 예전에 브론토사우루스라고 알려졌던 공룡이다. 아파토사우루스의 화석은 1877년에 공식적으로 명명되었고 브론토사우루스 화석은 1878년에 명명되었다.

한때 브론토사우루스라고 불렸던 이 긴 목의 용각아목 공룡은 이제 아파토사우루스라는 보다 정확한 명칭으로 불리고 있다.
(iStock)

그러나 나중에 두 화석이 동일한 것으로 밝혀지면서 아파토사우루스라는 이름이 먼저 지어졌기 때문에 이 공룡에게도 아파토사우루스라는 공식 명칭이 붙여졌다.

쥐라기의 공룡 중에 가장 오랫동안 존재한 것은 무엇이었을까?

쥐라기 전기에서 백악기 후기까지 살았던 초식성 조각아목 공룡이 지구상에 가장 오랫동안 존재했다. 초식성 조각아목 공룡에는 전 대륙에 퍼져 살면서 점점 더 몸집이 커지고 무거워진 공룡 대부분이 포함된다. 그중 하나로 쥐라기 전기에 살았던 헤테로돈토사우루스가 있는데 이 공룡은 1.3m 길이에 앞쪽에 뾰족한 송곳니가 나 있었고, 식물을 파내고 잡는 데 편리하고 유연한 손이 있었으며 움직임이 빨랐다.

쥐라기에 살았던 다른 동물

공룡 이외에 쥐라기에 살았던 육지동물로는 어떤 것들이 있을까?

쥐라기를 지배했던 동물이 공룡이기는 했지만 공룡 외에 다른 동물도 존재했다. 비교적 안정적인 기후와 무성한 초목 덕분에 많은 육지동물의 수와 종류가 늘어났다. 그러나 모든 생물이 살아남은 것은 아니다. 많은 동물이 멸종했는데 아마도 먹이 경쟁이 치열해졌기 때문일 것으로 보인다. 쥐라기 시대에 살았던 동물의 종류를 간략하게 설명하면 다음과 같다.

양서류

개구리와 도롱뇽 최초의 현생 개구리와 도롱뇽이 나타났다.

파충류

거북이 최초의 현생 거북이가 쥐라기 전기에 나타났다. 그들은 머리를 껍질

속에 집어넣을 수 있었다.

도마뱀 쥐라기 중기에 진정한 도마뱀이 최초로 나타났다.

악어목 최초의 진정한 악어목이 나타났다. 1m 길이의 작고 긴 이 파충류는 네 발로 걸었다. 뒷다리가 앞다리보다 긴 것을 보면 그들의 조상은 두 발로 걸었던 것 같다.

수궁목 쥐라기 중기에는 포유동물처럼 생긴 파충류인 수궁목과의 동물이 거의 살지 않았다. 아노모돈트와 테로케팔리아 역시 더 이상 존재하지 않았지만 키노돈트^{cynodont}는 쥐라기 중기까지 살았다.

포유동물

작은 포유동물 쥐라기에 들어 작은 포유동물의 수와 종류가 증가했다. 그러나 보통 쥐나 생쥐 정도의 크기였고 가장 큰 것이 고양이 정도 크기로 여전히 매우 작은 동물에 불과했다. 이들은 대부분 야행성이었다.

삼돌기치목 트라이아스기 후기에서 백악기 후기까지 존재했던 포유동물. 가장 오래된 포유동물 화석 중 하나이다. 일직선으로 난 이빨에 세 개의 돌기가 있다고 해서 이런 이름이 붙었다.

하라미오이드 트라이아스기 후기에서 쥐라기 중기까지 살았던 포유동물. 가장 오래된 포유동물 중 하나. 최소한 두 개의 치열에 돌기가 많은 이빨이 나 있었다.

상칭치류^{Symmetrodonts} 쥐라기 후기에서 백악기 전기까지 살았던 포유동물. 위아래 어금니에 삼각형 모양으로 많은 돌기가 나 있었다.

양치목^{Docodonts} 쥐라기 중기에서 후기까지 살았던 포유동물. 이들은 정교한 어금니를 가지고 있었고 대부분의 돌기가 T자 형으로 나 있었다.

다구치목^{Multituberculates} 다구치목은 중생대에 살았던 가장 큰 무리의 포유동물로 쥐라기 후기에 처음으로 나타났다.

바하마스 근처에서 헤엄치고 있는 리프 샤크(reef shark). 상어는 쥐라기부터 지구의 바닷속을 헤엄쳐 다녔는데 그중에는 무시무시한 포식자도 있었다.(iStock)

쥐라기에 살았던 주요 해양 동물로는 어떤 것들이 있을까?

몸집이 작은 해저 생물에서 몸집이 크고 헤엄쳐다니는 포식동물에 이르기까지 쥐라기에 살았던 해양 동물은 많다. 이런 동물의 대부분은 트라이아스기 때 발견된 것들과 비슷하다. 다만 쥐라기에 들어 대부분 그 수와 종류가 증가했을 뿐이다.

이 시기에는 또한 현생 상어과가 나타나기도 했다. 대칭형 꼬리를 가진 뼈가 많은 물고기인 경골어류의 종류도 다양해졌다[대부분의 현생 어류(약 2만여 종)의 조상으로 추정된다]. 최초의 굴이 생겨났으며 현생 오징어와 갑오징어도 나타났다. 또한 오징어처럼 생긴 벨렘나이트belemnite의 종류도 다양해졌다. 암모노이드는 트라이아스기 말에 거의 멸종했는데, 8개의 과 중에서 한 과만 살아남아 쥐라기에 다양한 종류로 진화했다.

이크티오사우루스, 스테노프테리기우스Stenopterygius 같은 어룡도 쥐라기의 바닷속에서 번성했다. 길이가 11m나 되는 목을 가진(40개의 척추 뼈로 이루어졌다) 쥐라기 후기 파충류인 무라에노사우루스Muraenosaurus와 길이 12m에 3m나 되는 크고 긴 머리를 가진 리오플레우루돈^{Liopleurodon} 같은 플레시오사우루스도 많았다.

어룡의 진화가 특별한 이유는 무엇인가?

어룡은 돌고래 같은 모습의 유선형의 파충류이지만 그 당시 살았던 여러 파충류와는 다른 배경을 가졌다. 이 동물의 조상은 한때 육지에서 살다가 바다로 되돌아갔기 때문이다. 어룡이 바다로 되돌아간 최초의 파충류 그룹이라고 보는 의견도 있다. 처음에는 그들도 오늘날의 바다표범이나 바다코끼리처럼 해안가에 살았던 것이 분명하다. 그러나 수백만 년 후 이 동물은 바다로 돌아가 여러 곳에 흩어져 살았으며 결국 완전히 물고기 같은 모습이 되었다.

가장 오래되고 가장 원시적인 어룡 화석은 2억 4000만 년 전에 살았던 것으로, 일본에서 발견되었다. 원시 어룡의 길이는 약 2.7m였고 평생 물속에서 살았던 것으로 보인다. 또한 돌고래 같은 형태가 갖춰지지 않아 나중에 살았던 어룡과 달리 육지동물처럼 골반 뼈가 척추에 연결되어 있었고, 육지 파충류의 사지처럼 생긴 지느러미를 가지고 있었다(손가락도 따로 떨어져 있었다). 다시 말해서 이 원시 화석은 어룡이 육지에서 바다로 이동한 첫 단계에 해당한다는 의미이다.

어룡의 특징은 이뿐만이 아니다. 화석 기록에 따르면 어룡은 알 수 없는 이유로 약 1억 3500만 년 전부터 사라지기 시작하다가 9000만~1억 년 사이에 완전히 멸종했다. 이는 약 6500만 년 전에 발생했던 공룡의 멸종보다 훨씬 앞선 시기이다.

백악기

백악기란 무엇이고 어떻게 그런 이름을 얻게 되었을까?

백악기는 지질연대상 쥐라기 다음에 해당되는 시대로 중생대의 마지막 기를 뜻한다. 백악기는 약 1억 4500만~6500만 년 전까지 약 8000만 년간 지속되었다. 지질연대는 정확한 것이 아니기 때문에 지질연대표에 따라 500만 ~1000만 년 정도 차이가 날 수 있다. 쥐라기에 살았던 몸집이 큰 용각아목, 검룡하목, 수각아목 공룡은 대부분 백악기 초반에 멸종했고 대신 굉장히 커다란 새로운 종류의 공룡 그룹이 생겨났다. 새로 생긴 공룡으로는 뿔 달린 공룡, 오리주둥이 공룡, 갑옷 공룡 용각아목, 그리고 새로운 종류의 수각아목 육식공룡이 있다.

백악기라는 명칭은 대략 현재의 아일랜드와 영국에서 중동에 이르는 띠 모양의 지역에 해당하는 테티스 해의 북쪽 해안가를 따라 퇴적된 암석에서 따온 것이다. 아주 작은 규조류 뼈대 석회암 퇴적물이 변형되면서 형성된 이 암석을 가리켜 백악이라고 부르는데 백악이라는 뜻의 라틴어 크레타^{Creta}를 따서 이 시기를 Cretaceous(백악기)라고 명명했다. 'Cretaceous'는 프랑스에서 발견된 백악질 암석을 설명할 때 처음 사용한 단어이다. 1822년에 장 밥티스트 줄리앙 오말리우스 달로이 Jean-Baptiste-Julien Omalius d'Halloy(1783~1875)가 프랑스에서 발견된 지층과, 그와 연관된 백악질(프랑스어로 craie라고 한다) 지역을 설명할 때 '백악질 지역Terrain Cretace'이라는 표현을 사용했다. 그 뒤 이 지층과 똑같은 지층이 영국해협에서도 발견되자 영국 지질학자들도 그것을 백악계라고 부르기 시작했다.

백악기는 어떻게 세분화될까?

백악기는 두 개의 세로 나뉜다. 약 1억 4400만~8900만 년 전에 이르는 기간을 가리켜 백악기 전세(하부 백악기라고도 한다), 약 8900만~6500만 년 전까지에 해당되는 기간을 백악기 후세(상부 백악기라고도 한다)라고 부른다. 이 세들은 다시 보다 작은 절로 나뉜다. 다음은 각 절에 대한 유럽식 명명법을 나타낸 표이다.

백악기

세	절	(약)년 전
전세	베리아절Berriasian	1억 4400만~1억 4100만
	발랑쟁절Valanginian	1억 4100만~1억 3500만
	오트리브절Hauterivian	1억 3500만~1억 3200만
	바렘절Barremian	1억 3200만~1억 2500만
	압트절Aptian	1억 2500만~1억 1200만
	알비절Albian	1억 1200만~9700만
	세노마눔절Cenomanian	9700만~9300만
	투랜절Turonian	9300만~8900만
후세	코냐크절Coniacian	8900만~8700만
	생통주절Santonian	8700만~8300만
	상파뉴절Campanian	8300만~7400만
	마스트리히트절Maastrichtian	7400만~6500만

백악기에 공룡의 수와 종류가 급증한 이유는 무엇일까?

이 문제에 관한 명확한 답은 없으나 이 시기에 생물의 일대변혁이 일어났다는 것만은 파악되었다. 여러 종류의 현생 동식물이 나타나기 시작하면서 이런 변혁이 일게 되었는데, 일부 과학자들은 속씨식물이라는(꽃을 피우는) 새로운 그룹의 식물과 새로운 곤충 그룹이 나타나 번성하기 시작하면서 공룡에게 새로운 먹이를 제공했다고 주장한다. 이렇게 새로운 먹이가 생기면서 공룡이 백악기를 지배할 수 있었다는 것이다.

로라시아 대륙과 곤드와나 대륙은 백악기 시대에 어떻게 변했을까?

백악기에는 로라시아 대륙과 곤드와나 대륙이 보다 작은 대륙으로 분리되었다. 백악기의 주제는 변화였다. 대륙이 고대 지형에서 오늘날 우리가 보는 것처럼 보다 익숙한 형태로 변한 것이 이 시기였다.

백악기 전기에는 로라시아 대륙이 대서양 중앙해령의 확장 움직임으로 인해 조각나기 시작하면서 북아메리카와 그린란드가 유라시아에서 분리되었다. 곤드와나 대륙에서는 균열이 생겨 남아메리카와 아프리카가 분리되기 시작했다. 백악기 중반에는 곤드와나가 남아메리카, 아프리카, 인도와 마다가스카르가 합쳐진 대륙, 그리고 남극과 호주가 합쳐진 대륙 등 네 개의 큰 대륙으로 나뉘었다.

백악기 후기에는 북아메리

백악기
6500만 년 전

백악기의 대륙 이동으로 인해 대륙들이 지금과 비슷한 위치로 이동하게 되었다. 1) 북아메리카, 2) 유라시아, 3) 남아메리카, 4) 아프리카, 5) 인도아대륙, 6) 북극, 7) 호주(based on a U.S. Geological Survey map)

카와 그린란드, 호주와 남극, 인도와 마다가스카르가 서로 분리되기 시작했다. 또한 대서양이 지속적으로 넓어지면서 인도와 호주가 북쪽으로 이동하게 되었다. 백악기 말에는 대륙들이 현대와 같은 모습을 갖추기 시작하면서 지금의 위치로 이동했다. 이로 인해 대양과 바다도 현재와 비슷한 모습으로 발달해 넓어졌다.

백악기의 주요 공룡

백악기에는 주로 어떤 공룡이 살았을까?

백악기 전기에는 쥐라기부터 살았던 많은 공룡이 멸종했다. 대신 새롭고 다양한 형태의 공룡이 나타났다. 그러다 백악기 말에 이르러 공룡의 종류가 급격하게 감소했다. 용반목 용각아목 공룡 중 티타노사우루스과만(쥐라기 후기 또는 백악기 전기) 살아남았다. 이 초식공룡은 백악기 말까지 주로 곤드와나 대륙에서만 살았다. 실제로 화석을 살펴본 결과 디플로도쿠스과, 브라키오사우루스과 같은 다른 용각아목 공룡은 쥐라기 후기에서 백악기 중기에 멸종하고 티타노사우루스과가 그 자리를 차지한 것으로 나타났다. 용반목 수각아목 공룡의 다수도 백악기에 멸종했으나 다른 공룡들은 티라노사우루스처럼 거대한 육식동물에서 벨로키랍토르처럼 민첩한 포식자에 이르기까지 다양하게 진화했다.

백악기에 살았던 공룡 중에 가장 수가 많고 종류가 다양했던 것은 조반목 공룡이었다. 이런 공룡으로는 이구아노돈 같은 조각아목과, 에드몬토사우루스 Edmontosaurus, 마이아사우라 같은 오리주둥이 공룡과, 방어용 골판과 곤봉 모양의 꼬리를 가졌던 안킬로사우루스를 비롯한 갑옷 공룡 안킬로사우루스하목과, 스테고케라스 Stegoceras처럼 박치기를 했던 것으로 추정되는 두꺼운 머리를 가진 파키케팔로사우루스하목과, 트리케라톱스같이 길고 뾰족한 프릴과 뿔을 가진 네 발 공룡인 각룡하목이 있다.

백악기의 초식공룡에는 어떤 것이 있고 육식공룡에는 어떤 것이 있을까?

살타사우루스^{Saltasaurus}, 알라모사우루스^{Alamosaurus}, 아르겐티노사우루스^{Argentinosaurus}같이 살아남은 용각아목 공룡은 모두 초식성이었다. 그러나 백악기 시대에 수와 종류가 가장 많았던 초식공룡은 오리주둥이를 가진 조각아목과 뿔 달린 각룡하목, 두꺼운 머리를 한 파치케팔로사우루스하목, 갑옷 공룡인 안킬로사우루스하목을 비롯한 조반목 공룡이었다. 백악기에 살았던 주요 육식공룡은 (도마뱀 엉덩이를 한) 용반목 그룹과 수각아목 공룡이었다. 여기에는 기가노토사우루스, 카르카로돈

유타랍토르처럼 뚜렷하게 발달된 턱을 이용해 사냥을 했던 육식공룡은 티라노사우루스보다 몸집이 작은 대신 무리를 지어 사냥을 다녔다.(iStock)

토사우루스, 티라노사우루스처럼 거대한 카르노사우루스하목과 벨로키랍토르, 데이노니쿠스^{Deinonychus}, 유타랍토르^{Utaraptor} 등 몸집이 작고 민첩한 드로마에오사우루스하목이 속한다.

백악기에 살았던 공룡에는 어떤 것들이 있을까?

백악기에 살았던 공룡을 이 책에 모두 나열하기에는 매우 많다. 더 많은 화석이 발견되면 그 수는 더욱 증가할 것이다. 백악기 공룡 중 일부를 나열하면 다음과 같다.

백악기의 공룡

이름	의미	시기(년 전)	지역	최대 길이(미터)
알베르토사우루스 Albertosaurus	앨버타의 도마뱀	7600만~7400만	캐나다	9
아나토사우루스 Anatosaurus	거친 이	7700만~7300만	캐나다/미국	13
아비미무스 Avimimus	새를 닮은 공룡	약 7500만	몽골	1.5
바리오닉스 Baryonyx	무거운 발톱	약 1억 2400만	유럽	8.5
켄트로사우루스 Centrosaurus	뿔 달린 도마뱀	7600만~7400만	캐나다	5
카스모사우루스 Chasmosaurus	갈라진 도마뱀	7600만~7000만	캐나다	5
코리토사우루스 Corythosaurus	헬멧 도마뱀	7600만~7400만	캐나다, 미국	10
데이노케이루스 Deinocheirus	무시무시한 손	7000만~6500만	몽골	미상, 팔길이 약 3
데이노니쿠스 Deinonychus	날카로운 발톱	1억 2100만~ 9900만	미국	3
드로마에오사우루스 Dromaeosaurus	달리는 도마뱀	7600만~7200만	캐나다, 미국	1.8
드립토사우루스 Dryptosaurus	사납게 날뛰는 도마뱀	7400만~6500만	미국	5
에드몬토사우루스 Edmontosaurus	애드몬톤의 도마뱀	7100만~6500만	캐나다	13
에우오플로케팔루스 Euoplocephalus	잘 무장한 머리	8500만~6500만	캐나다	6
갈리미무스 Gallimimus	닭을 닮은 공룡	7400만~7000만	몽골	6
하드로사우루스 Hadrosaurus	큰 도마뱀	8300만~7400만	미국	8
힐라에오사우루스 Hylaeosaurus	숲의 도마뱀	1억 5000만~ 1억 3500만	영국	6
힙실로포돈 Hypsilophodon	높고 구불거리는 이	약 1억 2500만	영국	2
이구아노돈 Iguanodon	이구아나 이	1억 3000만~ 1억 1500만	미국, 영국, 벨기에, 스페인, 독일	10
크리토사우루스 Kritosaurus	분리된 도마뱀	7300만	미국, 남미?	9.1
람베오사우루스 Lambeosaurus	람베의 도마뱀	7600만~7400만	캐나다, 미국	15
마이아사우라 Maiasaurs	좋은 어미 도마뱀	8000만~7500만	미국	9

이름	의미	시기(년 전)	지역	최대 길이 (미터)
오로드로메우스 Orodromeus	산으로 뛰어다니는 자	7500만	미국	2
오우라노사우루스 Ouranosaurus	용감한 관찰 도마뱀	약 1억 1000만	니제르	7
오비랍토르 Oviraptor	알 도둑	8000만~7000만	몽골	2
파키케팔로사우루스 Pachycephalosaurus	머리가 두꺼운 도마뱀	약 6700만	미국	8
파키리노사우루스 Pachyrhinosaurus	두꺼운 코 도마뱀	7600만~7400만	북아메리카	7
파라사우롤로푸스 Parasaurolophus	유사 관 도마뱀	7600만~7300만	북아메리카	9.5
파르크소사우루스 Parksosaurus	파르크 도마뱀	7000만	캐나다	3
프로토케라톱스 Protoceratops	처음 뿔이 있는 얼굴	8500만~8000만	몽골	2
프시타코사우루스 Psittacosaurus	앵무새 도마뱀	1억 3000만~ 1억	아시아	2
라브도돈 Rhabdodon	세로로 홈이 새겨진 이	7000만	오스트리아, 프랑스, 스페인, 루마니아	3
사우롤로푸스 Saurolophus	관 도마뱀	7000만	캐나다, 몽골	12
사우로르니토이데스 Saurornithoides	새 같은 도마뱀	8000만~7400만	몽골	3
세그노사우루스 Segnosaurus	느린 도마뱀	9700만~8800만	몽골	9
스트루티오사우루스 Struthiosaurus	타조 도마뱀	8300만~7500만	오스트리아, 루마니아	2.5
스티라코사우루스 Styracosaurus	가시달린 도마뱀	7600만	캐나다, 미국	5.5
타르보사우루스 Tarbosaurus	놀라게 하는 도마뱀	6800~6500만	몽골	12
테논토사우루스 Tenontosaurus	힘줄 도마뱀	1억 2500만~ 1억 500만	미국	8
트리케라톱스 Triceratops	세 개의 뿔이 있는 얼굴	6700만~6500만	미국	9
트로오돈 Troodon	구부러진 이	7500만~6500만	캐나다, 미국	2
티라노사우루스 Tyrannosaurus	폭군 도마뱀	6800만~6500만	미국	13
벨로키랍토르 Velociraptor	날쌘 도둑	8400만~8000만	중국, 몽골	2

백악기에는 공룡 종의 분포가 어떻게 바뀌었을까?

트라이아스기와 쥐라기에는 대륙이 하나로 연결되어 있었다. 그러나 백악기에 들어 이 대륙들이 분리되기 시작하면서 일부 공룡 종을 고립시켰고 서로 다른 지역에 새로운 종들이 모여 살게 되는 결과를 낳았다. 예를 들어 용각아목 티타노사우루스과 공룡은 남아메리카처럼 예전에 곤드와나 대륙에 해당하는 곳에 대부분 살았으나 각룡하목과 하드로사우루스과 화석은 주로 로라시아 대륙에 속하던 곳에서 발견되었다. 그런데 이런 화석들의 해석에 관해서는 의견이 분분하다.

공룡의 전체적인 분포가 명확하지 않은 가장 큰 이유는 공룡 화석 기록이 불완전한데다 암석 지층에서 발견된 공룡 화석의 다수가 전체가 아닌 일부분에 불과하기 때문이다.

용반목 공룡

백악기의 용반목 공룡은 쥐라기의 공룡과 어떻게 달랐을까?

백악기의 용반목 공룡도 쥐라기와 마찬가지로 몸집이 큰 초식공룡인 용각아목과 육식동물인 수각아목으로 나뉘었다. 그러나 백악기에 살았던 주요 용각아목 공룡으로는 티타노사우루스과가 유일했다. 디플로도쿠스과와 브라키오사우루스과는 지배력을 잃었고, 전반적으로 수각아목 공룡의 종류가 더 다양해졌다.

티타노사우루스과란 무엇인가?

백악기에 살았던 용각아목 공룡 가운데 지배적인 그룹은 티타노사우루스과(또는 티타노사우루스하목에 속하는 그룹)가 유일했다. 고생물학자들에게 이들은 대단한 미스터리로 남아 있다. 실제로 티타노사우루스과에 속하는 50여 종의 공룡 가운데 두개골이나(라페토사우루스^{Rapetosaurus}처럼) 비교적 완전한 뼈대가 발견된 것은 불과 얼마 전이었다.

이들은 디플로도쿠스과와 비슷하게 몸집이 작고 날씬했으며 연필처럼 생긴 이빨이 있었다. 이 때문에 최근까지도 두개골의 일부가 매우 다른데도 불구하고 디플로도쿠스과와 티타노사우루스과를 같은 과로 취급했었다. 일반적으로 티타노사우루스과는 머리가 작고 길며 큰 콧구멍을 가졌고 코뼈로부터 볏이 나 있었다. 티타노사우루스과는 대부분 곤드와나의 남쪽 대륙, 특히 오늘날의 남아메리카와 인도의 남부에 해당되는 지역에 살았다. 이 공룡의 뼈는 브라질, 말라위, 스페인, 마다가스카르, 라오스, 이집트, 루마니아, 프랑스, 미국 남부 등 여러 지역에서 발견되었다.

백악기까지 살았던 다른 용각아목 공룡들은 없었을까?

백악기까지 살아남은 용각아목 공룡은 거의 없다. 곤드와나 대륙에 살았던 티타노사우루스과를 제외한 나머지 용각아목 공룡은 백악기에 들어 거의 멸종했다. 그러나 살아남은 것도 몇 종류가 있기는 했다. 예를 들어 유럽과 아프리카에서 발견된 화석을 살펴보면 쥐라기 후기에 더 번성하긴 했지만 브라키오사우루스과가 백악기 전기에도 살고 있었던 것으로 추정된다. 더 많은 종류의 공룡이 살았을 수도 있으나 티타노사우루스과 이외의 백악기 용각아목 공룡의 화석 증거, 특히 완전한 뼈대는 아직까지 발견된 것이 거의 없다.

티타노사우루스과

살타사우루스Saltasaurus　살토사우루스Saltosaurus라고 잘못 불리기도 하는 몸길이 12m의 비교적 작은 이 용각아목 공룡은 작은 쇠사슬을 엮어 만든 갑옷 모양의 골판이 등에 나 있다. 이 공룡의 화석은 아르헨티나에서 발견되었는데 최근에는 우루과이에서도 발견된 바 있다.

알라모사우루스　최대 16m까지 길었던 공룡으로 비교적 긴 앞다리를 가졌다. 이 공룡은 가장 늦게 멸종한 공룡 가운데 하나로 보인다.

아르겐티노사우루스 지구상에 살았던 가장 큰 육지동물 중 하나로 추정되는 공룡. 이 용각아목은 약 1억 년 전이었던 백악기 중기에 남아메리카에 나타났으며 몸길이가 26m 이상이었을 것으로 보인다.

백악기에 수각아목은 어떻게 변했을까?

백악기에는 케라토사우루스하목과 테타누라 계통군이 두드러지면서 수각아목의 종류가 훨씬 더 다양해졌다. 테타누라 계통군의 하위 그룹인 카르노사우루스하목과 코엘로사우루스하목도 새로운 종으로 진화했다. 예를 들어 오르니토미모사우루스하목과 마니랍토르 계통군으로 이루어진 코엘루로사우루스하목은 매우 다양해진 반면 카르노사우루스하목과 같은 일부 공룡의 지배력은 떨어졌다.

백악기에 살았던 케라토사우루스하목 공룡으로는 어떤 것이 있을까?

트라이아스기에 나타나 쥐라기에 수가 늘었던 수각아목 공룡인 케라토사우루스하목(뿔 달린 파충류) 중 일부는 백악기에도 살아남았다. 하나는 아벨리사우루스과(또는 계통군)라고 불리는 케라토사우루스하목 수각아목에 속하는 흔치 않은 공룡 그룹이었다. 아벨리사우루스과는 백악기에 고대 곤드와나 초대륙(현재 남아메리카)에서 번성했는데 그중에는 카르노타우루스^{Carnotaurus}(고기를 먹는 황소)라는, 이상한 모습에 뿔이 달리고 길이 9m인 공룡도 있었다.

백악기 시대의 카르노사우루스하목은 어떤 모습이었을까?

카르노사우루스하목은 백악기에 들어 몸집이 더 커진 것 같다. 예를 들어 남아메리카에서 살았던 카르카로돈토사우루스과에 속하는 기가노토사우루스(거대한 남쪽의 도마뱀)와 북아프리카와 모로코에서 살았던 카르카로돈토사우루스(삐죽삐죽한 이를 가진 도마뱀)는 둘 다 거대한 육식성 수각아목이었다. 이들은 유명한 티라노사우루스 렉스보다도 더 컸던 것으로 추정된다. 실제로 1995년에 아프리카에서 발견

테타누라 계통군에 속하는 스피노사우루스 종은 다른 어떤 공룡 종보다 조류와 가장 가까운 친척으로 추정되는 카르노사우루스하목에 속한다. (iStock)

된 카르카로돈토사우루스의 두개골 화석을 살펴본 과학자들 중에는 이 공룡이 티라노사우루스(11.1~13.1m)보다 더 몸집이 컸으며 육식공룡 중에 가장 큰 공룡이었을 것으로 추정하는 사람도 있지만 이 점에 관해서는 여전히 논쟁이 계속되고 있다.

백악기에 살았던 또 다른 카르노사우루스하목 공룡으로는 백악기 후기에 아프리카의 니제르와 이집트에서 살았던 스피노사우루스가 있었다. 한 표본은 육식공룡 중 가장 긴 두개골을 가졌는데 길이가 약 1.75m나 된다. 이 공룡들은 등이 높았으며 1억~ 9300만 년 전에 살았다.

백악기에 코엘루로사우루스하목은 어떤 모습이었을까?

백악기의 코엘루로사우루스하목(카르노사우루스하목보다 조류와 더 가까운 친척 관계인 모든 수각아목 공룡이 포함된 계통군)은 그다지 변화가 없었다. 오르니토미모사우루스하목, 마니랍토르 계통군, 티라노사우루스과가 이 부류에 속한다. 실제로 백악기는 다른 어떤 시대보다 코엘루로사우루스하목 공룡의 크기가 가장 컸으며 종류와 수도 가장 많았던 것으로 보인다.

백악기의 오르니토미모사우루스하목은 어떤 모습을 했을까?

타조처럼 생긴 오르니토미모사우루스하목은 쥐라기 때와 모습이 비슷했다. 그들은 길고 유연한 목에 작은 머리를 가졌으며 앞다리가 길었다. 이들은 윗니가 없었고 아랫니도 잘 발달하지 않았다. 오르니토미모사우루스하목의 몸길이는 최대 6m 정도였던 것으로 보인다.

마니랍토르 계통군은 백악기 들어 어떻게 변했을까?

백악기 들어 마니랍토르 계통군의 종류가 급증하여 아베스강(현생 조류), 데이노니코사우루스하목Deinonychosauria, 오비랍토르사우루스하목, 테리지노사우루스하목이 마니랍토르 계통군에 속하게 되었다.

데이노니코사우루스하목만의 어떤 고유한 특징으로는 무엇이 있을까?

데이노니코사우루스하목 육식공룡은 두 번째 발톱이 잭나이프처럼 생긴 것으로 유명하다. 데이노니코사우루스하목은 다시 드로마에오사우루스과와 트로오돈과로 나뉜다. 일반 사람들이 '맹금'이라고 하는 것이 바로 드로마에오사우루스하목(또는 드로마에오사우루스과) 공룡이다. 이들은 마니랍토르 계통군에 속하기 때문에 조류와 같은 조상을 가졌을 가능성이 있다. 일각에서는 조류가 고도로 진화된 드로마에오사우루스하목이라고 주장하기도 한다.

이 그룹은 큰 개만 한 것부터 9m에 이르는 긴 것까지 크기가 다양했다. 이 공룡들은 손톱이 있었고 물체를 붙잡을 수 있는 큰 손을 가졌다. 뻣뻣한 꼬리는 균형을 잡는 데 썼던 것으로 보이며 이빨이 나 있는 근육질 턱을 가지고 있었다. 또한 뒷다리마다 안으로 집어넣을 수 있는 커다랗고 날카로운 발톱이 달려 있었다. 이들은 민첩한 포식공룡이었던 것으로 짐작된다. 이 공룡의 뼈가 발견되면서 공룡의 신진 대사와 습성을 바라보는 관점이 급격하게 바뀌었다.

트로오돈과는 수가 많지 않았던 그룹으로 북아메리카와 몽골에서 불완전한 표본 몇 개가 발견되었을 뿐 발견된 화석이 거의 없다. 이 공룡들은 작은 성인 크기였던 것으로 보인다. 이들은 머리가 길었고, 톱날 같은 이빨은 특이하게 뒤로 휘어 있었다. 또한 크고 유연한 손과 길고 날씬한 다리를 가졌다. 트로오돈과는 빠르고 민첩한 사냥꾼이었을 것이다. 뒷발에 거대한 발톱이 달려 있기는 했지만 드로마에오사우루스과의 발톱만큼 크지는 않았으며 드로마에오사우루스과와는 다른 용도로 쓰인 것으로 짐작된다.

트로오돈과의 가장 독특한 특징은 두개골의 크기이다. 몸 크기에 비해 두개골이 가장 컸던 공룡으로 예상되기 때문이다. 이는 트로오돈과가 공룡 가운데 가장 똑똑한 공룡이었을지도 모른다는 사실을 나타내지만 뚜렷한 근거는 없다. 두개골에는 커다란 안와^{眼窩}가 있었고 시각과 청각을 담당하는 뇌 부위가 잘 발달했다는 근거가 있다. 귀도 다른 수각아목 공룡과 달랐다. 중이의 구멍이 매우 큰 것으로 미루어 보아 예리한 청각 능력을 가졌던 것으로 짐작된다.

제2차 세계대전 중에 파괴된 카르노사우루스하목의 뼈대는?

1944년, 독일 뮌헨에 있는 바바리안 국립박물관^{Bavarian State Museum}이 연합군의 폭격을 맞으면서 몇 개의 공룡 뼈대가 파괴되었는데 그중에는 카르노사우루스하목의 뼈대도 있었다. 하나는 스피노사우루스의 뼈대였고 또 하나는 카르카로돈토사우루스의 뼈대였다. 이 밖에 아에깁토사우루스^{Aegyptosaurus}와 바하리아사우루스^{Bahariasaurus}의 뼈대도 파괴되었다.

테리지노사우루스하목은 어떤 독특한 특성을 가졌을까?

테리지노사우루스하목(또는 세그노사우루스하목이라는 예전 명칭으로도 알려져 있음)은 독특한 특성이 매우 많아서 처음에는 용각아목과 같은 그룹으로 분류되었다. 그러다 용반목이라는 또 다른 그룹에 속하게 되었다. 최근에는 두개골과 골반, 앞다리의 여러 가지 특성 때문에 마니랍토르 계통군으로 분류한다.

테리지노사우루스하목은 몸집이 크고 무거웠으며 용각아목처럼 발가락이 네개 달린 네 발 공룡이었다. 또한 수각아목처럼 뼈가 텅 비어 있었고 치골이 뒤로 향해 있었으며 비교적 짧은 꼬리를 가졌다. 가장 두드러진 특징 중 하나는 손마다 손톱이 달렸다는 것이다. 일부 표본에는 길이가 1m나 되는 거대한 손톱이 달리기도 했다.

테리지노사우루스하목은 매우 특이했다. 이들은 나뭇잎처럼 생긴 커다란 이빨이 있었고 두개골에는 뺨이 있었던 흔적이 남아 있다. 이빨은 그들이 초식성이었다는 것을 의미하지만 이 점에 대해서는 여전히 의견이 분분하다. 만약 그들이 정말 초식성이었다면 수각아목 중에서 유일한 초식공룡이라고 할 수 있다. 또한 일부 표본에는 테리지노사우루스하목이 원시 깃털로 덮여 있었다는 근거가 남아 있기도 하다.

발견된 테리지노사우루스 화석이 별로 없기 때문에 그들의 습성에 관해서는 거의 파악되지 않고 있다. 이 공룡이 물고기를 잡아먹는 양서류였다는 주장이 있는가 하면 이빨과 뼈의 흔적, 코를 근거로 초식공룡이라는 의견도 있다. 또한 테리지노사우루스하목은 느릿느릿 움직이는 공룡이었던 것으로 보인다.

오비랍토르사우루스하목만의 고유한 특징으로는 어떤 것이 있을까?

오비랍토르사우루스하목(또는 '알 도둑')은 한때 오르니토미모사우루스하목으로 분류되었지만 이제는 마니랍토르 계통군으로 분류된다. 오비랍토르사우루스하목은 독특한 두개골의 특징과 움켜질 수 있는 손, 날씬한 다리를 가진, 사람만 한 크기 공룡이었다. 이 공룡의 가장 두드러진 특징은 커다란 콧구멍과 볏이 나 있는 두 개골이라고 할 수 있다. 이 볏의 기능은 파악되지 않았지만 열을 조절하거나 소리를 내는 데 이용되었을 것이다. 짧고 깊은 두개골은 또한 이빨이 나지 않은 턱을 가지고 있었지만 음식물을 부수는 근육은 잘 발달해 있었다. 예전에는 알을 먹는 것으로 여겨졌지만 현재는 근육이 발달된 턱을 이용해 연체동물을 잡아먹거나 작은 동식물을 모두 먹는 잡식성이었을 것으로 보고 있다.

티라노사우루스과는 무엇인가?

티라노사우루스과('난폭한 파충류'라는 의미)는 백악기에 살았던 매우 큰 육식공룡이었다. 유명한 티라노사우루스 렉스가 속하는 이 그룹은 백악기의 주요 포식자였으며 몸길이가 약 15m나 되었던 것 같다. 이들은 길고 근육이 발달된 꼬리가 있었고 작은 팔과 작은 눈, 짧고 깊은 턱, 그리고 긴 다리를 가지고 있었다.

예전에는 티라노사우루스과를 카르노사우루스하목으로 분류한 적도 있었다. 카르노사우루스하목에는 몸집이 큰 두 발 육식공룡이 속하는데 티라노사우루스 렉스도 이런 기준에 부합했기 때문이다. 그러나 현대 계통 분석 결과 티라노사우루스과가 카르노사우루스하목보다는 코엘루로사우루스하목에 더 가깝다는 사실이 밝혀짐에 따라 지금은 코엘루로사우루스하목으로 분류한다.

백악기에 살았던 수각아목에는 어떤 것들이 있을까?

백악기에 살았던 수각아목 공룡의 예를 들면 다음과 같다.

알사사우루스Alxasaurus 몽골에 살았던 테리지노사우루스하목 공룡인 알사사우루스는 테리지노사우루스보다 손가락뼈가 더 길었다(아래 참조). 이 공룡은 이후에 나타난 테리지노사우루스하목 공룡과 마찬가지로 긴 목과 짧은 꼬리, 긴 손톱이 있기는 했지만 테리지노사우루스하목에 속하는 공룡 중 가장 원시적인 것으로 알려져 있다.

캐나그나투스^{Caenagnathus} '턱이 없는 최근의 것'이라는 뜻의 오비랍토르사우루스하목에 속하는 이 공룡은 몸길이가 최장 2.9m였고 8000만 년 동안 지구상에 존재했다. 다른 오비랍토르사우루스하목 공룡과 마찬가지로 이 공룡은 이빨은 없지만 턱 근육이 매우 발달되어 음식물을 부수는 데 안성맞춤이었다. 이 공룡은 또한 깃털이 있었던 것으로 추정된다.

카르노타우루스^{Carnotaurus} 아르헨티나에서 살았던 이 기괴한 공룡의 몸길이는 최장 9m였다. 이 공룡은 짧고 뭉툭한 팔

가장 잘 알려진 티라노사우루스 렉스는 백악기의 가장 지배적인 포식자 가운데 하나였다.(iStock)

과 짧은 머리를 가졌고 눈 위에는 뿔이 두 개 나 있었다.

다스플레토사우루스^{Daspletosaurus} 수각아목 티라노사우루스과에 속하는 이 공룡 속^屬은 '무서운 도마뱀'이라는 뜻을 가지고 있다. 캐나다에서 발견되었으며 몸길이가 8~9m로 티라노사우루스 렉스보다 조금 작은 크기였다. 또한 1m 길이의 거대한 두개골을 갖고 있었다.

데이노케이루스 이 공룡의 화석이라고 발견된 것은 3m 길이의 앞다리와 손이 전부이다. 이를 근거로 이 공룡이 오르니토미모사우루스하목 중에 가장 몸집이 큰 것으로 보고 있다. 이 공룡의 앞다리 화석 중 하나는 미국 뉴욕에

있는 자연사박물관에 전시되고 있다.

데이노니쿠스   이 공룡은 몸길이 3.4m에 몸무게가 73kg 정도 나가는, 퓨마 크기의 동물이었다. 드로마에오사우루스하목에 속하며 발에 커다란 갈고리 모양의 발톱이 있었다. 화석을 근거로 살펴본 결과 무리를 지어 사냥을 하는 습성을 가졌던 것으로 보인다. 데이노니쿠스 화석의 대부분은 북아메리카에서 발견되었다.

에를리코사우루스^{Erlikosaurus}   몽골에서 발견된 테리지노사우루스하목에 속하는 이 공룡은 몸길이가 약 6m에 달하는 긴 공룡이었다. 바깥쪽에 긴 콧구멍이 있었고 가느다란 발톱과 이빨이 없는 부리가 있었다.

갈리미무스^{Gallimimus}   이 공룡('닭을 닮은 공룡'이라는 뜻)은 곤충과 작은 동물들을 잡아먹었던 것으로 추정된다. 약 7000만 년 전에 몽골에서 살았으며 오르니토미모사우루스하목에 속하는 공룡 가운데 가장 크고 가장 많이 알려진 것으로 몸길이가 4~6m에 달했다.

나노티라누스^{Nanotyrannus}   티라노사우루스과의 한 속인 이 공룡은 '난쟁이 폭군'이라는 뜻을 가지고 있으며 티라노사우루스를 축소한 모습이다. 그러나 이 화석이 다 자란 공룡의 화석인지 아니면 덜 자란 티라노사우루스과 공룡의 화석인지에 대해서는 의견이 분분하다.

오비랍토르   '알 도둑'이라는 뜻의 이 공룡은 머리에 기이하게 생긴 볏이 나 있었다. 원래는 다른 공룡의 알을 훔쳐 먹는 것으로 보았는데 최근에 이 공룡이 둥지에서 알을 품고 있었다는 증거가 새롭게 발견되었다. 그러나 실제로 알을 먹었는지에 대해서는 아직도 상반된 주장이 나오고 있다. 또한 날지 못하는 공룡 중에서는 새와 가장 비슷한 모습이었다. 특히 흉곽은 전형적인 조류의 특징이 있는데 늑골에 있는 무언가가 흉곽을 꽉 잡아주었을 것으로 보인다.

사우로르니토이데스   마니랍토르 계통군 트로오돈과에 속하는 공룡으로 몽골에서 발견되었으며 '새처럼 생긴 파충류'라는 뜻이 있다. 이 육식공룡의 몸길이는 2m였고 긴 머리에 새처럼 좁은 주둥이를 가졌다. 또한 이빨은 작았으며 주로 위턱을 위주로 이빨이 나 있었고 이빨의 뒷면이 톱니 모양이었다. 뿐만 아니라 큰 뇌와 접시 모양의 큰 눈을 보면 새벽에 작은 동물을 사냥하고 다녔던 것으로 짐작된다.

스피노사우루스 몸길이가 16~18m인 이 공룡은 가장 큰 육식공룡 중 하나로 꼽힌다. 2m 길이의 긴 척추가 등에 난 가시 같은 돛을 지탱했을 것으로 짐작된다. 아마도 이 돛을 이용해 열을 조절했을 것이다. 화석은 대부분 북아프리카에서 발견되었다.

테리지노사우루스Therizinosaurus 테리지노사우루스하목이라는 독특한 무리에 속하는 가장 마지막 그룹이자 가장 큰 그룹이며 초식성으로 짐작된다. 이 공룡은 비교적 짧은 꼬리와 거대한 갈고리 모양의 발톱이 달린 커다란 앞다리를 가졌다. 조류와 가까운 친척인 것으로 보이며(테리지노사우루스에 깃털이 달린 것으로 묘사하는 그림이 많이 있다) 9.2m에 달하는 몸길이 때문에 수각아목 중 가장 컸을 것으로 보인다.

트로오돈 북아메리카에서 발견된 이 트로오돈과 공룡은 커다란 눈을 가졌는데 쌍안시였을 것이다. 몸길이가 2m에 체고는 약 1m로 비교적 작은 편이었다. 또한 길고 가느다란 다리로 미루어보아 민첩하게 움직였던 것 같다.

티라노사우루스 육지에 살았던 가장 크고 가장 유명한 육식동물 중 하나인 티라노사우루스는 몸길이가 14m에 높이는 5.6m에 달했다. 화석을 살펴본 결과 암컷이 수컷보다 더 컸던 것으로 보인다. 최근에 발견된 이 공룡의 이빨 하나는 뿌리를 포함한 길이가 30㎝나 되었는데 이는 어느 육식공룡의 이빨보다 더 큰 것이다.

유타랍토르 6.5m 길이에 두 번째 발가락에는 커다란 갈고리 모양의 발톱이 달려 있었는데 최장 23㎝까지 길었다. 이 공룡은 북아메리카에서 발견된 드

트로오돈 떼가 안킬로사우루스의 친척인 에우오플로케팔루스를 공격하는 모습. 몸집은 비교적 작지만 이 포식자는 빠르고 민첩한 사냥꾼이었다.(Big Stock Photo)

로마에오사우루스하목 공룡 중 가장 큰 것으로 1억 3200만~1억 1900만 년 전에 살았던 것으로 보고 있다.

벨로키랍토르 몽골에서 화석이 발견된 이 공룡은 '재빠른 도적', '날쌘 도둑'이라는 뜻을 가지고 있다. 드로마에오사우루스하목에 속하며 몸길이 1.8m에, 몸무게 45kg 정도로 큰 개만 했다. 또한 발마다 갈고리 모양의 날카로운 발톱이 달려 있었다. 벨로키랍토르는 영화 〈쥐라기 공원〉에서 사람 정도 크기에 위협을 가하는 공룡으로 그려졌으나 실제로는 사람보다 훨씬 작았으며 깃털도 나 있었던 것으로 보인다.

조반목 공룡

백악기의 조반목 공룡은 어떻게 분류될까?

조반목 공룡은 백악기에 가장 수와 종류가 많았던 공룡이다. 쥐라기의 조반목 공룡과 마찬가지로 이 공룡은 부리가 있는 초식공룡이었고 육식성 수각아목의 먹잇감이었던 게나사우루스 계통군에 속했다. 가장 흔히 이용되는 분류체계에 따르면 게나사우루스 계통군은 다시 신조반목과 장순아목으로 나뉜다. 장순아목은 다시 스테고사우루스하목과 안킬로사우루스하목으로 나뉜다(일부 분류체계에서는 이 두 하목이 한 그룹으로 분류되는 경우도 있다). 신조반목은 몇 종류의 공룡으로 나뉘는데 그중 조각하목과 주식두아목이 속하는 케라포다아목이 가장 큰 그룹에 속한다.

백악기에 장순아목은 어떻게 변했을까?

장순아목의 하위 그룹인 스테고사우루스하목과 안킬로사우루스하목에 많은 변화가 발생했다. 특히 스테고사우루스하목의 경우 백악기까지 살아남은 종이 거의 없었다. 대신 안킬로사우루스하목이 훨씬 더 번성했는데 가장 잘 보존된 화석이 몽골과 중국에서 발견되고 있다. 또한 북아메리카, 유럽, 호주에서도 화석이 발견된 바 있다. 사실 백악기 말에 이 초식공룡은 몸집이 매우 크고 무장이 잘 되었기 때문에 포식자에 대해서 전혀 걱정할 필요가 없었을 것이다.

백악기에 케라포다아목은 어떻게 변했을까?

백악기에는 장순아목보다 케라포다아목에 더 큰 변화가 발생했다. 조각아목은 종류가 더 다양해졌으며 주식두아목은 시간이 지나면서 점점 더 진화했다.

종합적으로 보면 백악기의 조각아목은 조각아목의 특징을 그대로 간직한 채 수와 종류만 다양해졌다고 할 수 있다. 몸집은 중간 정도에서 큰 것까지 다양했고 대부분 두 발로 걸었으며 초식성이었다. 이들은 체고 1m에 길이 2m 크기부터 7m

체고에 길이가 20m나 되는 것까지 다양했다. 또한 수천만 년 동안 계속된 백악기 내내 이빨과 뺨, 그리고 씹을 수 있는 능력이 한층 더 발달했다.

이들의 신체적인 특징도 변했던 것 같다. 조각아목은 걸을 수 있었고 경우에 따라서는 네 발로 속보도 가능했다. 그보다 빨리 뛸 때는 대부분 두 발로 뛰었던 것으로 보인다. 발 모양도 변해서 어떤 것은 발굽과 비슷한 형태로 진화하기도 했다. 몸집이 커짐에 따라 골반과 척추를 연결하는 척추 뼈의 수가 변하는 등 일부는 더 무거워진 몸을 지탱하기 위해 신체구조가 변하기도 했다.

백악기의 조각아목에는 힙실로포돈과, 헤테로돈토사우루스과, 이구아노돈과, 하드로사우루스과 같은 공룡이 포함된다. 여기에는 가장 초기에 발견된 공룡인 이구아노돈과, 볏과 '오리주둥이를 가진' 하드로사우루스가 포함되는데 이 두 그룹은 조각하목 중에 가장 다양하고 가장 많이 번성한 그룹이었다.

백악기에 조각아목은 번성했는데 초식성 용각아목은 왜 멸종했을까?

초식성 용각아목 공룡의 대부분은 쥐라기 말과 백악기 초에 대부분의 지역에서 멸종했다. 일부 과학자들은 일반적인 식물에서 새로운 속씨식물(꽃을 피우는 식물)로 먹이가 변화하면서 멸종하게 된 것으로 보고 있다. 백악기의 조각아목은 용각아목보다 새로운 식물을 씹기에 적합한 이빨이 나 있었다. 특히 조각아목은 턱 안에 여러 개의 치열이 있었다. 또한 위쪽에 난 치열이 닳으면 새로운 치열이 닳아버린 치열의 역할을 할 수 있도록 위치가 바뀌기도 했다.

헤테로돈토사우루스과는 어땠을까?

헤테로돈토사우루스과는 평균 1m 길이에 움직임이 빠른 초식공룡이었다. 또한 가장 원시적인 조각아목 공룡이기도 했다. 이들은 송곳니처럼 뾰족한 이빨과 비교적 긴 팔, 큰 손을 가지고 있었다. 이빨을 가진 최고의 조각아목 공룡이라고 보는 의견도 있을 정도로 이들은 식물을 베고 자르거나 방어를 하는 데 요긴한 긴 송곳니가 있었다. 또 손으로 물체를 쥘 수 있는 능력도 있었는데 은신처나 하면용 '굴'을 파는데 이용했을 것이다(하면은 겨울에 잠을 자는 동면과 반대로 가장 뜨거운 시기에 잠을 자는 것을 뜻한다). 또한 일부 헤테로돈토사우루스는 닳은 정도에 따라 한꺼번에 모두 이를 갈았던 것으로 보인다.

힙실로포돈과는 어떤 모습이었을까?

힙실로포돈과는 쥐라기 중기에 나타난 공룡 그룹으로 조각아목 중에서는 전 세계적으로 분포해 살았던 최초의 그룹의 하나였던 것 같다. 이들은 몸길이가 약 2m로 헤테로돈토사우루스과보다 조금 더 길었는데 일부 과학자들은 이 공룡의 크기와 움직임을 오늘날의 가젤(작은 영양)에 비유하기도 한다. 이들은 서로 겹치는 끌 모양의 어금니와 육중한 뒷다리(달릴 때 안정성을 유지하게 했음)가 있었고 체구는 가벼웠다. 또한 매년 같은 장소에서 둥지를 틀었던 것으로 보인다.

뼈대 전체가 발견된 적은 없지만 얼마 전 텍사스 암석층에서 발견된 이 공룡의 화석이 새로운 정보를 알려줄 가능성이 있다. 실제로 한 화석에서 이상한 점이 발견되기도 했다. 힙실로포돈의 다리가 부러졌다가 나은 흔적이 발견된 것이다. 이는 이 공룡이 심각한 부상을 이기고 살아갈 수 있는 능력을 가졌거나, 추정하는 것처럼 부상당한 공룡이 나을 때까지 다른 힙실로포돈들이 보살폈다는 뜻일 수도 있다.

백악기의 이구아노돈은 어땠을까?

이구아노돈은 고생물학자 기드온 맨텔$^{Gideon\ Mantell}$(1790~1852)이 최초로 발견한 공룡이다. 백악기 전기에 나타난 이구아노돈은 헤테로돈토사우루스과와 힙실로포돈과보다 몸집이 크고 힘이 세며 민첩했다. 이들은 길고 육중한 앞다리를 가졌고 사족보행을 했던 것으로 보인다. 몸길이는 약 10m에 치열당(턱 양쪽에서 씹는 기능을 담당하는) 29개의 이빨이 나 있었고 첫 번째 손가락에 나 있는 독특하게 생긴 원뿔 모양의 '뾰족한 발톱'은 방어용으로 쓰였을 것이다.

데이노니쿠스 떼의 공격을 받고 있는 이구아노돈. 이구아노돈은 힘이 세고 민첩한 초식공룡으로 뾰족한 엄지발톱을 이용해 이런 공격을 막아냈을 것이다.(Big Stock Photo)

하드로사우루스과의 일반적인 특징은 무엇일까?

하드로사우루스과 혹은 '오리주둥이' 공룡과는 백악기에 번성했던 가장 기이한 공룡 중 하나이며 최후의 조각아목 공룡이기도 하다. 놀랍게도 이들의 모습은 현생 오리와 매우 유사했다. 부리가 있고 발에는 물갈퀴가 달렸으며 골반은 오리와 비슷하게 생겼다. 또 뼈처럼 강한 힘줄이 지탱하는 뻣뻣한 꼬리가 있었고 이빨은 빠지면 금세 새로 났다. 이 공룡은 대부분 물 근처에서 거친 식물을 먹고 살았던 것 같다. 또한 넓은 영역을 차지하고 둥지를 틀었으며 그중 높은 곳에 새끼를 낳았던 것으로 보인다.

대부분의 오리주둥이 공룡은 유럽, 아시아, 북아메리카 등지에 있는 백악기 후기 암석에서 발견되었다. 이들은 그보다 앞서 존재했던 이구아노돈과 공룡의 가까운 친척이거나 일각에서 주장하는 것처럼 후손일 수도 있다. 하드로사우루스과에 속하는 두 하위 그룹으로는 람베오사우루스아과^{Lambeosaurinae}와 하드로사우루스아과

Hadrosaurinae가 있다.

람베오사우루스아과와 하드로사우루스아과는 어떤 차이가 있을까?

하드로사우루스과 공룡 중 일부는 머리에 이상하게 생긴 넓은 코가 있었다. 그중에서도 람베오사우루스아과 공룡은 머리에 볏이 나 있었던 반면 마이아사우라와 에드몬토사우루스 같은 하드로사우루스아과 공룡은 볏이 없었다.

람베오사우루스아과 공룡의 머리에 난 볏에는 콧구멍이 있었는데 이 콧구멍은 볏 속을 고리 모양으로 뚫고 매우 큰 공간을 지나 기도로 이어져 있었다. 이런 볏이 달린 이유에 관해서는 여러 가지 학설이 있는데 스노클처럼 이용했다는 학설이나(그러나 밖에는 구멍이 나 있지 않았다) 들이마신 공기를 따뜻하게 만드는 데 이용했다는 학설도 있다(그러나 그때는 기후가 이미 따뜻했었다). 그중에서도 가장 그럴 듯한 학설에 의하면 이 볏을 공명실처럼 이용해 깊고 큰 소리를 내어 짝짓기 상대를 유혹하거나(소리나 이상한 형태, 또는 두 가지를 모두 이용해서) 포식자가 놀라 도망가게 하거나, 새끼를 한데 모으는 데 이용했을 것이라고 한다.

주식두아목으로는 어떤 것들이 있을까?

주식두아목('가두리 장식이 달린 머리를 한 공룡'이라는 뜻)은 백악기 전기에 처음 나타난 공룡으로, 공룡의 진화 역사상 늦은 편에 속한다. 이 공룡은 다시 파키케팔로사우루스하목(두꺼운 머리를 한 파충류)과 각룡하목(뿔 달린 공룡)으로 나뉘며 주로 북아메리카와 중앙아시아에 살았다.

주식두아목은 조반목 공룡 중 하나로 분류된다. 그들은 조각아목 공룡의 가까운 친척이었다. 일부에서는 주식두아목 공룡이 조각아목 중에서도 헤테로돈토사우루스에서 진화한 것으로 보고 있다. 주식두아목은 머리 뒤에 조그맣게 솟은 부분이나 주름이 있었다. 하위 그룹에 따라 주름이나 솟은 부분이 있는 종류도 있었다. '두꺼운 머리를 한 파충류'인 파키케팔로사우루스하목은 머리 뒷부분이 솟아 있었던 반면 각룡하목은 주름이 나 있었다.

파키케팔로사우루스하목은 어땠을까?

파키케팔로사우루스, 또는 '두꺼운 머리를 한 파충류'는 앞다리가 짧은 두 발 공룡이었다. 이 공룡은 박치기를 하는 데 두꺼운 머리를 이용했을 것이다. 척추와 두개골의 각도로 보아 이 공룡이 평상시 정수리를 앞으로 향한 채 머리를 숙이고 다녔음을 짐작할 수 있다.

각룡하목은 어떤 모습을 했을까?

각룡하목(뿔 달린 얼굴)은 백악기 전기에 나타났으며 약 1억 년 전인 백악기 후기에 들어서면서 북아메리카와 아시아에서 다양하게 번성하기 시작했다. 이들은 모든 공룡 중에 가장 큰 과로 3500만 년 동안 존재했다. 주름도 뿔도 없는 각룡하목 공룡도 있었는데 몽골에서 발견된 프로토케라톱스와 특이한 두 발 공룡인 프시타코사우루스가 이에 속한다. 뿔과 주름이 있는 커다란 각룡하목은 북아메리카 백악기 후기 지층에서만 발견되었으며 지구를 배회했던 가장 마지막 공룡 중 하나로 추정되고 있다.

각룡하목 공룡은 두 발과 네 발 공룡이 모두 있었다. 네 발 각룡하목의 경우 앞다리가 뒷다리에 비해 짧은 것으로 보아 두 발 각룡하목에서 진화한 것으로 추정된다. 네 발 각룡하목은 거대한 머리를 지탱할 수 있을 정도로 강력한 매우 튼튼한 앞다리로 진화했으며 칠면조에서부터 코끼리 정도까지 크기가 다양했다.

각룡하목은 무리를 지어 이동했던 것으로 보인다. 이유 중 하나는 미국 서부의 소위 '골층bone bed'이라는 지층에서 동일한 종의 각룡하목 화석이 수백만 마리나 발견되었기 때문이다. 한 곳에서 그렇게 많은 수의 동물 화석이 발견되었다는 것은 멸종 당시 무리지어 다녔다는 것을 의미한다. 그렇게 큰 무리로 이동하면서 크고 무시무시한 뿔과 주름을 가진 몸집이 큰 개체가 약하고 어린 개체를 에워싸고 보호했을 것으로 추정된다. 또한 떼 지어 도망가거나 포식자를 다같이 공격했을 수도 있다.

일부 각룡하목에는 왜 주름이 있었을까?

각룡하목의 주름은 트리케라톱스와 같은 시대, 같은 지역에 살았던 티라노사우루스 렉스 같은 포식자로부터 스스로를 보호하는 방패 역할을 했던 것으로 보인다. 조그만 주름이나 큰 구멍이 달린 주름이 있는 다른 각룡하목 공룡도 있었는데 이런 경우에는 효과적인 방어막 역할을 하지 못했을 것이다. 따라서 그런 주름은 냉각용이나 신호용, 또는 짝짓기 상대를 유혹하는 데 쓰였을 것이다. 실제로 최근에 뼈가 있는 주름의 내부를 연구한 결과 부위에 따라 체온이 달랐던 것으로 나타났는데 이는 주름이 냉각용으로 쓰였다는 주장을 뒷받침하는 근거가 된다.

트리케라톱스는 어떤 특징을 가졌을까?

트리케라톱스(세 개의 뿔이 있는 얼굴)는 몸길이가 최장 9m나 되는 각룡하목이다. 이 공룡은 부리가 달린 턱이 있었고 세 개의 큰 뿔이 나 있었다(두 개는 길고 하나는 짧다). 또한 크고 무거운 프릴(주름)이 머리 위에 달려 있었는데, 가장 오래 산 공룡 축에는 들지만 가장 큰 주름을 가진 공룡 축에는 들지 못한다. 트리케라톱스의 뼈는 가장 튼튼하고 가장 단단한 공룡 뼈에 해당된다. 이렇게 튼튼한 체구를 가졌기 때문에 트리케라톱스의 다수가 6500만 년 동안 존재할 수 있었을 것이다. 이들은 또한 부리로 식물을 자르고 치열로 씹으면서 거친 식물을 먹을 수 있게 진화했다.

백악기에 살았던 조반목 공룡에는 어떤 것들이 있을까?

백악기의 조반목 공룡은 용반목 공룡에 비해 수와 종류가 훨씬 더 많았다. 조반목에 속하는 공룡을 일부 꼽으면 다음과 같다.

얼굴에 세 개의 뿔이 나 있다는 의미의 트리케라톱스는 머리에 특이한 프릴(주름)을 가진 각룡하목에 속한다.
(iStock)

안킬로사우루스 이들은 최대 10m까지 자랐다. 넓은 머리와 삼각형 뿔을 가졌으며 몸은 골판으로 덮여 있었고 뻣뻣한 곤봉 모양의 꼬리를 이용해 방어했다. 대부분의 안킬로사우루스 화석은 북아메리카에서 발견되었다.

테논토사우루스 이 조각아목 공룡의 화석은 대부분 북아메리카 서부에서 발견되었다. 이 공룡은 보다 발달한 이구아노돈과인 원시 이구아노돈으로 발달해가는 전환기의 형태였던 것으로 보인다. 크기는 6.5~8m였고 매우 길고 뻣뻣한 꼬리가 있었다. 또한 사족보행을 했던 것 같다.

이구아노돈 또 다른 조각아목 공룡인 이구아노돈은 유럽과 북아메리카에 서식했다. 최초로 발견된 공룡 화석이 바로 이 이구아노돈의 화석이다. 이구아노돈은 몸길이가 최대 10m였으며 대부분 사족보행이었고 첫 번째 손가락에 원뿔 모양의 뾰족한 발톱이 달려 있었다.

산퉁고사우루스^{Shantungosaurus} 하드로사우루스과 공룡 중 가장 큰 것으로 알려져 있는 이 공룡의 화석은 중국에서 발견되었다. 몸길이는 약 15m로 다른 용각아목 공룡과 비슷한 크기였으며 1.63m 길이의 머리를 가지고 있었다. 이 공룡의 부리에는 이빨이 없었지만 턱에는 1,500개의 조그만 어금니가 나 있었다.

파라사우롤로푸스^{Parasaurolophus} 이 공룡의 머리 뒤에 난 벼슬은 긴 관 모양이었으며 뒤쪽으로 뻗어 있었다. 북아메리카에서 이 공룡의 화석이 많이 발견되었다.

오로드로메우스 이 북아메리카 공룡은 몬태나에서 발견되었으며 최장 몸길이는 2m였다.

힙실로포돈 '높고 구불거리는 이빨'라는 뜻의 이 공룡은 조반목 가운데 가장 빠른 공룡이었던 것 같다. 또한 식물을 자를 수 있는 부리가 있었고 이빨을 이용해 식물을 쉽게 갈 수 있었다.

헤테로돈토사우루스 '이빨의 용도가 각각 다른 도마뱀'이라는 뜻의 이 공룡은 몸길이가 평균 1m였다. 이 공룡이 여름에 땅속에 굴을 팠을 것이라는 의견도 있다.

파키케팔로사우루스 이 공룡의 두꺼운 머리에는 혹 같은 돌기가 나 있는데, 박치기를 할 때 사용했던 것 같다. 대부분의 화석은 북아메리카에서 발견되었다.

스테고케라스 약 2m 길이의 이 공룡은 암컷과 수컷의 머리 두께가 달랐다.

프시타코사우루스 몽골에서 발견된 이 '앵무새 도마뱀'을 과학자들은 원시 각룡하목이라고 여기고 있다. 실제로 이 공룡은 각룡하목 프시타코사우루스과 공룡으로 불린다. 현재까지 약 400개의 화석이 발견되었으며 가장 완전하게 알려진 공룡속 중 하나이다. 이 공룡은 이족보행했으며 매우 원시적인 주름이 나 있었기 때문에 주로 주름이 없는 공룡으로 분류된다.

파라사우롤로푸스는 머리에 희한하게 생긴 볏이 달려 있었다. 이 볏의 용도가 무엇이었는지 정확하게 파악되지 않고 있지만 공룡의 목소리를 크게 울리게 하는 데 도움이 되었을 것으로 추측하고 있다.(Big Stock Photo)

프로토케라톱스 몽골에서 발견된 이 공룡은 사족보행을 했으며 뚜렷하지만 짧은 주름을 가지고 있었다. 따라서 주름이 없는 공룡으로 분류될 때도 많다. 또한 나중에 나타난 각룡하목 공룡에게 있었던 뿔이 이 공룡에게서는 발견되지 않았다.

트리케라톱스 트리케라톱스는 북아메리카에서 발견된 또 다른 유명한 공룡이다. 콧등과 눈 위에 뿔이 나 있었고 최장 몸길이는 8m였으며 짧지만 단단한 주름을 가졌다. 이 공룡은 지구상에 존재했던 마지막 공룡 중 하나였다.

토로사우루스^{Torosaurus} 북아메리카에서 발견된 이 공룡은 트리케라톱스보다 긴 주름을 가졌다. 또한 현재까지 존재했던 육지동물 가운데 가장 긴 2m에 달하는 두개골을 가지고 있었다.

백악기 공룡에 관한 일반적인 사실

백악기의 공룡 중 가장 작은 것과 가장 큰 것은?

백악기에 살았던 공룡 중 가장 작은 것이 무엇이었는지 파악하기는 쉽지 않다. 일반적으로 가장 작은 초식공룡과 육식공룡은 닭만 한 크기였을 것으로 보고 있다. 이렇게 작은 육식공룡의 대부분은 주로 벌레를 먹고 살았으며 초식공룡은 식물을 먹고 살았다.

가장 작은 공룡으로 보이는 것 중에 미크로랍토르^{Microraptor}('작은 약탈자'라는 뜻)라는, 중국에서 살았던 까마귀 크기의 새처럼 생긴 공룡이 있다. 코엘루로사우루스하목에 속하는 이 수각아목은 몸길이가 약 40cm였다. 이 공룡의 발이 나무를 기어오르기에 안성맞춤이었던 것으로 보아 나무 위에서 살았던 것으로 보인다. 가장 작은 공룡으로 추정되는 또 다른 공룡으로는 완나노사우루스^{Wannanosaurus}가 있다(뼈대의 일부가 발견되었던 중국의 한 지방을 따서 명명되었다). 이 조그만 호말로케팔레과의 공룡은 몸길이가 약 60cm였으며 매우 원시적인 파키케팔로사우루스하목에 속하는 공룡이었다(파키케팔로사우루스와 스테고케라스의 친척이다).

백악기의 가장 큰 공룡은 아직까지 파악되지 않고 있다. 가장 크고 비교적 완전한 뼈대가 발견된 공룡은 아프리카 탄자니아에서 발견된 브라키오사우루스로 몸길이가 최장 23m에 달했다. 그러나 이 용각아목 공룡은 백악기까지 살지 못했다. 이 공룡은 쥐라기 후기에 나타났다가 백악기 전기에 멸종했다.

가장 최근에 발견된 화석 가운데 브라키오사우루스보다 더 큰 용각아목 공룡이 있을지도 모른다. 그중 하나로 여겨지는 것이 아르겐티노사우루스 후인쿨렌시스^{Argentinosaurus huinculensis}라는 남아메리카에서 발견된 티타노사우루스과 용각아목 공룡이다. 이 공룡은 몸길이가 40~42m였다. 또 다른 후보로는 현재까지 발견된 용각아목 가운데 두 번째로 큰 파랄리티탄^{Paralititan}('조수의 거인'이라는 뜻)이 있다. 이집트에서 발견된 이 공룡은 약 1억 년 전에 살았던 것으로 추정되며 티타노사우루스과에 속하는 용각아목 공룡이다. 현재는 그동안 가장 큰 공룡으로 꼽혀왔던 공룡이나, 아니면 몇 종류의 새로운 공룡이 백악기에 살았던 가장 큰 공룡으로 추정되고 있다.

가장 큰 공룡으로 꼽혀왔던 공룡은 북아메리카와 아시아에서 발견된 티라노사우루스로 최장 몸길이가 12m에 달한다. 이 밖에도 남아메리카에서 발견된 13.5~14.3m의 기가노토사우루스, 아프리카에서 발견된 16~18m 길이의 이족보행의 육식공룡인 스피노사우루스, 북아프리카에서 발견된 8~14m의 카르카로돈토사우루스가 있다. 이 거대한 육식

아직까지 확실하진 않지만 가장 큰 육식공룡 중 하나로 꼽히는 것으로 현재 남아메리카에 해당하는 지역에 살았던 몸길이 13m 이상의 기가노토사우루스가 있다.(Big Stock Photo)

수각아목 공룡은 모두 크기가 비슷했던 것으로 보이며 티라노사우루스보다 더 무거웠을 것으로 추측하고 있다.

백악기 공룡 가운데 가장 뛰어난 포식자는 누구였을까?

이 문제에 답하기는 쉽지 않다. 육식공룡은 모두 사냥감을 공격하는 포악한 공룡이었다. 티라노사우루스 렉스 같은 공룡은 큰 몸집을 이용해 사냥했고 벨로키랍토르 같은 공룡은 무리지어 다니면서 사냥하는 사냥꾼이었다. 혹은 유타랍토르나 메

가랍토르^{Megaraptor}처럼 빠르고 민첩한 공룡이 더 유리했을까? 즉 '최고의 포식자'는 생각하는 사람에 따라 다를 것이다.

뿔 달린 공룡 가운데 가장 오래된 것은?

뿔 달린 공룡 가운데 가장 오래된 것은 주니케라톱스 크리스토터리^{Zuniceratops} ^{christopheri}이다. 이 공룡의 화석은 얼마 전 미국 애리조나 주 피닉스에 사는 8살짜리 크리스 울프$^{Chris Wolfe}$(당시 3학년)에 의해 발견되었다. 9000만~9200만 년 전에 살았으며 뿔이 세 개 나 있었고 몸길이 3~4m에 체중은 100~150kg 정도 되었던 것으로 보인다. 뉴멕시코 서부에서 발견된 이 공룡의 화석에는 턱 부분과 두개골, 이빨, 뿔, 이마가 포함되어 있다.

마지막에 멸종한 공룡은 어디에 살았을까?

마지막에 멸종된 공룡은 북아메리카 서부에 살았다. 이들의 화석은 백악기 후기 지층에서 발견되었으나 나머지 지역에서는 백악기 말이 되기 훨씬 전에 사라진 형태였다. 백악기 후기에 살았던 공룡으로는 초식공룡인 트리케라톱스와 육식공룡인 티라노사우루스 렉스가 있다.

백악기 말에 일어난 대멸종 이후에 살아남은 공룡이 있을까?

학계에서는 백악기 말에 발생했던 대멸종이 지난 후 살아남은 공룡은 없는 것으로 보고 있다. 그러나 백악기 말에 공룡이 멸종한 것이 아니라 그 이후에까지 살아남았다가 신생대에 서서히 멸종했다고 믿는 고생물학자도 일부 있다. 이 학설은 백악기 이후에 살았던 공룡 화석이 암석층에서 발견될 때까지 논쟁거리로 남을 것이다. 그런 근거를 발견했다는 주장도 있지만 근거 자체에 대한 의견이 분분한 상태이다.

또한 공룡의 정의에 조류까지 포함시킨다면 공룡 계통이 백악기 말에 발생했던 대멸종 이후에도 살아남았다고 보는 것이 옳다. 백악기 이후 조류는 여러 종으로 다양해졌는데, 그렇게 다양해진 종들이 오늘날 지구상에 존재하는 현생 조류이다.

백악기에 살았던 다른 동물

공룡 외에 백악기에 살았던 동물은 어떤 것이 있었을까?

쥐라기와 마찬가지로 백악기에도 공룡 외에 공간과 먹이를 놓고 경쟁을 벌이던 다른 동물이 있었다. 대부분 트라이아스기와 쥐라기 때부터 존재했는데 종류가 다양해지고 진화한 동물도 있었다. 그러나 모든 동물이 백악기 때까지 살아남았던 것은 아니다. 경쟁이 심해지면서 많은 동물이 멸종했다.

양서류

개구리, 도롱뇽, 영원, 두꺼비, 무족영원류, 모든 현생 양서류 양서류는 계속해서 진화하고 다양해졌다.

파충류

거북 커다란 바다거북인 아켈론^{Archelon}은 최대 4m까지 자랐다.

뱀 가장 오래된 뱀이 나타났다.

악어 몸길이가 최장 15m였던 거대한 육지 악어인 데이노수쿠스^{Deinosuchus}를 비롯해 많은 악어들의 크기가 커졌다.

도마뱀 진정한 도마뱀이 계속해서 진화하고 다양해졌다.

포유동물

삼돌기치목 트라이아스기 후기에서 백악기 후기까지 살았던 포유동물. 가장 오래된 포유동물 화석 중 하나이다. 똑바른 치열에 3개의 치관 돌기가 있었기 때문에 이런 이름이 붙었다.

상층치기류 쥐라기 후기에서 백악기 전기까지 살았던 포유동물. 이들은 위와 아래에 어금니가 나 있었으며 삼각형 모양의 많은 돌기가 나 있었다.

다구치목 쥐라기 후기에서 에오세 후기까지 살았던 포유동물. 하나 이상의 치열에 돌기가 많은 어금니를 가지고 있었다. 이들은 키노돈트 수궁류가 차지했다가 이후에 진정한 설치류가 차지하게 된 '설치류'의 생태적 지위를 확보했던 것으로 추정된다.

단공류 동물 백악기에 최초로 나타난 포유동물로 백악기 전기부터 현재까지 존재하고 있다. 이들이 결국 진정한 포유동물로 진화한 것이다(무엇보다 진화하면서 털과 유선$^{mammary\ gland}$을 갖게 되었다). 알을 낳는 포유동물, 즉 단공류 중 현재까지 남아 있는 것은 세 종류이다. 호주에 사는 오리주둥이를 한 오리너구리와, 뉴질랜드와 호주에 사는 두 종류의 바늘두더지(가시 달린 개미핥기)가 이들에 속한다.

초기 유대동물 백악기 중기에 처음 나타나 현재에도 존재한다. 주머니 모양의 육아낭을 가진 이 동물은 위아래에 독특한 어금니가 있다.

초기 태반류 백악기 중기부터 현재까지 존재하는 포유동물. 어미가 태반을 통해 태아에게 영양분을 공급하며 어금니가 한층 더 정교하게 발달했다. 백악기 후기의 태반기 포유동물로는 곤충을 잡아먹는 식충동물이 포함된다.

백악기에는 날아다니는 동물이 있었을까?

백악기에 살았던 날아다니는 동물로는 익룡과 조류, 그리고 날개 달린 여러 곤충이 있었다. 익룡은 50여 종이 있었는데 남극을 제외한 모든 곳에서 발견되었다. 이들은 백악기 말에 모두 멸종했다. 날아다니는 동물 중 가장 큰 것은 케찰코아툴루스^{Quetzalcoatlus}라는 익룡으로 백악기 말에 살았으며 텍사스에서 발견되었다. 비록

케아라닥틸루스(Cearadactylus)는 백악기에 물고기를 잡아먹고 살던 익룡으로 현재의 남아메리카에 서식했다. 백악기에는 50여 종의 익룡이 살았다.(iStock)

공룡은 아니지만 공중을 날아다녔던 이 거대한 동물은 오늘날의 작은 비행기 크기만 했으며 날개의 크기가 11~15m나 되었던 것으로 보인다.

쥐라기에 나타났던 조류와 날개 달린 파충류는 백악기 들어 종류가 매우 다양해졌다. 또한 아주 짧은 날개를 가진 닭처럼 생겼으며 날지 못하고 땅 위에서 살았던 파타곱테릭스Patagopteryx처럼 날개가 작아진 종도 있었다. 다이빙하는 수생 조류인 밥토르니스Baptornis 또한 조그만 날개와 물갈퀴달린 발, 날카로운 이빨을 가졌다.

백악기에는 날개 달린 곤충류도 급증했는데 이 같은 현상은 꽃을 피우는 식물이 생겼기 때문일 것이다.

백악기에 살았던 주요 해양 동물에는 어떤 것이 있을까?

백악기에 살았던 다른 모든 동물과 마찬가지로 해양 동물도 오래 전부터 살았던 그룹과 새로 등장한 그룹이 뒤섞여 있었다. 중생대의 '해양 변혁'이 백악기 시대에 발생했는데 그 전부터 있었던 딱딱한 껍질을 가진 생물을 잡아먹고 사는 새로운 현생 포식자들이 생기기도 했다.

현생 게와 조개, 달팽이 등 많은 현생 해양 동물이 백악기에 나타났다. 상어 또한 백악기 후기에 현생 계통으로 진화했다. 몸집이 큰 해양 동물로는 연체동물과 바다 가재가 있었다. 뼈가 있는 물고기들은 중생대 훨씬 이전부터 지속적으로 진화했다.

해양 파충류들은 여전히 바닷속에서 살고 있었는데 대부분 백악기 말에 멸종했다. 몸길이가 최장 10m까지 자랐고 노처럼 생긴 지느러미발을 가졌던 해양 도마뱀인 모사사우루스가 백악기 후기 무렵까지 존재했다. 플레지오사우루스과와 어룡은 전 세계 대양 곳곳에 살았지만 백악기 후기에 멸종했다. 또한 쥐라기 때부터 계속해서 존재했던 해양 악어도 몇 종 있었다.

공룡에 관한 모든 것

점점 커지는 뼈대

공룡을 이해하는 데 뼈대 화석이 중요한 이유는 무엇인가?

공룡에 관한 지식을 얻는 유일한 방법이 뼈대 화석을 연구하는 것밖에 없기 때문에 화석은 매우 중요하다. 발자국과 피부, 알, (거의 발견되지 않는) 석화된 내장 등 희귀한 화석 외에 화석화된 뼈대(그리고 이빨) 부위는 오랜 시간이 흐른 뒤에도 남아 있을 확률이 크다. 암석층 속에 뼈대가 놓인 모습에 따라 공룡의 생김새는 물론 먹고, 걷고, 어울리고, 살았던 모습과 경우에 따라서는 어떻게 죽었는지에 대해서도 중요한 단서를 얻을 수 있다.

공룡의 뼈대를 통해 연질부에 대해 파악할 수 있는 것은 무엇인가?

과학자들이 공룡의 뼈대를 근거로 연질부에 대해 해석하는 방법이 몇 가지 있다. 예를 들어 보존이 잘 된 뼈대에 근육이 붙었던 흔적이 남아 있는 경우가 있다. 또 두개골의 크기를 통해 뇌의 상대적 크기를 알아낼 수 있으며 뼈대에 난 구멍과 움푹 파인 공간을 근거로 신경 경로를 예측할 수 있다. 무엇보다도 공룡의 뼈대와 현생 동물의 뼈대를 비교하여 특정 공룡의 크기와 신체 구조, 힘의 세기, 때에 따라서는 공룡 장기의 내부 구성까지도 파악할 수 있다.

공룡 뼈대는 대부분 무엇으로 이루어져 있을까?

이빨을 비롯한 대부분의 공룡 뼈대는 매우 단단해서 웬만하면 파괴되지 않는 인산칼슘으로 구성되어 있다. 따라서 많은 공룡의 뼈대가 암석층에 그대로 남아 있을 수 있었던 것이다. 남아 있지 않은 뼈대는 대개 특정한 지질작용에 의해 파괴되었을 것이다. 예를 들어 (지진이나 화산 활동으로 인해) 암석이 움직이면서 많은 뼈대가 부서지거나 자연적으로 생성된 산성물이 암석의 틈으로 흘러들면서 녹아 버리기도 했다.

공룡의 뼈 구성과 현생 파충류의 뼈 구성은 어떻게 다를까?

공룡과 현생 파충류의 뼈는 매우 유사하다. 수억 년 동안 진화 과정을 거치면서도 고작 한두 개의 구성 요소가 더해지거나 사라졌을 뿐이다. 뼈 조직은 특별한 준비 과정을 거친 후 구성 요소를 분석한다. 뼈 조직을 합성 고분자에 집어넣고 자른 뒤 적당한 두께로 갈은 다음 얇은 탄소막을 입혀 주사전자현미경SEM으로 분석하는 것이다.

SEM과 에너지 분산형 엑스레이EDX 분석기를 이용해 현생 앨리게이터와 티라노사우루스 렉스의 뼈대를 비교한 적도 있다. 그 결과 두 동물의 뼈대가 주로 칼슘과 인으로 구성되어 있으며 고대 공룡의 뼈와 현생 동물의 뼈에서 두 구성요소가 차지하는 비율이 똑같다는 것이 밝혀졌다. 또한 마그네슘, 알루미늄, 실리콘, 나트륨 같은 미량 요소도 함유되어 있었다.

공룡의 뼈 구조는 다른 동물의 뼈 구조와 달랐을까?

모든 공룡의 뼈대는 동일한 기본 구조로 이루어져 있다. 기본적으로 두개골, 척추, 갈비뼈, 어깨뼈, 엉덩이, 다리, 꼬리로 구성되어 있다. 그러나 공룡 화석의 뼈대마다 구조적 차이는 있다. 이는 뼈대의 위치, 뼈대의 기능, 공룡의 종 등 여러 가지 요소에 따라 달라진다. 일반적으로 빨리 움직여야 살아남을 수 있었던 공룡의 경우 뼈대가 길고 가벼웠던 반면, 몸집이 크고 느리게 움직이는 공룡은 뼈대가 튼튼하고 단단했다.

공룡 뼈의 구조적 차이는 두 발로 걷는 초식공룡 뼈대와 네 발로 걷는 초식공룡의 뼈대에서 가장 잘 나타난다. 거대하고 무거운 용각아목 공룡은 네 발로 걸었다. 그들은 거대한 몸무게를 지탱할 수 있는 튼튼한 다리가 필요했기 때문에 뼈가 크고 단단했다. 그에 비해 드리오사우루스처럼 몸집이 작고 민첩하며 두 발로 걷는 초식공룡은 빨리 움직여야 했기 때문에 길고 얇은 뼈를 가졌다. 이런 공룡의 뼈대는 텅 빈 관 같았으며 안쪽은 가벼운 골수로 채워져 있었다. 따라서 강하고 유연하면서도 가벼운 구조로 이루어져 있어 포식자로부터 도망칠 때처럼 필요할 때마다 신속하게 움직일 수 있었다.

공룡의 일차골이 발달하는 시기는 언제일까?

특히 공룡은 어릴 적 급성장하는 시기에 섬유층판 뼈^{fiber-lamellar bone}라고도 하는 일차골이 형성되는 것으로 보인다. 이 뼈들은 조류와 포유동물이 가진 혈관이 있는 뼈대와 구조적으로 매우 유사하다. 이 일차골에 혈관이 있었기 때문에 공룡이 빠르게 성장할 수 있었던 것이다. 이런 조직은 특히 공룡의 다리 뼈 화석에 뚜렷하게 나타나 있다.

공룡의 뼈는 무엇으로 이루어졌을까?

사람들의 믿음과 달리 공룡의 뼈대는 한 종류만 있는 것이 아니다. 복잡한 구조들이 모여 복잡한 공룡의 뼈대를 형성한다. 공룡의 뼈 조직에 관한 연구가 상당히 많은데 대부분은 여러 단계의 성장과 발달을 중심으로 이루어진다. 그러나 여기에서 다루기에는 너무나 복잡하다.

공룡의 주요 뼈 조직으로는 일차골과 하버스Haversian(또는 이차) 골, 성장륜 뼈 조직, 이렇게 세 가지가 있다. 이런 뼈 조직은 공룡의 뼈마다 다르고, 심지어 같은 뼈 내에서도 다를 때가 있다. 물론 공룡에 따라서도 다르다.

하버스(또는 이차) 골 조직은 언제 발달할까?

일부 공룡의 경우 일차골 조직이 뼈 재형성remodelling이라는 과정을 통해 하버스 골 조직으로 바뀌었다. 이런 조직은 많은 혈관을 갖고 있었으며 주위가 뼈 고리로 촘촘히 둘러싸여 있었다. 커다란 현생 포유동물에서도 이와 유사한 뼈 조직을 찾아볼 수 있다. 이런 뼈 조직은 훨씬 더 튼튼했고 압력을 견디는 힘도 더 강했다.

성장륜 뼈 조직은 언제 발달했을까?

일부 공룡 뼈와 현생 냉혈 파충류에서 찾아볼 수 있는 성장륜 뼈 조직은 나무의 나이테와 비슷한 형태를 띠고 있다. 나무의 나이테는 계절의 변화에 따라 매년 자라난다. 나이테를 세면 나무의 평균 연령을 파악할 수 있다.

특정 공룡의 뼈에 이와 비슷한 구조가 있다는 것은 공룡이 어느 정도 성장한 후에 성장률이 줄었다는 것을 의미한다. 공룡이 점점 더 파충류와 비슷해졌다고도 해석할 수 있다. 다만 나무의 나이테와 달리 공룡의 뼈에 나타난 성장륜 하나가 얼마만큼의 시간을 의미하는지 알 수 없다는 것이 문제이다.

위에서 살펴 본 세 가지 뼈 조직이 공룡의 생리에 대해서 무엇을 나타낼까?

이런 세 가지 뼈 조직 구조를 통해 알 수 있는 것은, 공룡이 냉혈 파충류, 온혈 조류, 포유동물 사이에 해당하는 고유한 생리를 가졌다는 점이다. 이렇게 고유한 생리 덕분에 공룡이 환경에 잘 적응하면서 1억 5000만 년 동안 육지를 지배할 수 있었던 것인지도 모른다.

아주 거대한 공룡 뼈대가 발견된 곳은 어디이고 그렇게 크게 진화할 수 있었던 이유는 무엇일까?

남아메리카 중에서도 특히 아르헨티나의 북서부에 있는 파타고니아에서 지속적으로 거대한 공룡 뼈가 발견되고 있다. 이곳에서 발견된 공룡 뼈로는 아르겐티노사우루스와 메가랍토르 등이 있다. 이 공룡이 북쪽에 살았던 공룡과 다르게 진화한 것은 알지만 그렇게 크게 진화한 이유에 대해서는 파악하지 못하고 있다.

시간이 흐르면서 북아메리카 공룡과 남아메리카 공룡에게는 어떤 일이 발생했을까?

한 학설에 따르면 남아메리카 공룡이 그렇게 크게 진화한 이유는 지역성 때문이라고 한다. 중생대 초에는 지구상의 모든 대륙이 판게아라는 하나의 초대륙으로 뭉쳐져 있었다. 그러다 쥐라기에 들어 초대륙이 로라시아 대륙(나중에 북아메리카와 아시아로 나뉘게 된다)과 곤드와나 대륙(나중에 아프리카, 남극 대륙, 호주, 인도 아대륙, 남아메리카 대륙이 된다)으로 갈라졌다. 그리고 얼마 지나지 않아 남아메리카와 아프리카가 분리되기 시작했다.

이런 분열이 일어났던 시기는 공룡 진화 역사상 대단히 중요한 시점이었을 것이다. 공룡은 북아메리카에서 남아메리카로 이어진 다리를 지나 이동했다. 그러다 지질 활동으로 북아메리카와 남아메리카를 연결하던 통로가 끊기면서 메가랍토르처럼 남아메리카로 건너간 공룡들이 따로 떨어져 살게 되었다. 티라노사우루스 렉스처럼 북아메리카에 살던 공룡은 전문성을 갖춘 머리와 앞다리, 골반을 갖게 진화했

공룡의 뼈는 박물관에 전시되어 호기심을 불러일으키는 것 이상의 역할을 한다. 뼈대를 통해 공룡이 어떤 습성을 가졌고 어떻게 환경에 적응해 나갔는지 파악할 수 있다.(iStock)

고, 기가노토사우루스처럼 남아메리카에서 살았던 공룡은 조상이 가졌던 일반적인 특성을 대부분 그대로 간직한 채 몸집만 커지면서 진화했다.

한편에서는 남쪽에 살던 메가랍토르와 북쪽에 살던 공룡의 조상이 같지만 처음부터 각각 다르게 진화했다고 보는 의견도 있다. 그들은 티라노사우루스 렉스와 기가노토사우루스같이 거대한 두 육식공룡이 서로 닮은 이유가 유사한 환경 조건 때문이며(평행진화 Parallelism라고 한다), 대륙이 분리되기 시작하면서 이 공룡들이 따로따로 진화했다고 주장한다.

남아메리카에 살았던 공룡의 몸집이 더 크게 진화한 이유는 무엇 때문일까?

남아메리카 공룡의 몸집이 크게 진화한 이유가 지역성 때문이라는 학설이 있다. 대륙마다 환경 조건이 크게 달랐는데 남아메리카의 고유한 환경 때문에 그곳에 살았던 공룡은 훨씬 더 크게 진화했다는 주장이다. 그러나 그런 특별한 환경이 어떤 환경이었는지는 알 수 없다. 만약 환경적인 요인으로 인해 공룡이 서로 다르게 진화했다면 전 세계적으로 수많은 종류의 공룡이 발견되었어야 할 것이다. 남아메리카의 공룡들이 백악기에 거대 공룡이 되었던 진정한 이유는 오직 시간이 지난 후에야 알 수 있을 것이다.

평균적으로 공룡의 뼈대는 몇 개의 뼈로 이루어져 있을까?

가장 큰 공룡의 경우 목과 꼬리에 뼈가 몇 개 더 있을 수는 있으나 평균적으로 공룡의 뼈대는 약 200개 정도의 뼈로 이루어져 있다.

공룡 뼈대의 뼈 위치를 어떻게 파악할까?

뼈가 공룡 뼈대 가운데 어느 부분에 해당하는지 파악하는 것은 쉬운 일이 아니다. 공룡의 뼈대를 파악하려면 다른 공룡 뼈대는 물론 현생 파충류의 뼈대와 일일이 비교해야 한다. 그래서 과학자들은 살아 있는 생물의 구조와 비슷한 자세로 죽은 공룡의 뼈대를 발견하고 싶어 한다. 과거에는 뼈대의 특정 부분을 잘못 파악하는 일도 있었다. 예를 들어 특정한 공룡의 머리를 다른 공룡의 뼈대로 파악하기도 했고 이구아노돈 엄지의 뾰족한 부분을 코에 난 뾰족한 부분으로 해석하기도 했다.

공룡 뼈대의 뼈 위치는 '해부학적 방향 체계Anatomical direction system'를 이용해서 파악하는데 여기에는 내부적인 것만 포함된다(즉 외부 조건을 기준으로 삼지 않는다). 이 체계는 한 쌍으로 이루어진 용어를 이용해 등은 위쪽, 배는 아래쪽, 머리는 앞쪽, 네 다리는 땅 쪽을 향하는, 사지동물의 일반적인(또는 표준적인) 자세를 기준으로 특정한 방향을 결정한다.

한 쌍으로 이루어진 용어들은 남쪽과 북쪽처럼 반대 방향을 나타낸다. 예를 들어 다음과 같은 것들이 있다.

전측과 후측 전측의 방향은 코 끝을 가리키고 후측의 방향은 꼬리 끝을 가리킨다. 앞쪽, 뒤쪽과 같은 뜻이다.

등쪽과 배쪽 등쪽은 척추 쪽과 척추 위를 뜻하고, 배쪽은 배가 있는 부분과 배의 아래쪽을 가리킨다. 이는 가각 위쪽, 아래쪽과 같은 말이다.

안쪽과 바깥쪽 이는 꼬리부터 코끝까지 몸의 한 가운데에 가상의 면이 있다고 가정했을 때 이와 관련된 방향을 뜻하는 용어이다. 안쪽은 이 가상 면에 가까운 것을 뜻하고 바깥쪽은 이 가상 면에서 먼 곳을 뜻한다.

근부와 원부 이 용어들은 일반적으로 사지의 방향을 나타내거나 경우에 따라서는 꼬리의 방향을 나타낼 때 사용된다. 근부는 몸통 또는 사지와 몸이 연결되는 부분과 가까운 쪽을 뜻하고 원부는 몸통 또는 사지와 몸이 연결되는 부분과 먼 곳을 뜻한다.

공룡 뼈대의 주요 부위로는 어떤 것들이 있을까?

공룡의 뼈대는 크게 두개골과 나머지 부분으로 나뉜다. 나머지 부분은 후두개골(두개골의 뒤쪽)이라고 한다. 후두개골은 다시 척추와 몸통, 꼬리(중축골격), 사지 뼈, 지대(부속골격)로 나뉜다.

일반적으로 공룡의 두개골은 무엇으로 구성되어 있을까?

공룡의 두개골은 이빨과 머릿속에 있는 모든 뼈들로 이루어져 있다. 이 뼈들은 머리 양쪽에 각각 하나씩 있는 경우도 있고 두개골의 중심부 주변에 하나만 있는 경우도 있다. 두개골은 크게 두 부분으로 나뉜다. 윗부분, 즉 두 개는 머리와 콧구멍, 위턱, 안와로 이루어져 있다. 나머지 부분은 오른쪽과 왼쪽 아래의 턱(하악골)으로 이루어진 아래턱으로 구성되어 있다.

공룡의 두개골 위치와 예를 들면 눈(안와) 아래에 있는 광대뼈(관골)와, 안와 뒤에 위치한 작은 뼈인 후안와골, 그리고 안와와 안구 앞쪽을 분리하는 뼈인 누골이 있다.

공룡의 두개골에는 몇 가지 흥미로운 점이 있다. 예를 들어 공룡의 두개골은 30

개 이상의 뼈로 구성되어 있다. 대부분의 공룡은 두개골 뼈 사이에 접합부라고 불리는 대단히 단단한 관절을 가지고 있다(인간의 두개골에 있는 접합부와 비슷하다). 또한 알로사우루스 프라길리스^{Allosaurus fragilis}처럼 운동두개골을 가진 것도 있다. 운동두개골이란 여러 개의 두개골 뼈들이 이어져 있으면서도 움직임이 가능한 것인데 매우 큰 고깃덩어리를 삼킬 때 두개골의 일부를 늘릴 수 있었던 것으로 보인다.

공룡 뼈의 화석에서 일부만 없는 이유는 무엇일까?

예전부터 고생물학자들은 공룡의 화석 뼈에서 일부 조각이 빠져 있다는 사실을 인지해왔다. 예를 들어 이빨이 있는데 턱뼈가 없는 경우도 있었고 구멍과 홈이 나 있는 경우도 있었다. 최근 들어 알아낸 원인은 공룡 뼈를 갉아먹는 고대 곤충 때문이었다. 1억 4800만 년 전에 살았던 초식 용각아목 공룡인 캄프토사우루스를 연구한 결과 수시렁이과^{Dermestidae}에 속하는 딱정벌레 형태의 곤충 흔적이 발견되었다. 다른 곤충들이 공룡의 살과 뿔, 여러 연질부를 먹고 나면 오늘날까지 후손이 존재하는 이 딱정벌레들이 뼈를 먹어버렸을 것이다.

중축 골격이란?

중축 골격^{Axial skeleton}은 공룡 뼈대 전체를 차지하는 두 부분 중 하나이다. 중축 골격은 몸통, 척추, 꼬리로 이루어진 부분으로 동물의 사지와 두개골이 연결된 '토대'를 형성한다. 다시 말해서 중축 골격에는 소위 공룡의 '등뼈'라는 부분과 늑골이 포함된다. 등뼈(또는 척추)는 네 부분으로 나뉜다. 목(경추), 등(등 쪽 뼈), 엉덩이(천골), 그리고 꼬리(미골). 여기에는 척추 뼈라고 알려진 여러 개의 뼈가 포함된다. 늑골은 경추와 등쪽 뼈에 붙은 길고 좁은 뼈들이다. 이들은 등뼈의 양쪽에 각각 하나씩 한 쌍을 이루고 있으며 내부 장기를 보호하기 위해 아래쪽까지 이어져 있다. 늑골에는 목늑골과 복늑골(가스트랄리아^{Gastralia}, 소화기관과 다른 내부 장기를 보호하는 뼈)이 있다.

흔히 이 그림처럼 모든 뼈가 완벽하게 보존된 공룡 화석이 발견된다고 생각하겠지만 대부분의 경우에는 여러 가지 이유로 불완전한 뼈대만 발견된다.(iStock)

공룡의 척추 뼈란?

척추 뼈는 등뼈(척추)를 구성하는 여러 개의 뼈를 말한다. 척추 뼈는 엉성한 원통형의 모양을 한 뼈(추체)로 척추 뼈의 위에는 등골을 감싸고 있는 뼈인 신경궁 neural arch이 있다. 공룡의 등골은 추체에서부터 신경궁까지 연결되어 있다. 신경궁에는 위쪽으로 뼈가 많은 신경돌기가 나 있고 그곳에서부터 등 근육이 연결되어 있다. 일부 공룡은 이런 기본적인 특징뿐만 아니라 온갖 돌기와 융기가 나 있는 매우 복잡한 척추 뼈를 가지고 있었다.

등뼈의 각 부분은 그 부분의 기능에 적합한 모양의 척추 뼈를 가지고 있다. 예를 들어 공룡의 엉덩이(천골부) 척추 뼈는 천골이라고 불리는 구조 속에 들어 있는데 이는 엉덩이를 받쳐주고 힘을 가해준다. 목(경추부) 척추 뼈는 유연성을 갖기에 적합한 모양으로 이루어져 있어 공룡이 머리를 자유롭게 움직일 수가 있었다.

그런데 그룹마다 척추 뼈의 수가 상당히 다르기 때문에 공룡마다 몇 개의 척추 뼈를 갖고 있었는지 정확하게 파악하는 것은 불가능하다. 보통 목뼈는 9개에서 19개 사이의 척추 뼈로 구성되었고 등은 15~17개, 엉덩이는 3~10개, 꼬리는 35~82개로 이루어졌다.

현재까지 발견된 공룡 뼈 화석 중 가장 큰 것은 무엇인가?

가장 큰 공룡 뼈 화석 중 하나는 아르헨티나에서 발견되어 2007년 명명된 티타노사우루스과 공룡인 푸탈롱코사우루스Futalognkosaurus이다. 이 새로운 초식공룡은 꼬리부터 코까지의 몸길이가 30m 이상이었고 약 9000만 년 전에 살았다. 이렇게 거대한 공룡은 앞으로도 계속 발견될 것이다.

조반목 공룡의 척추는 어떻게 강해졌을까?

조반목 공룡의 척추는 '뼈 힘줄'이라는 구조에 의해 강화되었다. 이 뼈 힘줄이 척추 뼈들을 연결하는 조직이다. 뼈 힘줄은 칼슘으로 채워져 말 그대로 뼈가 된다(골화). 그 결과 척추 뼈들이 단단하고 빳빳하게 연결되어 척추가 강해졌다.

조반목 공룡의 뼈 힘줄은 스파게티처럼 생긴 뼈 가닥처럼 생겼으며 몸의 어느 부분에 있는지에 따라 서로 다른 이름으로 불린다. 예를 들어 꼬리 척추 뼈 사이에 있는 뼈 힘줄은 몸통하축 힘줄이라고 불린다.

조반목 공룡의 뼈 힘줄은 꼬리와 몸이 연결된 부분을 강화해서 엉덩이에 더 견고하게 붙어 있게 하면서도 꼬리 끝은 자유롭고 유연하게 움직일 수 있게 하는 역할을 했다.

수각아목 공룡의 척추 뼈들은 어떻게 강하게 연결되었을까?

수각아목 공룡 가운데 발달한 종들은 척추 뼈들이 단단하게 연결되어 있었지만 그렇다고 조반목 공룡처럼 뼈 힘줄에 의해 강화된 것이 아니었다. 수각아목의 경우 길게 늘어난 앞 관절돌기가 여러 개의 척추 뼈를 덮었는데 어떤 때는 척추 뼈 12개에 해당하는 길이만큼 긴 것도 있었다. 이 앞 관절돌기가 척추 뼈들을 단단하고 뻣뻣하게 해주었다.

전 세계에서 공룡 뼈가 가장 많이 발견된 곳은 어디일까?

공룡 뼈가 가장 많이 매장되어 있는 곳은 세 군데로 아르헨티나의 파타고니아 지역과 중국의 고비 사막, 그리고 미국 서부가 해당된다. 최근에는 가장 큰 초식공룡 중 하나인 아르겐티노사우루스와 가장 큰 육식공룡인 기가노토사우루스 카롤리니이_{Gigantosaurus carolinii}가 아르헨티나의 파타고니아 지역에서 발견되었는데 이 지역은 남반구에서 화석이 가장 많이 발견되고 가장 오랜 기간의 화석 기록을 보유하고 있는 곳이다. 앞으로도 이 세 지역에서 더 많은 공룡 뼈가 발견될 것이다.

공룡의 발은 어떤 특징이 있을까?

공룡의 발은 인간의 발과 전혀 다르다. 공룡의 독특한 발 구조 때문에 대부분의 공룡은 발가락으로 걸었다. 발가락으로 걸으면 좋은 점이 몇 가지 있다. 예를 들어 공룡의 다리 길이가 길어져 보폭이 넓어진다. 이로 인해 용각아목 공룡 같은 일부 초식공룡과 수각아목 공룡처럼 두 발로 걷는 공룡은 더 빨리 움직일 수 있었다. 따라서 사냥하거나 도망치는 데 더 유리했다. 이런 식의 움직임은 발을 들 때마다 몸을 들었다 낮추지 않아도 되었기 때문에 힘도 절약되었다.

또한 공룡은 발의 긴 뼈들(중족골)이 한데 모여 있어 힘을 실을 수 있었다. 중족골은 발목 쪽으로 비스듬하게 위를 향하는 지행 위치로 나 있었기 때문에 중족골을 바닥에서 들 수가 있었다(지행이란 말 그대로 '발가락으로 걷는'이라는 뜻이다). 이로 인해 공룡이 걷거나 뛸 때마다 발가락만 지면에 닿을 수 있었다. 사람의 경우 발 뼈들이 지면과 평행으로 나 있기 때문에 발가락뿐만이 아니라 발 전체가 지면과 닿게 되어 있다. 이런 모습을 '발바닥으로 걷는' 척행이라고 부른다.

대부분의 공룡 발가락은 대개 길고 가늘었기 때문에 공룡이 땅을 움켜쥐고 균형을 잡을 수 있었다. 또한 세 발가락만으로 걷거나 달렸다. 이것은 예전에 진흙이었거나 모래밭이었던 지역에 새 같은 발자국을 남긴 공룡의 흔적을 보면 알 수 있다.

모든 공룡이 가늘고 긴 세 개의 발가락을 가졌던 것은 아니다. 예를 들어 용각아목과 같이 몸집이 큰 네 발 공룡은 오늘날의 코끼리 발처럼 짧고 넓은 발가락을 가졌다.

대부분의 공룡은 발바닥이 아니라 발가락으로 땅을 짚고 걸었기 때문에 빠른 속도로 움직일 수 있었다.(iStock)

대부분의 네 발 공룡의 발은 어떤 특징이 있을까?

이족보행 공룡과 달리 사족보행 공룡은 대부분 발 뼈가 짧았으며 넓고 뭉툭한 발가락을 가졌다. 이런 발 뼈의 구조는 현생 코끼리의 발과 매우 비슷하다.

이런 공룡의 발자국은 짧고 둥근데 이는 발 뼈가 두꺼운 섬유질로 된 쐐기 모양의 발뒤꿈치에 의해 지면에서 들어올려졌음을 나타낸다. 때문에 공룡은 그렇게 큰 몸을 움직이면서도 상당한 양의 힘을 절약할 수 있었다. 걸을 때 발목을 들었다 내리지 않아도 되었기 때문에 몸무게 전체를 들었다 놓을 필요가 없었던 것이다. 거대한 용각아목 공룡이 몸무게 전체를 들었다 놔야 했다면 힘이 많이 소모됐을 것이다.

뼈 피부란 무엇인가?

뼈 피부는 일부 공룡의 피부
표면에 돌출해 있는, 뼈로 이루
어진 부분을 뜻한다. 뼈 피부는
연결 조직에 의해 피부와 단단
하게 연결되어 있다. 가장 많
이 알려진 뼈 피부로는 스테고
사우루스와 안킬로사우루스의
갑옷을 이루고 있는 뾰족한 골
판이 있다.

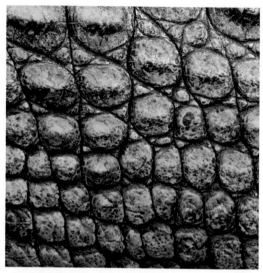

어떤 공룡은 피부가 뼈로 된 구조[뼈 피부(Osteoderm)]로 이루
어져 있었다. 오늘날 크로커다일 종들도 뼈 피부를 가지고 있는
데 그 속에 있는 뼈는 피부 아래에 감춰져 있다.(iStock)

뼈만 보고 공룡의 암컷과 수컷
을 구분할 수 있을까?

현재까지는 공룡 뼈 화석만 보고 공룡의 성별을 구분하는 것은 불가능하다. 성별
에 따라 다른 특징을 가진 공룡 종이 있었다고 믿는 과학자들도 있지만 아직까지
는 공룡의 성별을 파악할 수 있는 근거가 거의 없는 실정이다. 예를 들어 하드로사
우루스(오리주둥이 공룡)는 특정한 종류의 머리 벼슬이 있었지만 그런 벼슬을 가진
것이 암컷인지 수컷인지 알 수 없다. 그래서 현재 현생 동물을 근거로 공룡의 성별
을 구분하고자 계속 노력하고 있지만, 공룡의 암수를 구분하는 일은 여전히 불가
능에 가깝다.

공룡의 뼈를 통해 공룡의 자세에 대해 파악할 수 있는 것은 무엇일까?

모든 공룡 뼈대는 공룡의 자세가 '완전히 발달했음'을 나타낸다. 다시 말해서 공룡의 다리가 몸통 밑에 똑바로 나 있었다는 뜻이다. 이는 몸통의 양쪽으로 다리가 뻗어 나온 파충류의 친척보다 공룡의 몸집이 더 커질 수 있었고 더 먼 거리를 오갈 수 있었으며 더 빨리 움직일 수 있었다는 것을 의미한다. 이런 자세 덕분에 일부 공룡은 두 발로 걸을 수도 있었다. 또한 이 자세는 모든 공룡이 뛰면서 호흡할 수 있는 '운동 스태미너Locomotor Stamina'를 갖는 데 도움이 됐을 것이다.

고생물학자들이 뼈 화석을 통해 몸집이 큰 초식공룡(용각아목)의 생활 방식에 관해 알아낸 것은 무엇일까?

디플로도쿠스같이 거대한 공룡의 뼈는 이 초식공룡에 대해 굉장히 많은 것을 알려준다. 이 공룡의 다리는 굵었고 멀리 떨어져 있어 어깨뼈와 골반이라는 대들보를 지탱하는 기둥 역할을 했다. 또한 엉덩이를 가로지르는 척추 뼈들이 한데 이어져 있어서 거의 10t에 가까운 몸무게를 지탱할 수 있는 힘을 주었다. 다리 끝에는 (코끼리 발과 유사한) 짧고 넓은 발이 달려 있었고 뒷발에 달린 발톱은 미끄럼방지 역할을 했다. 뼈 구조상 디플로도쿠스의 걷는 속도는 시속 6.4km 밖에 되지 않았지만 잠깐 동안은 더 빨리 움직일 수도 있었다. 따라서 이들은 몸집이 크고 천천히 움직이는 사족보행 공룡으로 추정된다. 또한 이 거대한 용각아목 공룡은 몸집이 컸기 때문에 포식자의 공격을 받지 않았을 것이다.

거대한 용각아목 뼈대의 특징으로는 무엇이 있을까?

거대한 몸 크기와 몸무게를 지탱하도록 진화한 큰 용각아목 공룡의 뼈대에는 여러 가지 독특한 특징이 있다. 용각아목 공룡의 뼈대 구조는 현수교와 비슷하다. 앞다리와 뒷다리가 척추를 아래쪽에서 받쳐주고 등의 근육과 인대가 위에서 척추를 지지했다. 척추 뼈들은 목과 등, 꼬리의 끝이 약간 위로 구부러지도록 연결되어 있어 엄청난 몸무게를 양 끝으로 분산시켰다.

다리뼈의 맨 꼭대기는 몸통 밑에서 왔다 갔다 하기에 적합한 모양으로 이루어져 있었다. 사람의 무릎처럼 용각아목 공룡의 무릎도 다리가 앞뒤로 움직일 수 있는 구조였고 발목은 옆으로 움직일 수 없어서 매우 제한된 움직임만 가능했다. 이런 여러 가지 특징 덕분에 거대한 용각아목 공룡이 엄청난 몸을 지탱하고 움지일 수 있었다.

뼈 화석을 통해 작은 초식공룡의 생활방식에 대해 알 수 있는 것은?

작은 초식공룡 가운데 거대한 용각아목 사촌과는 전혀 다른 뼈대를 가진 조반목 공룡으로 힙실로포돈이 있다. 이 조그만 공룡의 전체적인 구조는 최소한의 몸무게를 지탱할 수 있는 힘만 주도록 '줄어버린' 것 같다. 이 공룡의 뼈대는 속이 텅 비고 얇아서 가벼웠으며 허벅지 뼈가 매우 짧아 재빠른 걸음으로 움직일 수 있었다. 또 다리는 길고 가늘었으며 긴 중족골과 짧고 날카로운 발톱을 가져 땅을 움켜쥘 수가 있었다. 긴 꼬리뼈는 뼈대 때문에 단단했으며 옆으로 움직일 수 있어서 재빨리 방향을 바꾸는 데 도움이 되었던 것으로 짐작된다. 이 모든 구조들이 뼈의 특징을 이용해 빠른 걸음으로 포식자의 공격에서 벗어날 수 있었던 이 작은 초식성 두 발 공룡의 모습을 보여준다.

뼈 화석을 통해 커다란 육식성 수각아목 공룡의 생활방식에 대해 알 수 있는 것은?

현재 가장 큰 육식공룡으로 인정되는 것은 티라노사우루스이다. 이 공룡은 거대한 척추 뼈, 골반, 허벅지 뼈 등 무겁고 커다란 뼈를 갖고 있었다. 티라노사우루스의 중족골은 서로 맞물려 있어 힘을 실어주었고 발가락은 짧고 튼튼했다. 또한 무릎에는 현생 조류와 비슷한 굵은 연골의 흔적이 있다.

뼈대의 구조를 바탕으로 티라노사우루스의 속도와 움직임을 추정하는 두 가지 학설이 있는데, 양쪽 모두 동일한 근거를 각각 다른 식으로 해석해 상반된 주장을 펼치고 있다. 첫 번째는 뼈대 구조로 인해 티라노사우루스가 천천히 움직일 수밖에 없었기 때문에 동물의 사체를 먹거나 매복해 있다가 사냥을 하는 수밖에 없었을 것이라는 주장이다. 두 번째 학설은 거대한 근육계와 뼈 구조로 인해 티라노사우루스가 빨리 달릴 수 있었기 때문에 적극적이고 위험한 사냥꾼이었을 것이라는 주장이다.

현재 가장 그럴 듯하게 받아들여지고 있는 학설은 다음과 같다. 이 학설에 의하면 티라노사우루스는 죽은 동물을 통해 섭취하는 것보다 더 많은 먹이를 필요로 했을 것이므로 사냥을 할 수밖에 없었을 것이라고 한다. 그러기 위해서는 적어도 사냥감을 잡기 위해 속도를 내야 했을 것이다. 다시 말해서 단시간 동안 시속 14~19㎞로 달렸던 것으로 짐작되는 초식성 트리케라톱스, 에드몬토사우루스(조반목)와 적어도 비슷한 속도를 냈을 것이다. 좀 더 직접적인 근거가 수집되기 전까지는 이 학설이 앞으로도 계속 인정될 것이다.

공룡의 뼈에서 연질부가 발견된 적이 있을까?

있다. 최근 6억 8000만 년 전에 살았던 티라노사우루스 렉스의 대퇴골에서 연질부처럼 보이는 것이 발견되었다. 그것이 실제 연질부라면 이는 놀라운 발견이다. 연질부는 빨리 부패하기 때문에 생체분자가 10만 년 이상 남아 있지 못할 것이기 때문이다.

대퇴골에서 무기질을 제거하여 티라노사우루스 렉스 대퇴골의 미세구조와 유기물 성분을 분석했더니 혈관과 다른 유기물의 특성으로 보이는 신축성 있는 골기질 물질이 발견되었다. 공룡과 가까운 친척으로 여기고 있는 조류 중에 현생 타조와 비교했더니 여기저기 뻗은 혈관이 실제로도 매우 비슷한 것을 알 수 있었다. 그러나 과학 분야의 새로운 발견이 모두 그렇듯 (특히 공룡은 더욱 그렇다) 더 많은 연구가 이루어져야만 이런 결과를 확신할 수 있을 것이다.

정상적이지 않은 공룡 뼈

공룡의 뼈를 통해 공룡의 건강에 대해서 파악한 것은 무엇일까?

화석 기록의 증거와 해석이 맞다면 일반적으로 공룡은 비교적 건강한 편이었다. 그러나 비대칭적인 뼈의 성장이나 외상성 골절과 반복적인 피로 골절이 치유된 흔적, 관절염, 척추 인대의 골화(뼈와 같은 물질로 변하는 증상), 공룡 척추 뼈의 결합 등의 건강 이상의 증거를 보여주는 화석화된 뼈가 몇 개 있기는 하다.

공룡의 뼈가 기형적으로 성장하게 된 원인은 무엇일까?

기형적인 뼈의 성장은 예를 들어 뼈에서 힘줄이 떨어져 나갔을 때 발생했을 수 있다. 육식공룡의 경우 먹이를 쫓아 달리거나 초식공룡의 경우 포식자로부터 도망치려고 갑작스럽게 뛸 때 발생했을 것으로 보인다. 힘줄이 찢어진 부분에서 뼈의 성장이 지속적으로 이루어지면 기형적인 형태로 성장하게 된다.

공룡의 뼈에 외상성 골절과 반복적인 피로 골절이 발생한 원인은 무엇일까?

티라노사우루스, 이구아노돈 같은 공룡의 뼈에서 볼 수 있었던 또 다른 특징은 외상성 골절이 치유된 흔적이다. 이런 골절은 다른 공룡과 싸우거나 짝짓기 행위를 하는 와중에 발생했을 수 있다.

피로 골절이라고 불리는 또 다른 종류의 골절은 뼈에 반복적인 피로가 쌓이면서 발생했다. 트리케라톱스와 같은 케라톱스목 공룡에서 발견된 피로 골절은 발을 밟거나 포식자를 피해 달아나기 위해 갑자기 속도를 내거나 장거리를 이동하면서 발생했을 수 있다.

거대 수각아목(육식성)의 뼈에 난 외상성 골절을 통해 이런 공룡들의 습성에 관해 알 수 있는 것은?

육식공룡의 뼈 중에 외상성 골절의 흔적이 남아 있는 것이 있다. 일례로 최근에 엑스레이를 이용해 알로사우루스의 늑골 뼈를 살펴본 결과 외상성 골절의 흔적을 발견했다. 뛰다가 단단한 땅에 배를 부딪치며 넘어지는 바람에 그런 골절이 생겼을 것으로 보고 있다. 이는 이 거대한 수각아목 공룡이 느릿느릿한 동물이 아니라 활동적인 사냥꾼이었으며, 만약 사냥감을 쫓다가 넘어진 것이라면 갈비뼈가 부러질 정도로 빠르게 달렸다는 것을 의미한다.

6500만 년 후에도 사라지지 않고 남아 있는 공룡 DNA나 단백질이 있을까?

예전에는 6500만 년 된 공룡 뼈의 대부분이 모두 돌로 변했기 때문에 공룡의 DNA나 단백질이 남아 있을 가능성은 없다고 생각했다. 그러나 2007년도에 실시한 한 실험에서 티라노사우루스 렉스의 뼈에서 성공적으로 단백질을 추출하자 과학자들은 그동안 너무 성급한 결론을 내렸을 수도 있다는 의구심을 가졌다. 그리고 특별한 추출 방법을 이용해 콜라겐처럼 보이는 것을 발견했다. 콜라겐은 사람의 뼈 속에 들어 있는 주요 단백질이다. 고생물학자들이 이 실험 결과에 흥분하는 이유는 무엇일까? 공룡의 콜라겐과 현생 닭의 콜라겐을 비교해보면 수년 동안 그들을 괴롭혀왔던 문제에 대한 해답을 찾을 수 있을지도 모르기 때문이다. 다시 말해서 조류와 공룡이 얼마나 가까운 친척인지 알아낼 수도 있다는 뜻이다.

인간이 겪는 관절염의 흔적이 공룡의 뼈에도 남아 있을까?

그렇다. 일부 공룡의 뼈에서 골관절염, 류마티스 관절염 같은 특정한 종류의 관절염을 앓았던 흔적이 발견되었다. 사람의 경우 주로 노년층에게 골관절염이나 퇴행성관절염이 흔하게 발생한다. 나이가 들면서 뼈를 감싸고 있는 연골이 점점 퇴화되기 때문이다. 또한 류마티스 관절염이나 통풍은 대개 요산 결정이 관절에 쌓일

공룡이 멸종한 지 수천만 년이 지난 지금까지 남아 있는 DNA가 없을 것이라고 생각했지만 2007년도에 티라노사우루스 렉스의 뼈에서 콜라겐 단백질을 발견했다. 이는 놀라운 발견으로 특히 공룡이 조류와 얼마나 가까운 친척인지 증명하는 데 도움을 줄 것으로 예상된다.(iStock)

때 발생한다. 요산과다의 원인은 밝혀지지 않았지만 주로 과식과 연관이 있는 것으로 추정된다.

대부분의 공룡 뼈에서 골관절염의 흔적이 발견된 경우가 거의 없었기 때문에 일부에서는 공룡들이 매우 부자연스러운 관절이나 회전 움직임이 거의 없는 뼈마디를 가졌을 것이라고 추측했다. 그러나 이구아노돈의 표본 두 개에서 발목뼈나 몸무게를 지탱하는 신체의 일부에 골관절염이 걸렸던 흔적이 발견되었다. 공룡의 수명이 얼마인지 모르기 때문에 그런 관절염이 노화로 인해 발생한 것인지는 알 수가 없다. 또한 두 개의 티라노사우루스 화석에서도 손과 발가락뼈에 류마티스 관절염을 앓았던 흔적이 발견되었다. 이빨은 기름기가 많은 붉은 고기를 먹었던 식습관 때문인 것으로 보인다.

사람과 공룡에게 공통적으로 나타나는 뼈 관련 현상으로는 어떤 것이 있을까?

인간과 공룡은 모두 '미만성 특발성 골화 과잉증Diffuse idiopathic skeletal hyperostosis, DISH'이라고 불리는, 척추 인대의 골화로 척추 부분이 뻣뻣해지는 현상을 겪는다. 심각하게 들릴 수도 있으나 이는 정상적으로 나타나는 현상으로 인간이나 공룡이나 질환으로 인정되지 않는다.

케라톱스목, 하드로사우루스과, 이구아노돈과, 파키케팔로사우루스하목과 일부 용각아목 공룡은 모두 DISH 현상을 보였는데, 꼬리 부분이 뻣뻣해서 꼬리를 쉽게 들고 다닐 수 있었다. 꼬리를 무기로 사용했던 스테고사우루스과 같은 공룡은 채찍처럼 유연하게 꼬리를 움직여야 했기 때문에 이렇게 척추 인대가 뭉치는 현상을 겪은 흔적은 나타나지 않는다. 공룡에게서 발견된 DISH 현상의 증거는 많은 공룡이 꼬리를 질질 끌고 다닌 것이 아니라 균형을 잡기 위해 들고 다녔다는 새로운 학설을 뒷받침한다.

인간과 공룡에게 공통적으로 나타나는 뼈와 관련된 또 다른 현상은 (DISH 과정의 척추 인대와 대조적으로) 척추의 뼈(척추골)가 하나로 연결되어 골화되는 척추 결합 현상이 있다. 트리케라톱스같이 다 자란 케라톱스목 공룡의 경우 이런 융합은 처음 세 개의 목(경추) 척추골에만 발생하는데 이로 인해 이것이 질환이 아니라 성장적 적응인 것으로 보고 있다. 이 부위가 뻣뻣해지면 공룡이 거대한 머리를 지지할 수 있기 때문이다. 현재까지 발견된 화석을 살펴본 결과 몸집이 작고 어린 것으로 추정되는 케라톱스목 공룡의 경우 이 부분의 결합이 완전하게 이루어지지 않은 것으로 나타났다. 반대로 몸집이 커서 다 자랐다고 여겨지는 공룡에게는 결합이 완전하게 이루어진 것을 확인했다.

공룡의 피부

공룡의 화석 가운데 매우 드물게 피부의 질감을 보여주는 화석이 있기는 하지만 피부 자체가 화석화된 것은 아니다. 이렇게 공룡 피부의 화석이 드문 이유는 화석화 과정 때문이다. 공룡의 몸이 건조한 환경에 있을 때에만 연질부의 일부가 바짝 마르게 된다. 그래야 빠짝 마른 부분이 암석에 자국으로 남게 되는데 이렇게 남아 있는 것은 거의 없다.

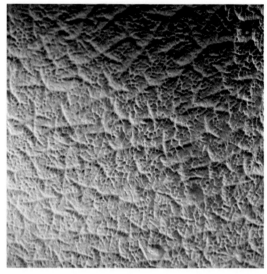

공룡의 피부 화석은 빨리 부패되기 때문에 발견되는 경우가 매우 드물다. 대신 현재까지 보존되어 온 피부 자국은 일부 공룡에게 깃털이 달렸을 가능성 등의 실마리를 제공하기도 한다. (iStock)

현재까지 발견된 몇 점의 피부 화석을 보면 대부분의 공룡 피부가 현생 파충류처럼 거친 비늘 모양인 것을 알 수 있다. 예를 들어 백악기에 살았던 하드로사우루스과 공룡인 에드몬토사우루스의 경우 거칠고 주름진 피부에 뼈로 된 골판이 나 있었다. 조각아목 공룡도 하드로사우루스와 유사하게 피부는 두껍고 주름졌으며 다양한 크기의 뼈로 이루어져 울퉁불퉁하게 튀어나온 부분이 있었다. 최근에 발견된 시노사우롭테릭스^{Sinosauropteryx}처럼 작은 수각아목 공룡의 경우에는 깃털 같은 것이 달려 열을 조절하는 역할을 했을 것으로 보인다.

최근에 '피부'가 발견된 공룡은?

최근 들어 공룡의 '피부'가 발견된 적이 몇 번 있다. 하나는 몇 년 전 한 청소년이 노스다코타 주에 있는 가족 농장에서 발견한 것인데 6700만 년 전의 하드로사우루스과 공룡(오리주둥이 공룡)의 비늘 달린 피부 자체가 화석화된 것으로 줄무늬 흔적도 남아 있다. 이 공룡의 미라는 2004년도에 노스다코타 주 남서부에서 발견되었는데, 현재까지 화석화된 피부까지 발견된 네 마리의 공룡 중 하나이다. 또 중국에서 발견되 피부 화석은 포식자로 인해 생긴 상처가 그대로 남아 있었다. 이 프시타코사우루스 화석에는 비늘 밑에 25개의 콜라겐 층으로 이루어진 두꺼운 가죽도 남아 있었는데 이는 현생 상어의 피부와 유사한 것으로 추정된다.

공룡은 모두 다 똑같은 피부를 가졌을까?

현재까지 발견된 화석화된 피부가 많지 않기 때문에 대부분 현생 파충류를 토대로 공룡의 피부를 짐작만 할 뿐이다. 공룡은 수천만 년 동안 저마다 필요로 하는 환경에 적응했기 때문에 모든 공룡이 똑같은 피부를 가졌을 가능성은 적다.

현생 파충류도 모두 똑같은 종류의 피부를 가진 것은 아니다. 비늘이나 골판으로 덮여 있는 도마뱀의 보호용 피부에서 단단한 뼈로 이루어진 거북이의 껍데기에 이르기까지 다양하다. 각각 특정한 요구와 환경에 맞게 적응했기 때문이다.

공룡 배아의 피부 자국이 발견된 적은 있을까?

있다. 남아메리카에 있는 아르헨티나 파타고니아 배들랜즈의 거대한 공룡의 보금자리에서 공룡 배아의 피부 자국이 발견되었다. 많은 공룡알이 발견되었다는 이유로 '아우카 마후에보Auca Mahuevo'('huevo'란 알을 뜻한다)라는 별명이 붙은 화석지에서 발견된 이 알은 약 7000만~9000만 년 전의 것으로 백악기 후기의 알로 추정된다. 이 알 중에는 화석화된 피부의 일부가 보존된 배아가 들어 있다. 새끼 공룡의 피부는 현생 도마뱀 피부처럼 비늘로 덮여 있었다. 한 피부 자국은 중심 부분에 더 큰 비늘이 덮여 있어 뚜렷한 줄무늬를 이루기도 했는데 그런 줄무늬가 공룡의 등을 따라 이어졌을 것으로 보인다.

공룡의 다른 연질부가 발견된 적은 없을까?

있다. 공룡의 연질부 자국이 과거에 발견된 적이 있기는 하지만 매우 드문 편이다. 일부 화석에는 내장의 윤곽이 보이는 것도 있고 공룡이 죽기 직전에 먹었던 동물의 유해가 남아 화석화된 것도 있었다. 가장 흥미로운 발견 중 하나는 노스다코타 주에서 발견되어 노스캐롤라이나 자연사박물관North Carolina Museum of Natural Science에 있는 '윌로Willo'라는 별명의 공룡 화석에서 최초로 심장의 흔적이 발견된 일이었다. 이 공룡은 테스켈로사우루스Tescelosaurus('놀라운 도마뱀', 약 6600만 년 전에 살았음)라고 알려진 그룹의 일원으로 조랑말만 한 크기에 돼지처럼 생겼으며 270 kg 정도 나가는 초식공룡이었다. 또한 뼈가 남아 있는 긴 꼬리는 총 4m에 달했다.

공룡의 몸 '속'을 들여다보는 특별한 기기를 이용하여 이 공룡 심장의 3차원 이미지를 만들어냈는데 이 이미지에 따르면 공룡의 심장에는 고도로 발달된 네 개의 심실과 아치형의 대동맥이 하나 있는 것으로 나타났다. 이 발견으로 공룡에 대한 관점이 바뀌게 되었다. 무엇보다 이 화석은 오래 전에 멸종한 공룡이 일부 현생 파충류처럼 천천히 느릿느릿 움직이는 동물이 아니라 조류처럼 빠르게 움직이는 온혈동물이었을 가능성이 엿보였다(복잡한 구조의 심장은 대개 신진대사가 활발하다는 것을 나타낸다).

이탈리아에서 발견된 공룡 화석 중에 연질부의 흔적을 보여주는 것은?

1990년대 이탈리아에서는 알에서 갓 태어난 작은 육식공룡의 새끼 화석이 발견되었다는 발표가 있었다. 이 공룡은 사실 1981년에 한 아마추어 수집가가 이탈리아의 남부에서 발견한 것인데 처음에는 그것이 새의 화석인 줄로만 알았다고 한다. 그러다 1993년에 영화 〈쥐라기 공원〉을 보던 중 자신이 가진 화석이 영화 속의 벨로키랍토르와 매우 비슷하다는 사실을 깨닫게 되었다(실제로 벨로키랍토스는 영화에 나오는 것보다 작다). 1998년에 고생물학자들이 이 화석을 살펴보고 난 후에야 새끼 공룡의 뼈인 것으로 판명되었는데 이는 이탈리아에서 발견된 최초의 공룡 화석이기도 했다.

스키피오닉스 삼니티쿠스라고 불리는 이 공룡은 약 1억 1300만 년 전에 살았다. 이 공룡이 티라노사우루스 렉스와 벨로키랍토르의 먼 사촌이기는 하지만 전혀 다른 과에 속하는 것으로 보인다. 이 화석에는 또한 오랜 세월 동안 진행되는 화석화로 인해 잘 보존되지 않는 것이 들어 있기도 했다. 목구멍에서 꼬리의 밑 부분까지 뼈대를 따라 난 화석화된 소화기관을 비롯한 연질부가 남아 있었던 것이다. 심지어 공룡의 내장 주름까지 그대로 남아 있었다.

공룡이 질병을 앓았다는 증거가 있을까?

있다. 공룡이 질병을 앓았다는 증거는 많다. 예를 들어 2003년에 발견된 길모레오사우루스Gilmoreosaurus라는 공룡의 화석에는 종양의 흔적은 물론 혈관종, 전이성 암, 골모세포종 등 모든 주요 질병의 흔적이 남아 있다. 여러 연구를 통해 다른 하드로사우루스과에 속하는 몇몇 공룡에게서도 이런 여러 가지 질병을 앓았다는 증거를 찾을 수 있었다. 하지만 왜 그런 질환을 앓았는지 정확히 파악하지 못한 채 추측만 할 뿐이다. 환경적인 요인에서부터 유전적 소인에 이르기까지 다양한 원인이 있을 수 있다.

공룡은 무슨 색이었을까?

현재까지는 공룡의 피부색에 대해 알려진 바가 전혀 없다. 공룡의 잔해가 빠짝 마르면서 피부색이 '흐려'지는데다 결국에는 암석의 색으로 물들어버리기 때문이다. 그러나 고생물학자들은 현생 동물같이 공룡도 피부색과 무늬를 이용해 위장을 하고 서로를 확인했을 것이라고 추정한다. 따라서 공룡의 피부색도 숨거나 보호색으로 위장하기 용이하도록 여러 가지 무늬에, 연한 갈색과 어두운 갈색에서 녹색에 이르기까지 다양한 색을 띠었을 것이다.

또한 밝은 색의 몸집이 작은 공룡이 있었을 가능성도 있다. 공룡과 직접적인 연관이 있는 것으로 보고 있는 현생 조류도 짝짓기 대상을 유혹하거나 자기 영역에서 다른 새들(그리고 심지어 포식자들까지)을 내쫓기 위해 밝은 색을 띠기 때문이다. 깃털과 함께 발견되거나 깃털 색의 흔적이 남아 있는 공룡의 화석을 통해 언젠가는 공룡의 피부색을 파악할 수 있을 것이다.

살아 있는 공룡의 친척인 크로커다일과 조류가 색각 능력을 가졌다는 근거도 있다. 이는 공룡도 밝은 색을 보고 영역을 차지하거나 짝을 찾거나 포식자를 쉽게 식별하는 등 주변 환경의 색깔에 반응했을 가능성이 있다는 것을 의미한다. 뿐만 아니라 색각 능력을 가진 크로커다일 자체는 전혀 밝은 색을 띠지 않는다는 점도 흥미롭다.

이빨와 발톱

공룡의 이빨은?

공룡의 이빨은 공룡의 식습관 등 공룡에 관한 많은 정보를 담고 있기 때문에 공룡 연구에서 중요한 위치를 차지한다. 공룡은 대부분의 이빨이 턱 가장자리까지 나 있었고 먹이 형태에 따라 다양한 이빨 구조를 갖추고 있었다. 때문에 이빨 화석으로 육식공룡인지 초식공룡인지 구분할 수 있다.

공룡의 이빨은 무엇으로 구성되었을까?

공룡의 이빨은 상아질과 범랑질이라는 두 가지 물질로 이루어져 있었다. 이 두 물질은 뼈보다 더 튼튼하고 단단했다. 상아질은 두 물질 중에 좀 더 연한 것으로,

현생 상어와 마찬가지로 여러 공룡 종도 평생 동안 여러 번에 걸쳐 이빨을 간다. 육식공룡은 사이가 벌어진 뾰족한 이빨을 가졌는데 티라노사우루스 렉스는 끝이 톱니처럼 울퉁불퉁한 바나나 모양의 이빨을 가졌다. (iStock)

이빨의 중심을 형성했다. 이빨의 바깥쪽은 그보다 단단한 범랑질로 덮여 있었다.

공룡의 이빨에 관해 일반적으로 알려져 있는 것은 무엇일까?

과학자들은 대부분의 공룡이 사람보다 많은 이빨을 가졌다는 사실을 알고 있다. 또한 오늘날의 상어 같은 동물처럼 평생에 걸쳐 이빨을 갈았다. 예를 들어 하드로 사우루스의 경우에는 닳은 이빨을 갈기 위해 수백 개의 예비 이빨을 갖고 있었다. 오르니토미무스과처럼 이빨이 전혀 없었던 공룡의 경우에는 새와 비슷한 부리를 가지고 있었다. 이 밖에도 부리와 이빨을 모두 가진 공룡도 있었다.

공룡마다 이빨이 나 있는 형태는 제각각이다. 사람의 경우 대부분의 치아는 식물을 씹기에 적합한 형태로 나 있다. 개의 이빨은 육식에 알맞은 형태이다. 공룡의 이빨은 종류에 따라 치열이 제각각이었다. 오늘날의 육식성 크로커다일 파충류와 비슷한 것도 있었고 거친 식물을 갈아먹기에 적합한 이빨을 가진 것도 있었다. 다시 말해서 현생 동물과 마찬가지로 공룡도 먹이에 따라 이빨의 구조가 달랐다.

초식공룡과 육식공룡은 아주 다른 이빨을 가졌는데 이는 초식공룡이 먹었던 식물 때문이었다. 육식성인 경우에는 날카로운 이빨로 고깃덩어리를 쉽게 자른 다음 큰 덩어리를 삼켜 내장에서 쉽게 소화시켰다. 그러나 식물을 소화시키는 경우에는 문제가 그보다 훨씬 더 복잡했다. 식물의 조직에 들어 있는 섬유소가 고기보다 훨씬 더 거칠기 때문이다. 따라서 식물은 작은 조각으로 잘려져 이빨로 완전히 갈려야 내장에서 식물의 조직이 제대로 소화될 수가 있다. 삼킨 식물이 내장까지 내려가면 미생물들이 길고 힘든 과정을 통해 거친 식물의 조직을 다시 한 번 분해한다.

육식공룡의 이빨을 통해 알 수 있는 것은 무엇일까?

육식공룡의 이빨은 초식공룡의 이빨과 전혀 다르다. 일반적으로 육식공룡은 이빨 사이가 크게 벌어져 있었으며 턱 근육과 공룡의 체중에 의해 이빨이 단검처럼 움직였다. 육식공룡의 경우 새로운 이빨이 계속 자라나 뼈를 물어뜯거나 다른 육식공룡과 싸우는 와중에 빠지거나 부러진 이빨을 대체하기 때문에 크기가 제각각이었다.

알로사우루스처럼 전형적인 거대 육식공룡은 뒤로 구부러진 칼같이 생긴 이빨을 가지고 있었다. 또한 앞은 톱니 모양이었고 뒤는 뾰족했다. 알로사우루스처럼 거대한 육식공룡은 과대포식 Macropredation 행동을 했을 것으로 추정한다. 즉, 사냥감을 향해서 돌진해 한껏 물 수 있게 입을 크게 벌렸다가 다물면서 목을 힘차게 비틀어 거대한 고깃덩어리를 베어 문다. 그리고는 덩어리를 통째로 삼킨 후 나머지는 소화기관이 알아서 처리하게 맡기는 것이다. 그런 식으로 배가 찰 때까지 먹이를 뜯어먹었을 것이다.

티라노사우루스 렉스의 이빨은 어떤 특이한 점을 가졌을까?

티라노사우루스 렉스의 이빨은 특이한 모양이다. 대부분의 육식공룡은 면도날처럼 면이 날카로웠고 약간 평평한 이빨을 가졌다. 그러나 티라노사우루스 렉스는 톱니가 달린 큰 바나나처럼 생긴 거대한 못 같은 이빨을 가졌다.

이빨이 없었던 수각아목 공룡도 있었을까?

있다. 현재까지 알려진 공룡 가운데 이빨이 없는 수각아목 공룡이 몇 종류 있는데 모두 코엘루로사우루스하목에 속한다. 여기에는 오르니토미모사우루스과와 오비랍토르사우루스과 공룡이 속한다. 이빨이 없는 공룡은 대신 부리를 가졌다. 또한 튼튼한 턱 근육을 가진 공룡은 작은 두개골의 잇점을 잘 활용해 먹이를 부수는 데 이용했다.

육식공룡의 팔은 어떤 역할을 했을까?

육식공룡의 팔에는 날카로운 발톱이 달려 있었다. 이런 발톱은 공룡이 커다란 고깃덩어리를 뜯어 먹는 동안 사냥감을 잡고 있거나 쓰러뜨리기 위해 입으로 물고 베는 동안 먹이를 잡는 역할을 했다. 데이노니쿠스 같은 공룡은 긴 팔을 이용해 사냥감을 쓰러뜨린 뒤 커다란 뒷발톱을 이용해 죽였다.

공룡 중에 저절로 날카로워지는 이빨을 가진 공룡이 있었을까?

있었다. 조각아목과 각룡하목 공룡은 저절로 날카로워지는 이빨을 가졌다. 이들은 모두 한쪽 면만 두꺼운 범랑질로 덮여 있는 어금니를 가진 케라포다아목에 속한다. 이빨의 다른 면, 즉 식물을 씹는 데 이용되었던 실제 면은 부드러운 상아질로 이루어져 있었다. 공룡이 먹이를 씹을 때마다 위아래 이빨이 서로 갈리기 때문에 보다 부드러운 상아질이 그보다 딱딱한 범랑질보다 빨리 닳게 된다. 이로 인해 공룡의 이빨이 저절로 날카로워졌던 것이다.

드로마에오사우루스과에는 어떤 공룡이 있으며 어떤 발톱을 가졌을까?

드로마에오사우루스과는 이 과에 속하는 공룡 중 최초로 화석이 발견된 '달리는 도마뱀'이라는 뜻의 드로마에오사우루스로 인해 이런 이름을 갖게 되었다. 이 그룹에는 드로마에오사우루스, 벨로키랍토르, 데이노니쿠스를 비롯해 보다 최근에 발견된 유타랍토르가 속한다. 이들은 빨리 달리는 육식공룡으로 긴 다리와 가벼운 뼈 구조를 가졌다. 또한 카르노사우루스하목의 특징과 코엘루로사우루스하목의 특징을 모두 갖고 있었을 뿐 아니라 고유한 특징도 있었다.

드로마에오사우루스과의 특징 중 가장 잘 알려진 것은 아마도 두 번째 발가락에 달린 갈고리 모양의 큰 발톱일 것이다. 휘어지고 거대한 이 발톱은 먹이를 베고 살을 찢는 데 이용되었을 것으로 보인다. 이 그룹에 속한 공룡은 일반적으로 '맹금'으로 알려져 있다. 이들은 모두 사냥감이 풀숲이 우거진 풀밭에서 절대 마주치고 싶어 하지 않았을 정도로 포악했을 것이며 무리를 지어 사냥했던 것 같다.

북아메리카에서 발견된 가장 큰 맹금의 발톱은 어떤 것일까?

북아메리카에서 발견된 가장 큰 맹금의 발톱은 유타랍토르의 발톱이다. 이 공룡은 몸길이가 약 6m였고 체고는 약 2m에 달했다. 이 공룡의 체중은 454~771kg 사이였을 것으로 짐작된다. 이 공룡은 앞발과 뒷발에 30.5cm나 되는 초승달 모양의 커다란 발톱을 갖고 있었는데 살아 있는 동안에는 발톱이 케라틴으로 덮여 있었을 테니 발견된 화석보다 조금 더 컸을 것이다(화석화되면서 줄어든 것으로 추정된다).

현재까지 발견된 가장 큰 맹금의 발톱은 어떤 것일까?

현재까지 발견된 가장 큰 맹금의 발톱은 테리지노사우루스의 발톱으로 발톱의 크기가 약 70cm에 달했다. 이 수각아목 공룡은 약 7500만 년 전에 현재의 몽골 사막에 해당하는 곳에 살았다. 이 공룡은 벨로키랍토르, 티라노사우루스처럼 흉포한 공룡의 먼 친척이다. 그러나 현재까지 이 공룡의 완전한 뼈대가 발견되지 않았기 때문에 이렇게 큰 발톱을 어떻게 사용했는지는 알 수 없다. 방어나 짝을 찾는 데 이용했을 수도 있고, 대부분의 수각아목 공룡과 달리 이 공룡은 주로 식물을 먹고 살

포식공룡의 발톱은 매우 인상적이다. 그중에서도 '발톱으로 사냥하는 사냥꾼'이라는 뜻의 이름을 가진 맹금의 발톱만큼 인상적인 것은 없다.(iStock)

았기 때문에 나뭇잎을 따먹기 위해 나무 위로 오르는 데 사용했을 수도 있다고 보고 있다.

공룡의 신진대사

공룡의 신진대사에 관한 논쟁이 부각되는 이유는 무엇일까?

공룡의 신진대사에 관한 논쟁이 중요한 이유는 그에 따라 공룡의 습성을 이해하는 방법이 달라지기 때문이다. 공룡이 현생 파충류처럼 냉혈동물이라면 아마 대부분의 공룡은 천천히 움직였을 것이며 아주 가끔씩만 빨리 움직였을 것이다. 또한 지능도 그렇게 높지 않았을 것이다. 그렇다면 공룡은 현생 크로커다일처럼 대부분의 시간을 햇볕을 쬐는 데 보내면서 오로지 먹을 것을 찾을 때만 움직였을 것이다.

그러나 만약 공룡이 오늘날의 포유동물처럼 온혈동물이었다면 적극적이고 사회적이었을 것이다. 그렇다면 민첩하고 기민하며 지능이 높았을 것이다. 또한 현생 영양과 마찬가지로 열심히 풀을 뜯어먹었거나 사자나 여우처럼 무리를 지어 사냥 다니면서 시간을 보냈을 것이다.

공룡이 온혈동물이라고 최초로 주장한 사람은?

1960년대 말, 1970년대 초에 고생물학자인 존 H. 오스트롬^{John H. Ostrom}(1928~2005)과 로버트 T. 바커^{Robert T. Bakker}(1945~)는 최초로 공룡이 느리고 멍청한 냉혈동물이 아니라는 주장을 했다. 그들의 연구는 공룡의 대다수가 실제로는 민첩하고 역동적이며 지능이 높은 동물이라는 학설이 생기게 된 길을 터주었다. 오스트롬은 1969년도에 백악기에 살았던 육식공룡인 데이노니쿠스에 대한 연구를 토대로 공룡이 온혈동물이었을지도 모른다고 주장했다. 1975년에는 바커가 〈Scientific American〉지에 발표한 논문을 통해 공룡의 내온성에 관한 자신의 생각을 소개했다. 이로 인해 오늘날까지도 지속되고 있는 공룡 고생물학의 새로운 시대가 열리게 되었고 무엇보다 신체의 신진대사와 열을 공룡이 어떻게 조절했는지에 관한 학설이 계속해서 발전하게 되었다.

로버트 T. 바커는 왜 공룡이 흡열성의 항온동물(온혈동물)이라고 믿었을까?

고생물학자 로버트 T. 바커가 공룡을 흡열성의 항온동물, 즉 온혈동물이라고 믿었던 이유는 다음과 같다.

1. 공룡은 현생 포유동물에게는 있지만 파충류에게는 없는 복잡한 뼈 구조를 가지고 있었다(또한 지속적으로 뼈 구조가 개선되었던 근거도 있다).
2. 공룡은 조류 및 현생 포유동물과 비슷한 수직구조를 가지고 있었다.
3. 현재까지 발견된 근거를 살펴보면 적어도 수각아목 공룡의 생활방식은

활동적이었던 것으로 보인다.

4. 포식자 대 먹잇감의 비율이 현생 파충류보다 포유동물에 더 가까웠다.

5. 냉혈동물이 살 가능성이 적은 극지방에서도 공룡이 발견되었다.

공룡의 뼈를 통해 공룡의 신체 열 조절 기능에 관해 알 수 있는 것은 무엇일까?

현생 파충류 뼈와 마찬가지로 공룡의 뼈에는 마치 공룡이 전혀 자라지 않거나 거의 안 자란 시기가 있었던 것처럼 성장이 정지된 흔적을 찾아볼 수 있다. 성장이 정지된 이유 가운데 하나는 주기적으로 추워질 때마다 동면을 했기 때문일 수 있는데 이는 공룡이 열 조절을 위해 변온적인 방법을 사용했다는 뜻이다. 이와 반 포유류와 조류에게서는 성장이 정지된 선이 발견되지 않는다. 따라서 이런 선의 유무에 따라 공룡이 내부 체온을 어떻게 조절했는지 추측할 수 있다.

공룡은 어떤 심장을 가졌을까?

심장을 포함한 공룡의 내부 연질부 화석은 안타깝게도 많지가 않다. 그러나 간접적인 근거와 '윌로'라는 공룡의 심장 화석을 근거로 공룡들이 각각 다른 두 압력으로 혈압을 유지하는 이원화된 심장을 가졌었던 것으로 추정한다.

공룡의 뼈 조직에도 혈관의 흔적이 있다. 따라서 몸으로 피를 보내는 순환계를 이끌기 위해 심장이 필요했을 것이다. 거대한 용각아목 공룡처럼 매우 긴 목을 가진 공룡이나 고개가 수직으로 세워져 있었던 공룡은 혈압이 높아야 했다. 그래야 먹이에 다가갈 때 뇌로 피를 보낼 수 있기 때문이다. 그러나 이런 혈관계를 가졌다면 허파가 안전하게 숨을 쉬기에는 혈압이 지나치게 높았을 것이다. 따라서 공룡이 서로 다른 두 압력으로 두 개의 순환계에 피를 공급하는 능력을 가진 이원화된 심장을 가졌을 것으로 보고 있다.

안타깝게도 아직까지는 공룡의 신진대사에 관해 밝혀진 바가 별로 없다. 상반되는 증거만 많은데다 그마저도 대부분 간접적인 증거뿐이다. 공룡의 종류에 따라 신진대사가 달랐다는 점도 문제가 된다. 예를 들어 거대한 초식공룡의 신진대사는 몸집이 작고 민첩한 수각아목 공룡과 달랐을 것이다. 현재 공룡의 신진대사에 관한 의견은 크게 세 부류로 나뉜다. 현재까지 발견된 근거를 가지고 공룡이 실제로 냉혈동물이었다고 보는 견해가 있는가 하면, 온혈동물이라고 확신하는 측도 있다. 또 냉혈동물과 온혈동물의 특징을 모두 가진 고유한 생리를 가졌다는 의견도 있다.

수각아목 공룡의 뇌 크기를 통해 공룡의 신진대사에 관해 알 수 있는 점은 무엇일까?

다른 대부분의 공룡과 달리 몸집이 작은 수각아목(육식성) 공룡은 몸집에 비해 큰 뇌를 가지고 있었다. 그들의 뇌는 비슷한 크기의 포유동물 뇌와 맞먹었다. 큰 뇌가 제대로 기능하기 위해서는 고른 기온과 먹이, 그리고 산소의 지속적인 공급이 필요한데 이 모두는 온혈동물과 관련된 활발한 신진대사의 가능성을 나타낸다.

공룡의 코가 온혈동물이 아니라는 증거를 나타낼까?

일부 과학자들은 공룡의 코에 공룡의 신진대사에 관한 비밀이 숨어 있을 것이라고 보고 있다. 호흡기 비개골이란 콧속에 세포막으로 덮여 있는 작은 소용돌이 모양의 뼈나 연골을 뜻한다. 콧속에 이 뼈가 없다는 것은 공룡이 온혈동물이 아니라는 좋은 근거일지도 모른다. 비개골은 포유류와 조류에서만 보이는 특징으로 모든 온혈동물에게서 발견된다. 냉혈동물 가운데 비개골을 가진 것으로 알려진 동물은 없다.

온혈동물은 제법 빠르게 호흡하는 편이다. 숨을 내쉬면 따뜻한 공기가 비개골을 지나면서 차가워져서 공기 중의 수분이 응결되어 세포막에 달라붙는데 이를 통해 건조해지는 것을 방지할 수 있다.

타르보사우루스처럼 사냥을 하는 수각아목은 사냥감을 잡기 위해 뇌가 커야 했고 보다 활발한 신진대사가 이루어져야 했다.(Big Stock Photo)

공룡이 정말로 온혈동물이었다면 건조해지는 것을 막기 위해 호흡기 비개골이 필요했을 것이다. 최근에는 CT 스캔을 이용해 공룡의 머리 화석 중에 호흡기 비개골이 있었던 흔적이 있는지 연구하고 있다. 현재까지 벨로키랍토르와 나노티라누스Nanotyrannus의 화석에서는 이런 구조가 전혀 발견되지 않았다. 그리고 앞으로 모든 주요 공룡 그룹의 두개골 화석에 관한 더 많은 분석이 이루어질 예정이다.

공룡의 크기

공룡의 크기와 형태가 각각 다른 이유는 무엇일까?
현생 동물과 마찬가지로 공룡의 크기와 형태가 서로 다른 이유는 주변 환경에 맞게 적응해 나갔기 때문이다. 공룡이야말로 동물을 대표한다고 할 수 있다. 살아남기 위해 지배적인 조건과 변화하는 먹이에 맞추어야 했기 때문이다. 여러 차례 이런 적응을 계속하면서 특정한 크기의 형태, 심지어 색깔까지 변했을 것이다.

공룡이 커질 수 있는 최대치가 있었을까?

이 질문에 대한 답은 먹이가 얼마나 많은지, 얼마나 쉽게 찾을 수 있는지에 따라 달라질 것이다. 일반적으로 거대한 몸집을 지탱하기 위해서는 뼈의 크기 또한 증가해야 한다. 그렇지 않으면 체중을 이기지 못해 말 그대로 뼈가 부러질 것이기 때문이다. 또한 점점 늘어나는 체중을 지탱하기 위해 뼈가 점점 더 굵어지면 공룡의 움직임 또한 점점 둔해져 먹이를 획득하는 능력이 한계에 부딪치게 된다. 따라서 각종마다 최대한 커질 수 있는 한계가 있었을 것이다.

공룡의 평균 크기는 얼마나 되었을까?

공룡이라고 하면 사람들은 흔히 거대한 동물을 생각한다. 그러나 현생 조류와 마찬가지로 공룡도 크기와 종류가 다양했다. 브라키오사우루스처럼 거대한 용각아목 공룡에서 콤프소그나투스처럼 닭만큼 작은 공룡에 이르기까지 온갖 크기의 공룡이 존재했다. 지구상에 존재했다고 생각하는 공룡의 수에 비해 발견된 화석이 많지 않기 때문에 공룡의 '평균' 크기를 가늠하기는 어렵다.

공룡의 체중은 어떻게 알 수 있을까?

공룡의 체중을 파악하기란 쉽지 않은 일이다. 오로지 공룡의 뼈를 근거로 체중을 추측할 뿐이다.

공룡의 체중을 알아내는 방법 중에는 다리뼈의 단면적 연구가 있다. 이것을 통해 다리의 무게를 추측할 수 있다. 그러나 이 방법으로 다리의 무게를 추측할 때는 단순히 다리 하나의 무게에 4를 곱하는 것이 아니라 다리의 위치, 공룡의 자세, 다리의 조직과 살, 다리 모양 등까지 모두 고려해야 한다. 또 현생 동물과 비교한 자료를 토대로 공룡의 무게를 추정하기도 하지만 공룡과 현생 동물 사이에는 어떤 상관관계도 없다.

어떤 공룡이 가장 컸을까?

가장 큰 육식공룡과 초식공룡에 관한 서로 다른 주장이 매우 많기 때문에 하나를 꼽기는 힘들다. 가장 큰 육식공룡으로 제일 많이 알려져 있는 것으로는 북아메리카와 아시아에서 발견된 백악기 공룡이었던 티라노사우루스 렉스가 있다. 티라노사우루스 렉스는 길이가 12m에 달했다. 그 밖에도 남아메리카에서 발견된 기가노토사우루스와 북아프리카에서 발견된 카르카로돈토사우루스가 있는데 두 공룡 모두 거대한 몸집을 가진 육식공룡이었다. 또한 스피노사우루스도 있다. 몸길이가 무려 16~18m에 달했던 스피노사우루스를 가장 큰 육식공룡으로 꼽는 과학자도 많다.

1997년에 몬태나 주 포트 팩Fort Peck에서 발견된 티라노사우루스의 거대한 치골 화석을 가장 큰 공룡으로 보는 의견도 있다. 이 공룡 화석은 크기가 어마어마한지라 이 화석에 티라노사우루스 임페라토르Tyrannosaurus imperator라는 특별한 이름까지 붙여졌다. 이 티라노사우루스과 공룡의 치골은 133cm로 치골의 길이가 118cm인 기가노토사우루스보다도 크다. 이는 몬태나 주에서 발견된 티라노사우루스가 현재까지 알려진 어느 육식공룡보다 15~20% 정도 큰 것을 의미한다.

가장 큰 초식공룡을 꼽는 문제는 더욱 복잡하다. 가장 유력한 후보로는 아르겐티노사우루스 후인쿨렌시스라고 불리는 거대한 초식공룡으로 몸길이가 40~42m에 달하는 티타노사우루스과에 속하는 남아메리카 용각아목 공룡이다. 또 다른 후보로는 현재까지 발견된 것 중 두 번째로 큰 용각아목 공룡인 파랄리티탄('조수의 거인'이라는 뜻)이 있다. 이 티타노사우루스과 용각아목 공룡은 이집트에서 발견되었는데 약 1억 년 전에 살았던 것으로 짐작된다. 또한 디플로도쿠스의 친척이라고 여기는 세이스모사우루스 할로름^{Seismosaurus hallorum}은 체중이 거의 100t에 육박했고 몸길이가 거의 40m에 달했다. 1985년도에 이 거대한 괴물의 완전한 뼈대가 뉴멕시코에서 발견되었다.

또한 가장 큰 육식공룡과 초식공룡을 찾는 일은 계속되고 있다. 때문에 새로운 공룡 뼈가 계속 발견될 것이며 그중 하나가 가장 큰 공룡으로 입증될지도 모른다.

현재까지 발견된 가장 작은 공룡 화석은 무엇일까?

아이들이 독일 뮌체하겐(Munchehagen) 소재 공룡 테마파크에 있는 세이스모사우루스의 모형 아래에 서 있다.(iStock)

현재까지 발견된 가장 작은 공룡 화석에 관해서도 의견이 분분하다. 가장 유력한 후보는 중국에서 발견된 까마귀만 한 크기의 새처럼 생긴 미크로랍토르로 약 40㎝ 정도의 코엘루로사우루스과 수각아목에 속하는 공룡이다. 현재까지 발견된 다 자란 공룡 화석 중에 가장 작은 것에 꼽힐 만한 또 다른 후보로는 콤프소그나투스(예쁜 턱)가 있다. 이 공룡은 총 길이 약 1m에 몸무게 약 2.9㎏으로 칠면조보다 조금 컸다. '콤피^{Compy}'라는 별명을 가진 이 조그만 육식공룡은 쥐라기에 살았으며 빨리 달리는 민첩한 포식자로 곤충과 개구리, 조그만 도마뱀을 먹고 살았을 것으로 보인다.

1979년에 남아메리카에서 발견된 '생쥐 도마뱀'이라는 뜻의 무스사우루스^{Mussaurus}는 한때 가장 작은 공룡으로 여겼으나 지금은 콜로라디사우루스 Coloradisaurus의 갓 부화한 새끼 화석인 것으로 밝혀졌다. 콜로라디사우루스는 다 자란 경우 콤프소그나투스보다 크기가 큰 것으로 예상된다. 그러나 알의 크기는 2.54㎝에 불과했으며 갓 부화한 새끼 화석의 크기는 20~40㎝밖에 되지 않았다.

난쟁이 공룡 화석이 발견된 곳은 어디인가?

난쟁이 공룡 화석이 발견된 곳은 루마니아의 하테그^{Hateg}라는 곳이다. 백악기 후 기에는 현재 동유럽에 해당하는 땅의 대부분이 테티스 해의 물로 가득 찼었다. 따 라서 땅은 섬의 형태로 존재했다.

다른 동식물과 더불어 공룡도 이런 섬에 고립되어 있었고, 동식물상이 큰 대륙과 동떨어져 있었다. 시간이 지나면서 이런 섬에 살았던 공룡은 제한된 생태계로 인해 크기가 점점 작아졌다. 예를 들어 하테그에서 발견된 원시 하드로사우루스과 공룡 인 텔마토사우루스^{Telmatosaurus}의 몸길이는 약 5m였고 몸무게는 450㎏ 정도였는 데 이는 다른 곳에서 발견된 텔마토사우루스 화석에 비해 몸길이는 1/3 수준이고 몸무게는 1/10밖에 안 되는 크기이다. 몸집이 큰 공룡은 넓은 영역과 서식지의 이 점을 이용해 섬에 살던 몸집이 작은 사촌들보다 훨씬 더 크게 진화할 수 있었다.

가장 긴 목을 가진 공룡은 어떤 것일까?

가장 긴 목을 가진 공룡에 관한 의견이 분분하기는 하지만 '무거운 도마뱀'이라 는 뜻의 바로사우루스가 현재까지 알려진 공룡 중 가장 목이 긴 것으로 추정되고 있다. 목이 가장 긴 공룡에 대한 의견이 분분한 이유는 발견된 바로사우루스의 화 석이 거의 없기 때문이다. 바로사우루스가 가장 긴 목을 가졌다는 사실을 뒷받침 해주는 표본이 별로 없기 때문에 많은 과학자들은 이 공룡이 가장 긴 목을 가졌다 고 믿지 않는다. 여전히 논쟁 중이기는 하지만 디플로도쿠스의 친척인 바로사우루 스가 어마어마하게 긴 목을 가졌던 것은 사실이며 브라키오사우루스보다도 목이 길었던 것으로 짐작되고 있다. 바로사우루스의 화석은 미국 서부와 아프리카에서 발견되었다. 바로사우루스의 화석이 전시되어 있는 곳은 뉴욕 시의 미국 자연사박물관이 유일한데 마치 포식자를 마주하고 있는 것처럼 자리를 박차고 일어설 듯한 자세로 전시되어 있다.

긴 목을 가진 공룡의 대부분은 용각아목(초식) 공룡으로, 높은 나뭇가지에서 먹이를 따먹기 위해 긴 목이 필요했을 것이다. 다른 유력한 후보로는 체고가 12.2m에 달했던 용각아목 공룡인 브라키오사우루스가 있는데 긴 목과 앞다리가 몸높이의 대부분을 차지했다. 이외에도 10m 길이의 긴 목을 가진 용각아목 공룡인 마멘키사우루스도 후보로 꼽힌다.

현재까지 알려진 공룡 가운데 몸집에 비해 목이 가장 긴 공룡은 에르케투 엘리소니$^{Erketu\ ellisoni}$라는 용각아목 공룡으로 목 길이가 8m였다. 이 공룡은 약 1억 2000만~1억 년 전에 현재 몽골의 고비 사막에 살았던 것으로 추정된다.

가장 긴 포식공룡은 무엇일까?

과학자들은 스피노사우루스 아에깁티쿠스$^{Spinosaurus\ aegypticus}$라는 포식 공룡의 몸 길이가 16~18m에 달했을 것으로 추정하며 이 공룡을 가장 큰 포식 공룡 중 하나로 꼽고 있다. 이 공룡은 백악기 전기에 들어 척추가 길게 발달했다(실제로 스피노사우루스의 척추 뼈 하나가 사람의 평균 키보다 길다). 긴 척추는 피부가 포함된 돛과 같은 구조를 이루었다. 일각에서는 돛과 같은 돌기를 지탱하기 위해 긴 척추가 필요했을 것이라고 주장하기도 한다. 이 돌기의 기능은 알려지지 않았지만 이에 대한 여러 가지 학설은 존재한다. 한 학설에 따르면 해수면과 가까운 열대 지방에서 살았기 때문에 체온을 낮추기 위해 돛이 필요했을 것이라고 한다. 또 짝을 유혹하거나 경쟁 상대나 다른 포식공룡을 쫓아버리는 데 이 돛을 이용했을 것이라는 학설도 있다.

공룡의 습성

식습관

공룡은 무엇을 먹고 살았을까?

언론에 등장하는 공룡의 모습을 보면 이 거대하고 포악한 생물은 원하는 것이라면 무엇이든 닥치는 대로 먹어치웠을 것만 같다. 실제로 그런 공룡도 있었을 것이다. 하지만 어떤 공룡이 무엇을 먹고 살았는지를 나타내는 직접적인 증거는 거의 없다. 흔치 않은 직접적인 증거와 다양한 요소를 바탕으로 공룡이 무엇을 먹고 살았을지 예측만 할 뿐이다.

약 1억 5000만 년 동안 지구상에 존재했던 공룡은 변화하는 동식물상에 천천히 적응했을 것이다. 공룡은 크게 초식공룡과 육식공룡이라는 큰 그룹과 잡식공룡이라는 비교적 작은 그룹으로 나눌 수 있다. 대부분의 공룡은 식물을 먹고 사는 초식공룡에 해당된다. 육식공룡은 공룡과 다른 동물을 잡아먹고 살았다. 동물과 식물을 모두 먹는 잡식성 공룡도 드물게 있었다.

공룡이 먹을 수 있는 것으로는 무엇이 있었을까?

공룡이 먹을 수 있었던 먹이 역시 공룡과 마찬가지로 수억 년에 달하는 중생대 기간 동안 서서히 진화했다. 공룡이 대부분은 식물을 먹고 살았다. 꽃가루와 홀씨의 화석을 살펴본 결과 중생대에 수백 종에서 수천 종에 이르는 여러 종류의 식물이 살았으며 대부분이 먹을 수 있는 잎을 가지고 있었다. 공룡이 먹고 살았을 만한 것들로는 양치류, 이끼, 쇠뜨기, 소철, 은행 그리고 소나무와 삼나무 같은 사철 구과식물 등이 있었다(잔디는 아직 생기지 않았었다). 중생대 말에 들어서는 꽃을 피우는 식물이 나타났으며 열매도 생겨났다.

중생대에는 육식공룡이 먹을 만한 것도 많았다. 초기 포유동물, 알, 거북이, 도마뱀 등이 공룡과 같은 곳에 서식했다. 물론 사냥을 하거나 남은 고기를 먹고 살았을 것으로 보이는 공룡도 있었다.

공룡에게도 물이 필요했을까?

다른 생물과 마찬가지로 공룡도 물이 필요했을 것이다. 공룡은 현생 파충류처럼 직접 물을 먹었거나, 식물(초식공룡의 경우), 동물(육식공룡의 경우) 또는 두 가지 모두(잡식공룡의 경우)를 통해 수분을 섭취했을 것으로 보인다.

분석이란 무엇일까?

분석이란 공룡의 변이나 배설물이 화석화된 것을 말한다. 이런 배설물은 본래 부드럽기 때문에 화석화될 기회를 갖기 전에 부패하는 경우가 많다. 또한 공룡이 해안가처럼 '잘못된' 장소에 배설을 한 경우에도 배설물이 파도에 휩쓸려 사라지기 때문에 화석화될 가능성이 거의 없다.

분석의 경우 형태와 크기만 보고 어떤 동물의 것인지 파악하기는 어렵다. 따라서 공룡의 배설물이라고 확신할 수 있는 분석은 별로 없다. 그러나 공룡의 것이라고 확신할 수 있는 분석이 가능하다면 공룡이 무엇을 먹고 살았는지에 관해서 중요한 단서를 제공한다. 특히 이런 분석은 공룡이 무엇을 먹었고, 어떻게 먹었고, 먹고 난 후 어떤 식으로 소화했는지에 대한 정보를 제공한다.

배설물이 보존되어 분석으로 화석화되기 위해서는 유기물의 함량, 배설된 배설물에 포함된 수분의 양 등 여러 요인이 작용한다. 또한 배설된 곳과 매장된 방법도 모두 분석의 형성에 중요하다.

분석은 공룡의 배설물이 화석화된 것이다. 연구하기에 그다지 유쾌한 자료라고 할 수는 없지만 분석을 통해 공룡이 섭취한 먹이 등 여러 가지 사실을 알아낼 수 있다. 이 표본은 어린 티라노사우루스 렉스의 배설물이다. 캐나다의 서스캐처원(Saskatchewan)에서 발견된 이 분석의 길이는 43㎝이다.(U.S. Geological Survey)

육식공룡의 배설물이 초식공룡의 배설물보다 미네랄 함량이 높기 때문에 화석화될 가능성이 더 높다. 미네랄은 배설물에 포함된 뼛조각에 함유되어 있다. 다시 말해서 다른 동물을 먹었기 때문에 화석화될 수 있었다는 뜻이다.

공룡의 분석은 크기가 클까? 특히 몸집이 큰 공룡은 분석도 클까?

공룡의 분석이 모두 큰 것은 아니다. 커다란 공룡의 분석이라고 해도 10㎝가 안 되는 작은 것도 있다. 이런 현상은 현생 동물에게서도 찾아볼 수 있다. 북아메리카에 사는 뮬과 엘크의 경우 몸집은 비교적 큰 동물에 속하면서도 1㎝도 안 되는 작은 알갱이로 된 여러 개의 변을 배설한다.

공룡의 경우에도 유타 주 동부의 모리슨 지층에서 발견된 수각아목 분석에서 이런 현상에 대한 증거를 찾아볼 수 있었다. 이 분석은 지름이 40㎝이지만 수분 함량이 높아 작은 알갱이 같은 배설물이 한데 합쳐진 것으로 추정된다.

공룡의 분석을 통해 알게 된 것은 무엇일까?

초식공룡의 분석으로 추정되는 것으로부터 소철 잎의 껍질, 구과식물 뿌리, 구과식물 나무 조직을 발견했다. 즉, 이 공룡이 먹은 것이 무엇이었는지 파악할 수가 있었다. 또한 배설물 조각을 분석한 결과 이 공룡이 당시 서식했던 거친 목질의 먹이를 씹고 소화시킬 수 있는 충분한 조건을 갖추고 있었다는 것이 밝혀졌다.

육식공룡의 분석도 발견되었는데 그중에서도 최근에 발견된 한 분석은 놀라운 사실을 알려주었다. 1998년에 캐나다 서스캐처원의 이스텐드Eastend라는 마을 근처에서 과학자들은 빵 한 덩어리 크기의 거대한 분석을 발견했다. 6500만 년이나 된 이 분석은 길이 43㎝에 두께 15㎝로 지금까지 발견된 분석 중 가장 큰 것이었다. 이것은 티라노사우루스 렉스의 분석으로 추정되고 있다. 이것을 분석해 본 결과 매우 흥미로운 사실을 알 수 있었다. 티라노사우루스가 먹이의 뼈를 그대로 삼키지 않고 씹어서 부쉈던 것으로 보이기 때문이다. 이빨은 그동안 육식공룡이 먹이를 '꿀꺽 삼켜버렸다'고 생각했던 사실과 정반대의 증거였다. 그러나 더 많은 분석이 발견되어야 이것에 관한 진실을 파악할 수 있을 것이다.

공룡도 소변을 눴을까?

공룡이 소변을 눴는지 안 눴는지 아는 사람은 아무도 없다. 그런 기능이 있다는 것을 밝혀줄 만한 부드러운 연질부는 쉽게 화석화되지 않기 때문이다. 그러나 현생 파충류와 조류가 공룡 조상과 비슷하다면 공룡 또한 소변을 눴다고 가정하는 편이

합당할 것이다. 공룡도 현생 조류, 파충류와 마찬가지로 요소나 조분석이라는 단단한 형태를 분비했을지도 모른다.

공룡의 보행렬을 통해 공룡의 식습관에 대해 알 수 있는 것은 무엇일까?

여러 개의 공룡 발자국이 화석화된 보행렬은 공룡의 식습관에 관한 정보를 제공한다. 예를 들어 텍사스에서 발견된 백악기 전기의 화석지와 볼리비아에서 발견된 백악기 후기의 화석지에서 발견된 보행렬은 수각아목 공룡 떼가 용각아목 공룡 무리를 열심히 쫓아가는 듯한 형태를 하고 있다. 호주의 백악기 화석지에서 발견된 보행렬은 100마리의 작은 코엘루로사우루스과 공룡 떼와 조각아목 공룡 떼가 거대한 수각아목 공룡 한 마리에 쫓겨 우르르 도망가고 있는 모습을 보이고 있다. 유타 주의 석탄 광산에 있는 나무 기둥 화석 주변에서는 백악기에 살았던 초식공룡 떼의 발자국이 발견되었다. 이빨은 공룡이 먹이를 찾아다녔음을 뜻한다.

화석 군집이란 무엇이고 이를 통해 알 수 있는 공룡의 식습관은 무엇일까?

화석 군집이란 여러 공룡의 화석들이 한꺼번에 발견되는 것을 뜻한다. 예를 들어 고비 사막의 사암에서 발견된 한 화석 군집은 육식성 벨로키랍토르의 화석과 초식성 프로토케라톱스의 화석이 한데 섞여 있었다. 벨로키랍토르의 발톱이 프로토케라톱스의 목과 배에 연결되어 있었고 프로토케라톱스의 턱이 자신을 공격한 포식자의 팔을 물고 있는 형태였다. 이 군집은 거대한 모래폭풍이 불어닥치면서 공격을 하던 포식자와 살아남기 위해 발버둥치던 사냥감이 한꺼번에 죽었음을 나타낸다.

몬태나 주의 15개 화석지에서는 육식공룡 데이노니쿠스의 이빨이 초식공룡 테논토사우루스의 뼈대 화석과 한데 섞여 있는 거대한 화석 군집이 발견되었다. 공룡의 경우 새로운 이빨이 자라면서 기존의 이빨이 지속적으로 빠지는데, 먹이를 심하게 물어뜯는 경우 더 많이 빠질 수 있다. 실제로 다른 공룡의 뼈대 속에서 데이노니쿠스의 이빨이 발견된 경우는 없기 때문에 테이노니쿠스가 가장 선호하던 먹이가 테논토사우루스였을 것으로 추정하고 있다.

잇자국이 공룡의 식습관에 대해 알려주는 바는 무엇일까?

공룡의 식습관을 판단하는 데 이용하는 또 다른 근거는 잇자국이다. 화석화된 공룡 뼈대에서 발견되는 홈이나 구멍은 육식공룡으로부터 공격을 받아 생긴 것이다. 그러나 대부분의 경우에는 이런 자국이 사냥감으로 희생되어 죽는 과정에서 생긴 것인지 아니면 이미 죽은 사체를 다른 공룡이 뜯어먹다 생긴 것인지는 판단할 수 없다.

한 번은 초식공룡 아파토사우루스의 뼈에서 육식공룡 알로사우루스의 이빨 간격과 일치하는 자국이 발견된 적이 있었다. 또 다른 경우에는 이빨 접합제를 이용해 트리케라톱스(초식공룡)의 골반과 에드몬토사우루스의(또 다른 초식공룡) 지골指骨에 난 자국을 본뜬 적이 있었는데 그 본은 육식성 포식자인 티라노사우루스의 화석화된 이빨과 일치했다. 티라노사우루스의 이빨이 하드로사우루스과에 속하는 초식성 히파크로사우루스Hypacrosaurus의 종아리뼈에 박혀 있는 흔치 않은 경우도 있었다. 치명적인 싸움을 벌이던 두 공룡의 뼈와 이빨이 화석화된 경우에는 당연히 어떤 것이 포식자인지 정확히 파악할 수 있다.

육식공룡이 모두 속하는 그룹은 무엇일까?

육식공룡, 즉 고기를 먹는 공룡은 모두 이족보행하는 육식동물인 수각아목에 속한다. 이 공룡들은 몸집이 큰 초식성 용각아목 공룡과 더불어 용반목 공룡을 이룬다. 이 그룹에는 몸집이 큰 티라노사우루스에서 몸집이 작은 콤프소그나투스에 이르기까지 다양한 공룡 종이 속한다.

육식공룡은 어떻게 고기를 먹게 되었을까?

수각아목으로 알려진 이 공룡들은 동물을 잡아먹고 소화시키기에 적합한 공통적인 특징을 보이고 있다. 육식공룡은 초식공룡에 비해 더 크고 더 날카로우며 더 뾰족한 이빨이 있어서 사냥감을 죽인 후 살을 뜯어 먹을 수 있었다. 뾰족한 이빨을 움직여 영양이 풍부한 먹이의 골수를 부수기 위해서는 튼튼한 턱과 근육이 필요했다.

육식공룡은 또한 발톱이 달린 발을 이용해 먹이를 베었다. 이런 식으로 진화한 전형적인 공룡으로는 커다란 갈고리처럼 생긴 발톱을 가진 드로마에오사우루스과 공룡이 있다. 두 발로 걸었던 수각아목은 팔과 손이 자유로웠기 때문에 먹이를 손으로 잡을 수 있었다. 수각아목은 주로 손가락에 달린 손톱을 이용해 사냥감을 베고 잡았다. 또한 두 발로 걸었기 때문에 병들거나 약한 사냥감을 쫓아서 잡을 수 있을 만큼의 속도와 민첩성을 갖췄다. 수각아목은 시력이 좋았고 후각이 예민했으며 몸집에 비해 뇌가 컸기 때문에 사냥감의 전략을 감지할 수 있었던 것으로 보인다.

초식공룡은 어떻게 식물을 먹게 되었을까?

초식공룡은 나무나 숲에서 딴 식물을 씹지 않고 통째로 삼키기만 했다. 초식공룡은 섬유질의 거친 식물을 소화시켰기 때문에 육식공룡보다 소화관이 더 크고 더 울퉁불퉁했다. 안킬로사우루스 같은 일부 초식공룡은 몸에 소화관뿐만 아니라 발효실까지 갖추고 있어서 거친 섬유질이 박테리아에 의해 분해될 수 있었다. 뿐만 아니라 소화관에 위석, 즉 '모래주머니 돌'이 있는 공룡도 있었는데 이빨은 섭취한 식물이 소화되기 쉽도록 섬유질이 많은 식물을 가는 역할을 했다(흥미롭게도 이 방법은 조류가 돌을 삼켜 소화관 속에 들어 있는 섭취한 음식물을 가는 방식과 비슷하다). 이런 돌들은 공룡이 일부러 삼킨 것인데, 초식공룡의 화석에서 자주 발견된다. 이런 습성은 식물을 쉽게 소화시키기 위한 사전 작업에 해당된다.

오리주둥이 공룡인 하드로사우루스처럼 다른 초식공룡들은 먹이를 삼키기 전에 잘게 다지는 특별한 이빨이 있었다. 트리케라톱스 같은 각룡하목은 날카로운 이빨과 튼튼한 턱을 가졌기 때문에 거친 식물을 잘라낼 수 있었다. 또한 볼 주머니가 있어서 나중에 섭취하도록 음식을 저장할 수 있었던 초식공룡도 있다. 이들은 특정한

코리토사우루스과 공룡 같은 오리주둥이 공룡은 입 안에 특별한 이빨이 나 있어서 식물을 잘게 다질 수 있었다.(Big Stock Photo)

식물만 섭취했던 것으로 짐작되는데 특히 오늘날 존재하는 구과식물, 종자식물, 쇠뜨기, 양치식물, 소철 등의 조상을 섭취했던 것 같다.

잡식공룡에는 어떤 것이 있을까?

잡식공룡은 식물과 고기를 모두 먹는 공룡을 뜻한다. 잡식공룡으로 알려진 것은 많지 않은데 오르니토미무스가 이에 해당된다. 오비랍토르도 잡식공룡이었던 것으로 보이지만 새로운 화석이 발견되면 이 의견도 바뀔지 모른다. 잡식공룡의 먹이로는 다양한 종류의 식물과 곤충, 알, 작은 동물 등이 있다. 잡식공룡이 많지 않았던 이유는 주변 서식지에 있던 식물이나 동물의 수가 갑자기 줄어드는 바람에 살아남기 위해 어쩔 수 없이 두 가지를 모두 섭취해야 했던 경우에만 잡식으로 변했기 때문일 것이다. 또한 주변의 식물을 먹으면서 의도하지 않게 곤충과 작은 동물까지 섭취하게 되면서 우연히 잡식성으로 변했다고 보는 의견도 있다.

발견된 공룡 화석 중에 위 내용물이 화석화된 경우도 있을까?

드물긴 하지만 공룡의 위장에 남아 있던 것이 수천만 년이 지난 후 발견된 적이 있었다. 그중에서도 가장 좋은 예는 육식공룡의 화석에서 찾아볼 수 있다. 콤프소그나투스라는 육식공룡의 내장 부위에서 도마뱀(바하리아사우루스^{Bavaisaurus})의 화석화된 뼈대가 발견되었는데 이 공룡의 마지막 식사였다. 또한 코엘로피시스 화석의 내장 부위에서는 다른 코엘로피시스 공룡의 화석화된 뼈대가 발견되기도 했다. 이빨은 이 공룡이 같은 종족을 잡아먹기도 했다는 사실을 나타낸다. 이것이 사냥으로 인한 결과인지 아니면 남은 고기를 뜯어먹은 결과인지는 밝혀지지 않았다.

초식공룡의 위 내용물은 식물의 유기질 때문에 육식동물만큼 확실하게 파악할 수는 없다. 초식공룡의 경우에는 1900년대 초에 에드몬토사우루스의 화석화된 체강에서 구과식물의 씨앗과 잔가지, 잎이 발견된 경우가 있다. 그러나 그것이 실제 위 내용물인지 아니면 죽은 공룡의 사체를 뒤덮은 잔해에 불과한 것인지는 확인할 길이 없다.

공룡을 잡아먹으며 산 동물이 있었을까?

있었다. 2005년도에 중국에서 발견된 1억 3000만 년 전의 포유동물 화석이 이 중요한 사실을 뒷받침해준다. 레페노마무스 로부스투스^{Repenomamus robustus}라고 알려진 고양이 크기의 포유동물 화석의 위장 속에 조그만 공룡이 보존되어 있었던 것이다. 이것은 포유동물이 공룡을 잡아먹고 살았다는 직접적인 증거를 보여주는 최초의 화석이었다.

공룡의 움직임

공룡의 움직임을 연구할 때는 주로 어떤 점을 살펴볼까?

공룡의 움직임을 연구할 때는 일반적인 공룡의 자세, 평균 속도와 최대 속도, 그리고 사냥 습관 또는 이동 습관을 가장 우선시한다.

공룡의 움직임에 관한 증거에는 어떤 것이 있을까?

공룡의 움직임을 이해하는 데 도움이 되는 증거로는 일치, 유사, 발자국이 있다.

일치란 조상이 같은 동물과 해부학적 구조를 비교하는 것이다. 공룡에 관한 증거의 대부분이 뼈이기 때문에 뼈대와 근육을 재구성하면 공룡의 움직임을 이해하는 데 매우 유용하다. 이때 최대한 정확하게 재구성을 하기 위해 과학자들은 현생 동족체를 이용한다. 그러나 안타깝게도 조류, 크로커다일처럼 공룡과 가장 가까운 친척에 해당되는 동물은 모두 진화를 거치면서 구조가 상당히 변형되었기 때문에 공룡과 직접적으로 비교하기 어렵다.

다른 방법으로는 일치하는 점뿐만 아니라 비슷한 구조에, 움직임이 비슷할 것 같은 현생 동물의 움직임을 관찰하기도 하는데 이를 유사라고 한다. 예를 들어 오르니토미무스과의 움직임은 타조의 움직임을 토대로 추정하는데 이 현생 조류가 오르니토미무스과와 비슷한 구조이기 때문이다. 커다란 용각아목의 움직임은 현생 코끼리의 움직임을 근거로 추정한다. 그러나 이러한 유사점은 과학자가 관찰하는 구조가 실제로 비슷한 경우에만 유효하다. 따라서 이 또한 공룡의 실제 움직임이나 행동을 진정으로 나타내는 것이 아닐 수도 있다. 타조는 수각아목 공룡이 아니며 코끼리도 용각아목 공룡은 아니기 때문이다.

공룡의 움직임을 알아낼 수 있는 세 번째 근거이자 가장 직접적인 근거는 공룡의 족적 화석을 살펴보는 것이다. 이런 화석 기록은 이미 오래 전에 멸종한 공룡의 빠르기와 걸음걸이, 자세는 물론 때로는 행동에 관한 단서도 풍부하게 제공한다.

이런 발자국을 통해 추정할 수 있는 움직임을 토대로 공룡의 습성에 관한 근거를 얻기도 한다. 예를 들어 꼬리가 끌린 자국이 없다는 것은 공룡이 똑바로 서서 걸었다는 증거이다. 또한 일부 보행렬은 특정한 공룡이 무리지어 다녔다는 사실을 나타내기도 한다.

공룡의 움직임을 판단할 때 고려해야 할 주요 요소는 무엇인가?

공룡의 움직임을 판단할 때 고려해야 할 가장 중요한 요소는 공룡의 자세이다. 공룡의 자세를 정확하게 알지 못하면 일치, 유사, 보행렬, 또는 이 모든 것을 조합해서 유추한 공룡의 움직임이 잘못되거나 완전히 틀릴 수 있다.

족적 화석을 연구한 결과 공룡이 똑바로 서서 걸었으며 다리가 몸 바로 아래쪽에 있었다는 것을 알 수가 있었다. 이런 구조는 사지가 옆에 달리고 윗 뼈들이 땅과 거의 평행으로 뻗어 있는 현생 동물과 유사한 움직임을 보인다. 놀랍게도 이 자세는 기어다니는 도마뱀보다 현생 동물과 더 비슷하다.

그러나 이런 똑바른 자세에도 여러 종류가 있어서 각각 독특한 움직임을 보인다. 뒷다리만 이용해 두 발로 걸었던 공룡이 있었는가 하면 네 발을 모두 이용해 사족 보행한 공룡도 있었다. 또 주로 네 발로 걸어 다니면서 가끔씩 두 발로 섰던 공룡도 있었다. 이와는 반대로 주로 두 발로 걸어 다니면서 때에 따라서 네 발로 걸었던 공룡도 있었다. 결국 공룡마다 자세에 따라 움직임과 행동이 모두 달랐다.

공룡 보행렬이란?

공룡 보행렬은 공룡의 족적 화석을 말하는 것으로 전 세계 곳곳에서 발견되었다. 이런 보행렬은 공룡(그리고 다른 동물이)이 부드러운 침전물이나 바닷가, 강가, 연못가, 호숫가 등의 모래사장을 따라 걸을 때 생긴 것이다. 동물이 걷고 난 즉시 발자국이 침전물에 묻힌 경우 화석이 될 수 있었다(발자국 분류군이라고도 불린다). 바닷가나 강가, 연못, 호숫가 등은 물과 먹이를 얻기에 좋은 곳이었다. 초식공룡이 먹을

과학자들은 해부학적 구조와 족적 화석을 분석하고 현생 동물과 비교하여 데이노니쿠스 안티로푸스 (Deinonychus antirrhopus) 같은 공룡들의 움직임에 관한 여러 가지 학설을 세운다.(Big Stock Photo)

수 있는 식물이 무성했고 육식공룡이 먹을 수 있는 동물이 많았기 때문에 온갖 종류의 공룡이 이런 곳을 지나다녔을 것이다(발자국을 연구하는 과학 분야를 족적 화석학이라고 한다).

　하지만 공룡의 보행렬이 가진 문제점은 발자국이 어느 공룡의 것인지 구분할 수가 없다는 것이다. 발자국이 두 발 공룡의 것인지 네 발 공룡의 것인지, 그리고 용각아목의 것인지 수각아목의 것인지 정도만 판단할 수 있다. 어쩌면 발자국만 보고 알아낼 수 있는 것은 그게 전부일지도 모른다.

최근에 스코틀랜드와 와이오밍에서 발견된 비슷한 보행렬은 무엇일까?

세 발가락을 가진 공룡의 보행렬이 스코틀랜드와 와이오밍에서 발견되었다. 두 대륙에서 동일한 공룡 발자국을 발견한 적이 전혀 없었기 때문에 이는 매우 드문 경우라고 할 수 있다. 1억 7000만 년 전 쥐라기에 생긴 이 발자국을 세세하게 측정한 결과 두 보행렬 화석은 매우 유사했기 때문에 동일한 종류의 공룡의 것으로 보고 있다. 현재의 와이오밍과 스코틀랜드의 거리가 쥐라기에는 불과 몇천 킬로미터에 불과할 정도로 매우 가까웠기 때문에 같은 종의 공룡이 지금의 전혀 다른 두 대륙을 이동하며 살았을 가능성이 있다. 그러나 모두가 이 의견에 동의하는 것은 아니다. 두 지역의 위도가 비슷했기 때문에 다른 공룡 종임에도 서로 비슷한 형태로 나타났던 것뿐이라는 의견도 있다.

미국에서 최초로 공룡 발자국이 발견된 곳은 어디였을까?

미국에서 최초의 공룡 족적 화석은 1800년도에 플리니 무디$^{Pliny\ Moody}$에 의해 매사추세츠에서 발견되었다. 0.3m 길이의 이 공룡 발자국은 플리니의 농장에서 발견되었는데 처음에는 성경에 등장하는 '노아의 방주' 속 '노아의 까마귀' 발자국이라고 생각했다. 1800년대 초에는 뉴잉글랜드의 여러 채석장에서 다른 공룡의 발자국도 발견되었는데 대수롭지 않게 여기는 바람에 채석 과정 중에 대부분 파괴되었다.

공룡 발자국이 가장 좋은 상태로 남겨지려면 어떤 조건이 뒷받침되어야 할까?

최근 실시된 연구에 의하면 새로운 진흙 속에서는 발자국이 잘 남지 않는다고 한다. 그보다는 오래된 진흙 위에 막이 덮여 있는 경우 발자국이 가장 잘 남는다.

오래되지 않은 진흙은 끈적끈적하고 쉽게 흘러버린다. 때문에 새롭고 끈끈한 진흙이 발에 달라붙어 기껏해야 발자국의 일부만 남게 된다. 또한 발을 들어 올렸을 때 주변의 진흙이 발자국 속으로 흘러들어 간다. 대부분의 공룡 발자국은 대개

조건만 적절하게 유지된다면 공룡의 발자국도 수억 년 동안 보존될 수 있다. 이런 발자국이 발견되면 공룡의 해부학적 구조와 행동에 관한 많은 사항을 알아낼 수 있다.(iStock)

이런 종류의 진흙 속에 남겨졌기 때문에 발자국만으로 공룡의 종을 판단하기가 어렵다.

그와는 반대로 오래되고 막이 덮여 있는 진흙은 발자국의 자세한 사항까지 그대로 보존할 수 있다. 이런 진흙은 연못 주변에서 주로 발견되며 때로는 해조와 박테리아로 인해 초록빛 막이 덮여 있는 경우도 있다. 실험 결과 이런 막이 결합제 역할을 하는 것으로 나타났다. 이 막 때문에 발을 떼고 난 후에도 진흙이 발자국 속으로 흘러 들어가지 않는다. 이 막은 또한 진흙이 발에 달라붙지 않게 해주는 이형제 역할도 하기 때문에 깊은 발자국 속에 자세한 사항까지 그대로 남게 된다. 뿐만 아니라 이 막 덕분에 진흙이 빨리 마르지 않기 때문에 발자국이 남겨질 수 있는 것이다.

이런 막으로 덮인 진흙에 남겨진 발자국은 매우 또렷하고 깊으며 보존 상태가 좋아 해부학적 사항이 풍부하게 담겨 있다. 가장 잘 알려진 공룡 발자국은 아마도 이런 상태에서 만들어졌을 것이다.

북미에서 발견된 가장 큰 공룡 보행렬은 무엇일까?

가장 큰 공룡 보행렬 중에 메가트랙Megatrack 이라는 것이 있다. 이는 수백 킬로미터, 아니 수천 킬로미터에 달하는 보행렬이 남겨진 암석을 가리키는 말인데 쥐라기와 백악기에 북미에 남겨진 화석지 가운데 그런 메가트랙이 있었다. 예를 들어 유타 주 동부에 있는 엔트라다 사암층Entrada sandstone beds에 남겨진 보행렬은(쥐라기중기의 것) 약 300㎢의 면적에 펼쳐져 있다. 이 발자국의 밀도는 1㎡ 당 1~10개인 것으로 추정된다. 또 다른 메가트랙은 콜로라도 주 푸르가토르 리버 밸리Purgatoire River Valley에 있는데 약 1억 5000만 년 전의 공룡 보행렬이 남겨져 있다. 이 지역은 한때 거대한 민물호수가 있었던 곳이었기 때문에 공룡들이 호숫가를 따라 진흙 위를 걸어 다니며 어마어마한 보행렬을 남겼을 것이다. 피켓와이어 캐년랜즈Picketwire Canyonlands에는 1,300개 이상의 암석으로 굳어진 공룡의 발자국이 발견되었다.

북미 이외의 지역에서 발견된 가장 큰 공룡 보행렬에는 어떤 것이 있을까?

북미 외에도 전 세계 곳곳에서 공룡의 보행렬이 발견되었다. 예를 들어 포르투갈 카보 에스피첼Cabo Espichel의 라고스테이로스 베이Lagosteiros Bay에는 쥐라기 전기에 생긴 다양한 발자국들로 이루어진 거대한 보행렬이 발견되었다. 이 보행렬에는 절뚝거리며 걸었던 용각아목 공룡과 무리를 지어 움직인 용각아목 공룡들의 발자국을 비롯해 수많은 공룡의 발자국이 포함되어 있다.

공룡의 발자국을 통해 공룡의 보행에 관해 알 수 있는 것은?

공룡의 보행렬을 통해 공룡의 습성에 관한 몇 가지를 파악할 수 있다. 용각아목 공룡의 경우 대개 한 마리 이상의 공룡이 같은 방향을 향해 이동하고 있었는데, 이것은 무리를 지어 다니는 습성이 있거나 아니면 다른 곳으로 대이동을 하면서 생긴 것으로 볼 수 있다. 보행렬에 따라서는 거대한 수각아목 공룡의 발자국이 포함된 것도 있는데 떼를 지어 커다란 용각아목 공룡을 쫓아가던 것으로 짐작된다.

공룡 보행렬을 보면 발자국의 주인이 네 발로 걷고 달렸는지, 아니면 두 발로 다녔는지 알 수 있다. 또한 어떤 공룡은 한 발로 다른 발 바로 앞쪽을 디디며 똑바로 선 자세로 걸어 다녔다는 것을 알 수 있는 경우도 있다. 뿐만 아니라 어떤 공룡들은 뛸 때는 빠르게 뛰고 걸을 때는 천천히 걸었다는 것을 알 수 있는데 이는 아마도 공룡이 천천히 배회하거나 숲을 헤치고 걸어가거나 빨리 걸어가거나 사냥감을 쫓아가거나 아니면 포식자로부터 도망가느냐에 따라 달랐을 것이다. 흥미로운 점은 현재까지 남겨진 꼬리 자국이 거의 없다는 것이다. 이것은 공룡이 꼬리를 끌고 다니지 않았음을 뜻하며 대부분의 공룡은 꼬리를 똑바로 세우고 다녔던 것 같다.

공룡 고속도로란 무엇이고 어디에 있을까?

공룡 고속도로Dinosaur Freeway는 로키 산맥의 프런트 레인지Front Range에 새겨져 있는 거대한 공룡 발자국 보행렬을 말하는데 콜로라도 주의 보울더Boulder 주변에서부터 뉴멕시코 동부까지 이어져 있다. 백악기 중기에 이 지역은 넓은 해변이 있는 해안 평야였기 때문에 물과 먹이가 풍부했을 것이다.

공룡이 우르르 도망간 흔적이 남아 있는 곳은 어디일까?

공룡이 우르르 도망간 흔적은 1960년도에 호주에서 발견되었다. 털리 레인지Tully Range의 침식된 가장자리에 위치한 윌튼Wilton 남쪽의 라크 쿼리 환경 공원Lark Quarry Environment Park 암석 속에 수백만 개의 공룡 발자국이 보존되어 있다. 이 발자국은 공룡이 선사시대 호숫가의 진흙 위를 걸었을 때 생긴 것이다.

여느 동물과 마찬가지로 이 발자국의 대부분은 거대한 육식동물이 호숫가를 따라 사냥감을 쫓을 때 생겼다. 특히 커다란 카르노타우루스들이 코엘루로사우루스과 공룡과 조각아목 공룡 떼를 쫓은 흔적이 있다. 또 카르노타우루스가 진흙으로 된 해안가를 따라 불쌍한 사냥감을 추격하며 공격하는 바람에 주변에 있던 공룡이 모두 놀라 도망간 흔적도 남아 있다. 육식공룡이 살았던 커다란 호수는 찾아볼 수 없지만 이 지역에는 아직도 위험이 도사리고 있다. 거친 지형으로 인해 이 공원에 접근하기가 쉽지 않기 때문이다.

보행렬을 보고 어떻게 공룡의 빠르기를 가늠할 수 있을까?

어떤 종류의 공룡이 어떤 보행렬을 만들었는지 판단하기는 어렵지만 발자국을 통해 공룡의 상대적인 빠르기를 가늠할 수는 있다. 발자국과 발자국 사이의 거리와 보행렬의 크기를 측정하면 처음 생각했던 것보다 훨씬 더 빨리 달렸던 공룡이 있었다는 것을 알 수 있다. 즉 공룡이 느리고 천천히 움직였다는 오랜 학설이 항상 옳은 것은 아니라는 사실을 보행렬을 통해 알 수 있다.

과학자들이 측정한 공룡의 속도는 어느 정도일까?

과학자들이 보폭과 발자국 길이를 측정하여 속도를 계산한 공룡은 60여 종이나 된다. 이런 계산을 할 때는 공룡이 발자국을 남겼을 당시에 어떤 식으로 걸었는지를 생각해야 한다. 걷는 것과 뛰는 것, 그리고 걷다가 뛰기 시작하거나 뛰다가 걷기 시작하는 순간의 차이를 염두에 두어야 하기 때문이다. 또한 공룡의 실제 다리뼈 길이는 다양한 공룡의 합리적인 속도를 결정하는 데 도움이 된다. 예를 들어 티라노사우루스 렉스 다리의 대퇴골과 경골뼈 길이가 비슷하다는 것은 짧은 대퇴골과 긴 경골을 가진 오르니토미무스과 공룡만큼 빨리 걷지 못했다는 사실을 뜻한다. 이 모든 점을 고려하여 일부 공룡의 속도를 산출하면 다음과 같다.

공룡의 속도

공룡	최대 속도(시속)
오르니토미무스과	60
작은 수각아목과 조각아목	40
각룡하목	25
큰 수각아목, 조각아목	20
용각아목	12~17
갑옷 공룡 (예: 안킬로사우루스과, 스테고사우루스과)	6~8

인간은 약 시속 23km로 달릴 수 있다.

공룡의 이동 속도는 어떻게 계산할까?

먼저 보행렬에 난 발자국과 발자국 사이의 거리(보폭)와 발자국 자체의 길이를 측정한다. 그런 다음 발자국의 길이에 항수를 곱하여 다리의 길이를 가늠한다. 예를 들어 수각아목의 경우에는 4.5 정도의 항수를 곱한다. 이렇게 계산한 다리 길이로 측정된 보폭을 나누면 상대보폭을 얻을 수 있다. 그 값을 표준 그래프와 대비해 특정한 공룡의 무차원 속도를 구한다. 실제 속도를 구하기 위해서는 무차원 속도와 계산한 다리 길이, 중력의 가속도가 모두 필요하다. 그러면 우리에게 좀 더 익숙한 시속을 구할 수 있다.

보행렬을 기준으로 했을 때 가장 빠른 공룡은?

지금까지 발견된 많지 않은 보행렬을 근거로 가장 빠른 공룡을 파악한다는 것은 어려운 일이지만 그렇다고 보행렬의 분석을 통하여 알아낸 정보가 전혀 없는 것은 아니다. 가장 빠른 공룡은 아마도 몸집이 작고 두 발로 걸었던 육식공룡으로 추정되는데 그중에서도 특히 가늘고 긴 뒷다리와 몸이 가벼운 것들이 가장 빨랐을 것이다. 이렇게 민첩한 공룡들은 현생 육지동물 중 가장 빠른 것과 비슷한 속도로 달렸을 것으로 예상된다. 오르니토미무스는 시속 70km로 달렸을 것으로 추정되는데 이는 현생 아프리카 타조의 속도와 비슷한 수준이다.

레드협곡 공룡 트랙사이트가 알려준 것은 무엇일까?

와이오밍 주의 미국 내무부 토지 관리국[BLM] 땅에 있는 레드협곡 공룡 트랙사이트[Red Gulch Dinosaur Tracksite]를 연구한 결과 그런 발자취를 남긴 공룡과 쥐라기 중기의 그 지역 환경, 퇴적층이 쌓인 상태 등 많은 점을 알아낼 수 있었다. 이 모든 단서가 작은 공룡에서 큰 공룡에 이르기까지 공룡 세계를 재구성하는 데 도움이 될 것이다. 과학자들은 계속해서 보행렬을 남긴 공룡이 어떤 종인지 파악하는 것은 물론 그런 공룡들이 두 발 동물인지 네 발 동물인지 파악하기 위해 연구하고 있다. 이 발자국들은 해당 공룡이 혼자 살았는지 아니면 무리를 지어 함께 살았는지 여부 등 습성에 관한 증거도 보여준다.

이 화석지를 방문할 수는 있지만 이 지역의 대부분은 BLM에서 관리하고 있다. 따라서 취미로 규화목을 수집하는 정도만 가능하다. 이 화석지에서 발견된 무척추동물, 식물 화석, 척추동물 화석은 BLM의 수집 허가 절차를 거친 신탁 기관에서 보관하고 있다.

공룡들은 무리지어 다녔을까?

그렇다. 떼 지어 살고 무리가 다 같이 이동했던 공룡이 분명 있었는데 아마도 '수가 많아야 안전'하기 때문이었을 것이다. 공룡의 보행렬과 대량학살이 일어났다는 사실을 뒷받침하는 수많은 공룡의 뼈 모음(한 곳에서 많은 양의 공룡 뼈들이 발견된 곳)을 토대로 이런 습성을 유추한다.

공룡의 보행렬에 포함된 여러 개의 발자국을 보면 특히 많은 초식공룡이 무리를 지어 이동했던 것으로 보인다. 이런 발자국들은 또한 여러 초식공룡이 무리의 한가운데에 어린 공룡을 두었다는 사실도 보여주는데 (코끼리와 들소 떼처럼) 아마도 어린 공룡을 보호하기 위해서였을 것이다.

수많은 공룡 화석이 한꺼번에 발견된 경우도 있는데 이는 수십 마리의 공룡이 한 곳에서 죽었음을 뜻한다. 이런 공룡 뼈 모음은 무리지어 다니던 공룡의 습성을 보여주는 증거라고도 할 수 있다. 무리를 지어 다녔음에도 불구하고 공룡들이 한꺼번에 즉사했다는 사실을 알 수 있는 경우가 있는데 아마도 큰 홍수나 화산 폭발 또는 거대한 모래 폭풍 때문이었을 것이다.

예를 들어 약 100마리의 스티라코사우루스라는 초식공룡의 골층이 발견된 적도 있고 수십 마리의 프로토케라톱스와 트리케라톱스 떼의 뼈가 발견된 적도 있다. 마이아사우라(하드로사우루스과)라는 한 초식공룡도 무리를 지어 살면서 매년 같은 보금자리로 되돌아왔던 것 같다. 약 1만 마리의 마이아사우라 공룡 뼈가 몬태나 주에서 발견되었다. 이 공룡들은 모두 갑자기 죽었는데 화산이 폭발하면서 화산 가스에 질식한 것으로 보인다. 이런 경우 공룡들의 사체는 화산재로 두껍게 덮였을 것이다.

공룡은 대이동을 했을까?

그렇다. 일부 현생 동물과 마찬가지로 대이동을 했던 공룡이 있다. 이런 공룡들은 현생 동물처럼 계절이 바뀌면서 새로운 먹이를 찾거나 짝짓기를 할 새 보금자리를 찾아 대이동을 했다. 보행렬과 떼 지어 죽은 거대한 뼈 모음을 토대로 대이동의 패턴을 유추할 수 있다.

공룡은 무리지어 사냥했을까?

그렇다. 특정 육식공룡은 무리지어 사냥하는 습성이 있었던 것으로 보인다. 티라노사우루스 렉스, 기가노토사우루스처럼 거대한 수각아목은 현생 사자와 비슷하게 무리지어 사냥했다는 증거가 있다.

얼마 전 아르헨티나에서 어마어마한 기가노토사우루스의 뼈 모음이 발견되었다. 기가노토사우루스는 몸길이가 최대 13.7m이고 체중이 약 7t이나 나가는 거대한 공룡이다. 네다섯 마리의 기가노토사우루스의 뼈가 한꺼번에 발견된 것을 보면 이 공룡들은 파타고니아 평야에서 빠르게 흐르는 강물에 의해 휩쓸려 죽은 것 같다. 뼈들을 살펴본 결과 두 마리는 몸집이 매우 컸고 다른 것들은 그보다 작았다. 이것은 이 공룡들이 집단사냥과 같은 일종의 사회적 행동을 했다는 증거라고 할 수 있다. 집단에 속한 공룡들은 저마다의 능력을 다양하게 가지고 있어 집단사냥을 하면 작은 동물과 큰 동물을 모두 잡을 수 있었을 것이다.

드로마에오사우루스과 공룡, 즉 '맹금'의 일부가 그룹 사냥을 했다는 또 다른 근거도 있다. 백악기에 북아메리카 서부에 살았던 체고 1.8m 길이 2.8m의 포식자인 데이노니쿠스라는 공룡의 화석이 처음 발견되었을 때 이 육식공룡의 다수가 커다란 초식공룡인 테논토사우루스^{Tenontosaurus}의 뼈대 근처에 있었다. 이 포식자들은 커다란 공룡을 잡아먹기 위해 사투를 벌이던 중에 죽었으며, 무리지어 사냥했던 것으로 보인다.

공룡 중에 나무에 오르거나 나무에서 살았던 것은?

공룡 중에 나무를 기어오르거나 나무에서 살았던 것으로 알려진 것은 없다. 한때 작은 초식성 조각하목 공룡인 힙실로포돈이 새의 발처럼 다른 발가락의 맞은편에 큰 발가락이 하나 나 있는 것으로 추정되었다. 이렇게 잘못된 가정을 바탕으로 과학자들은 이 공룡이 현생 호주 나무 캥거루와 비슷하게 나뭇가지 위에서 살았을 것으로 짐작했었다. 그러나 이 공룡의 실제 발의 뼈 구조가 발견되자 힙실로포돈이 나무에서 살았던 것이 아니라 빠르기와 민첩성을 이용해 포식자들로부터 도망쳤던 날쌘 육지 공룡이라는 사실을 알 수 있었다.

중국에서 발견된 미크로랍토르처럼 깃털 달린 공룡 중에는 나무에서 나무로 날아다니거나 나뭇가지를 잡는 데 긴 발가락을 이용한 공룡이 있었을 것이다. 미크로랍토르는 포식자에게서 도망치거나 더 좋은 먹이를 찾기 위해 이런 식으로 진화했을지도 모른다. 그러나 공룡이 나무에서 살았거나 나무를 기어올랐다고 확신하기 위해서는 더 많은 근거가 필요하다.

날아다니는 공룡도 있었을까?

날아다니는 비조류 공룡이 발견된 적은 없지만 공룡이 살던 시대에 날아다니는 동물이 있기는 했다. 무엇보다 가장 수가 많았던 것은 익룡이다. 공룡과 동시대에 살았던 익룡은 중생대에 존재했는데, 조룡에서 진화했으며 공룡의 가까운 친척으로 추정된다. 육지를 지배했던 것이 공룡이라면 하늘을 지배했던 것은 익룡이었다.

공룡과 조류가 관련이 있다는 점에 대해 아직도 많은 논쟁이 일고 있다. 그러나 공룡과 조류가 정말로 가까운 친척이라면 날아다니는 공룡, 즉 조류가 나타나 하늘을 날아다니면서 오늘날까지 존재하는 것일지도 모른다.

거대한 용각아목인 아파토사우루스(예전에는 브론토사우루스로 알려졌었다)의 꼬리 끝은 어떤 기능을 했을까?

아파토사우루스는 14m 길이의 긴 꼬리를 가죽 채찍처럼 움직이면서 1.8m에 달하는 길고 가는 꼬리 끝으로 큰 소리를 냈을 것이다. 최근에 컴퓨터 모델을 이용해 아파토사우루스 꼬리의 움직임과 채찍의 움직임을 비교한 적이 있었다. 그 결과 둘의 움직임은 비슷하기만 한 것이 아니라 비교적 천천히 움직이는 꼬리의 뿌리 부분 때문에 꼬리 끝이 초음속의 속도로 움직였을 것이란 사실이 밝혀졌다. 그렇다면 꼬리 끝으로 약 200dB의 커다란 음속 폭음을 냈다는 것인데 이는 제트기가 이륙할 때 나는 140dB보다도 큰 소리이다.

과거에는 아파토사우루스 같은 용각아목 공룡의 꼬리가 주로 균형을 잡거나 경쟁자를 때리는 목적으로 이용되었을 것이라고 생각했다. 그러나 꼬리의 끝부분이 작고 약한 뼈로 이루어져 있어 싸움에 이용하는 경우 쉽게 부러질 수 있다. 현재는 꼬리 끝부분으로 커다란 소리를 내어 포식자들을 쫓아버리거나 무리 중에 우두머리가 되거나 다툼을 해결하거나 심지어 짝을 찾는 데 이용했을 것으로 보고 있다.

아파토사우루스의 길고 튼튼한 꼬리는 균형을 잡는 데 이용되었을 것이다. 또한 더 좋은 먹이를 잡거나 포식자들에게 좀 더 위협적으로 보이기 위해 뒷다리를 들고 일어설 때 꼬리가 도움이 되었을지도 모른다.(iStock)

공룡의 새끼

공룡알은 어떻게 생겼을까?

과학자들은 공룡알 화석도 수집했는데, 한번은 둥지 같은 곳에서 10여 개의 알이 발견된 적도 있다. 화석화된 공룡알은 대개 알이 발견된 암석의 색을 띤다. 공룡 뼈 화석과 마찬가지로 공룡알의 성분도 오랜 시간을 거쳐 화석화되면서 미네랄로 바뀌었다.

알이 화석화되긴 했지만 과학자들은 공룡알이 현생 조류나 파충류, 원시 포유동물의 알과 비슷하게 생겼다는 사실을 밝혀냈다. 알의 대부분은 둥글거나 타원형이었으며 단단한 껍질이었다. 또한 어린 새끼 공룡이 알 속에서 자랄 수 있도록 일종의 '개인 연못'처럼 수분을 유지해주는 양막이 알 속에 들어 있었다. 이 밖에도 공룡알은 여러 면에서 다른 알들과 비슷했다. 껍질의 표면으로는 새끼가 사는 데 필요한 가스가 출입할 수 있었으며(화석화된 알의 다수가 얼룩덜룩한 표면을 가지고 있었는데 이는 껍질에 구멍이 나 있었다는 것을 뜻한다) 세상에 태어날 때가 되면 새끼가 스스로 껍질을 깨고 나왔다.

공룡의 알이 부드럽고 유연했는지 아니면 단단한 껍데기를 가졌었는지 아는 사람은 아무도 없다. 알을 품는 어미나 물질의 무게를 지탱하려면 알껍데기가 비교적 단단해야 했을 것이다. 그러면서도 필요한 가스가 드나들 수 있어야 했다. 단단한 껍데기를 가진 알이 화석화되었을 가능성이 크므로 발견된 공룡알이 모든 공룡알을 대표하는 것은 아닐 것이다.

공룡은 모두 알을 낳았을까?

고생물학자들이 파악한 바에 의하면 모든 공룡은 알을 낳았다. 공룡알 화석은 1869년에 프랑스에서 최초로 발견되었는데 모두가 그것을 공룡의 알로 여긴 것은 아니었다. 지금이야 어느 정도 분명해 보이지만 공룡이 둥지를 틀고 알을 낳았다는 사실에 동의하기까지는 오랜 시간이 걸렸다. 공룡이 알을 낳았다는 증거는 1920년대에 고비 사막에서 발견되었다. 프로토케라톱스 무리의 둥지와 알들이 발견되었던 것이다. 그 이후로도 미국, 프랑스, 몽골, 중국, 아르헨티나, 인도 등 전 세계 200여 지역에서 다양한 공룡의 알 화석이 발견되었다.

그러나 현생 파충류 중에는 몸 밖으로 알을 낳지 않는 것도 있다는 점을 주목해야 한다. 그런 파충류들은 몸 밖이 아니라 몸 안에 알을 간직한 채 부화해서 새끼를 낳게 된다(이것을 난태생이라고 한다). 일부에서는 이것이 추운 기후에 적응한 결과라고 주장한다. 이런 주장에 대해 큰 논란이 일고 있기는 하지만(사실 물리적인 근거가 발견된 적은 없다) 극지방에 살았던 공룡은 이런 식으로 번식했을지도 모른다.

한 무더기의 공룡알이 최초로 발견된 곳은 어디일까?

동식물 연구가 로이 챕프만 앤드류스$^{Roy\ Chapman\ Andrews}$(1884~1960)가 1922년 알타이 산맥 남쪽의 고비 사막에서 한 무더기의 공룡알을 최초로 발견했다. 이 공룡알들은 그 지역에서 화석 층이 가장 많이 발견된 넴겟 지층$^{Nemget\ Formation}$이라는 퇴적층에서 발견되었는데, 작은 뿔이 달린 프로토케라톱스 공룡의 뼈대 화석이 100여 개 이상 발견된 곳이기도 하다.

다른 공룡알 무더기도 발견되었을까?

그렇다. 전 세계 수백여 곳에서 공룡알 무더기가 발견되었다. 예를 들어 아르헨티나 파타고니아 북서부의 한 외진 곳(아우카 마후이다$^{Auca\ Mahuida}$)에서 무수히 많은 알들이 발견되었다. 가로 91m, 세로 183m 넓이의 공간에서 과학자들이 발견한 알들은 모두 195무더기였다.

현재까지 발견된 가장 큰 공룡알은?

지금까지 발견된 공룡알 중에서 가장 큰 것은 길이 30㎝에 너비 25㎝로 무게는 약 7㎏이었을 것이다. 이 알은 1억 년 전에 살았던 초식공룡인 거대한 힙셀로사우루스의 알로 짐작된다. 이에 비해 가장 큰 새(날지 못하는 가장 큰 새)의 알은 아프리카 타조 알로 길이는 17㎝에 너비가 14㎝이며 무게는 최대 1.4㎏까지 나간다.

현재까지 발견된 가장 작은 공룡알은?

지금까지 발견된 알 중에서 가장 작은 공룡알은 중국에서 발견되었다는 주장이 있다. 발견된 총 네 개의 알 중에서 두 개에는 수정된 새끼 공룡의 유해가 담겨 있었는데 이 알들은 가장 작은 공룡일 가능성이 있는 미크로랍토르의 것이었다. 오색방울새의 알 크기 정도였으며 길이가 약 18㎜, 즉 엄지손톱만 했다.

공룡의 뱃속에서 공룡알이 발견된 적은 없을까?

있다. 화석화된 어미 공룡의 뱃속에서 공룡의 알이 발견되었는데, 1억~6500만 년 사이에 중국에서 살았던 두 발 공룡인 오비랍토르로 추정된다. 2005년 과학자들은 어미의 몸속에서 껍질까지 그대로 보존된 완전한 공룡알 화석을 최초로 발견했다고 발표했다. 이에 일부 과학자들은 크로커다일이나 현생 파충류처럼 한꺼번에 알을 한 무더기씩 낳는 것이 아니라 현생 조류처럼 여러 번에 걸쳐 낳는 공룡도 있었던 것으로 보고 있다.

공룡의 둥지는 어떻게 생겼을까?

모든 공룡의 둥지가 똑같이 생겼던 것은 아니다. 대개 땅이나 모래에 구멍을 파서 만든 단순한 형태를 띠었지만 깊은 구덩이 바닥에 식물을 깔고 진흙으로 테를 두르는 등 좀 더 복잡한 형태의 둥지도 있었다. 심지어 독특한 방식으로 알을 낳는 공룡도 있었다. 예를 들어 초식공룡 마이아사우라는 갓 태어난 새끼들이 포식자에게서 도망칠 수 있도록 나선형으로 낳아 알과 알 사이의 간격을 넓게 했다. 프로토케랍톱스 또한 나선형으로 알을 낳았다.

이 밖에 공룡의 둥지 영역에 관해 알아낸 것으로는 또 무엇이 있을까?

어떤 화석지에서는 현생 바닷새의 서식지나 번식지처럼 여러 둥지가 가까이 놓여 있는 곳도 있었다. 어떤 둥지 영역은 다양한 공룡들에 의해 여러 차례 이용된 흔적이 있다. 또한 둥지 속의 알들이 나선형으로 놓여 있을 뿐 아니라 알이 놓인 수직 방향도 일정했는데 아마도 알이 깨지는 것을 최소화하기 위해서였을 것이다. 또 다른 둥지에는 다양한 크기의 화석화된 새끼 공룡 뼈들도 있었는데 새끼가 둥지를 떠날 때까지 일정 기간 어미가 새끼들을 돌보았다는 것을 짐작할 수 있다.

공룡은 모두 알을 낳았기 때문에 둥지의 형태도 다양했다. 최근 들어 많은 공룡알과 둥지 화석지가 발견되었는데 그중에는 알껍데기뿐만 아니라 갓 태어난 새끼, 심지어 어미의 화석까지 있는 화석지도 있다.(Big Stock Photo)

둥지를 트는 습성 때문에 이름이 붙여진 공룡은 무엇일까?

체고 8m의 하드로사우루스과 공룡인 '착한 어미 도마뱀' 마이아사우라는 몬태나 주에서 발견된 화석 때문에 이런 이름을 얻게 되었다. 10,117㎡ 면적의 둥지 번식지에서 40개의 둥지가 발견되었는데 각각의 둥지에는 자몽만 한 크기의 알이 최대 25개까지 들어 있었다. 이 초식공룡은 매년 번식기 때마다 동일한 번식지로 돌아와 기존의 둥지를 재단장했다. 또한 둥지들 사이에 공룡 한 마리 정도의 간격(7.6~9.1m)을 두어 앞뒤로 움직일 수 있게 했으며 따뜻한 퇴비층을 이용해 알을 품고 새끼들이 둥지를 떠날 때까지 먹이를 먹이는 등 발달된 사회적 번식 습성을 보였다.

오비랍토르 화석은 오비랍토르에 대한 이미지를 어떻게 바꿔놓았을까?

예전에는 알 도둑이라는 뜻의 오비랍토르를 알을 먹는 공룡으로 여겼다. 오비랍토르의 화석화된 유해가 주로 둥지 근처에서 발견되었기 때문이다. 그러나 8000만 년 된 오비랍토르의 화석이 발견되면서 이족보행을 하던 이 육식공룡이(현생 타조만 한 크기) 15개의 커다란 알이 담긴 둥지를 품거나 지켰다는 것을 알 수 있었다.

1990년대 중반 몽골의 고비 사막에서 발견된 이 화석은 이 공룡이 그런 습성을 가졌다는 것을 최초로 보여준 명확한 증거였다. 이 공룡의 행동에 관한 다른 가설들은 모두 간접적인 자료를 통해 유추한 것이었기 때문이다. 이 오비랍토르 화석은 알 무더기 위에 누운 상태로 발견되었는데 다리는 몸통 밑에 바짝 붙어 있었고 팔은 둥지를 감싸기 위해 뒤로 돌려져 있었다. 이는 현생 조류가 알을 품는 모습과 비슷한 것으로 날개와 깃털이 생기기 훨씬 전부터 그런 습성이 시작되었음을 의미한다.

공룡알은 어떻게 부화했을까?

현생 조류나 파충류와 마찬가지로 공룡의 새끼도 때가 되면 스스로 알을 깨고 세상에 나왔다. 갓 부화한 새끼는 둥지를 벗어나기에는 너무나 작고 약했다. 대부분의 경우 부화한 후 몇 주 동안은 둥지에 그대로 남아 어미에게서 먹이를 공급받고 보살핌을 받았을 것이다. 이것은 짓밟힌 알껍데기와 되새김질한 나뭇잎과 열매처럼 보이는 잔해가 남겨진 몇 개의 둥지 번식지를 살펴보고 내린 결론이다. 대부분의 동물과 마찬가지로 갓 태어난 공룡 새끼도 둥지 영역 주변을 사냥하고 다니던 포식자에게서 공격당할 가능성이 높았다.

현생 동물을 통해 새끼를 보살피는 공룡의 습성을 어떻게 유추할 수 있을까?

공룡은 6500만 년 전에 멸종했기 때문에 새끼를 보살피는 공룡의 모습을 직접 관찰하기란 당연히 불가능하다. 따라서 공룡의 가장 가까운 친척에 해당하는 현생 조류나 크로커다일을 관찰하면서 유추하는 수밖에 없다. 이런 현생 동물들에게 공룡과 비슷한 특성이 많이 보일 것이기 때문이다. 그중에는 둥지를 트는 방법, 번식지에서 함께 둥지를 트는 모습, 부모 중 한쪽이나 둘이 함께 둥지를 지키는 모습, 새끼가 내는 경고 소리나 인정하는 소리, 부화기 동안 가족이 모두 힘을 합치는 모습도 포함된다. 실제로 최근 발견된 화석들을 통해 이런 특성 중 다수가 입증되었다.

공룡의 양육 방식을 보여주는 예가 있을까?

있다. 전 세계 둥지 영역 화석지를 살펴본 끝에 공룡의 양육 방식을 나타내는 예가 발견되었다. 하나는 백악기에 몬태나 주에 살았던 조각아목 공룡인 오로드로메우스이다. 이 공룡은 나선형으로 알을 낳았는데 끝이 중심 쪽으로 기울어 있었고 한 무더기에 평균 12개의 알이 들어 있었다. 부화한 새끼 공룡은 잘 발달된 다리뼈와 관절이 있어서 거의 부화하자마자 걸을 수 있었던 것으로 보인다. 둥지 영역 안에 으깨진 알이 많지 않았다는 점이 이 사실을 뒷받침하는데 이는 부화한 새끼가 그 즉시 둥지 영역을 벗어났음을 뜻한다. 또한 화석 근거로 보아 새끼 공룡이 공룡 무리와 함께 지냈다는 것을 알 수 있는데 얼마나 오랫동안 함께 살았는지는 알 수 없다.

마이아사우라 역시 백악기에 몬태나 주에서 살았던 조각아목 공룡이다. 이 공룡은 얕은 구멍 속에 둥지를 틀었는데 둥지와 둥지 사이의 간격이 어미 공룡의 길이만큼 떨어져 있었다. 알 무더기 하나에 있는 알의 개수는 평균 17개였다. 현재까지 발견된 화석을 보면 갓 태어난 새끼의 사지 관절이 제대로 형성되지 않았던 것 같은데 이는 새끼가 한동안 둥지 속에서 지내야 했음을 뜻한다. 이런 결론은 짓밟히고 부서진 알들과 함께 둥지 속에서 발견된 갓 태어난 새끼 공룡들의 화석에 의해 뒷받침되었다. 이는 새끼 마이아사우라가 부모의 보살핌과 관심을 상당히 필요로 했음을 의미하는데 일부 추정치에 따르면 새끼들이 8~9개월가량 둥지 속에서 지

발견된 공룡알 화석의 상태를 살펴보면 부화한 새끼들이 독립적으로 살 수 있었는지 어미의 보호를 받아야 했었는지 알 수 있다. 어떤 새끼 공룡은 스스로 먹이를 찾아다닐 수 있을 때까지 오랫동안 어미와 함께 살아야 했다. (Big Stock Photo)

냈을 것이라고 한다.

백악기에 살았던 또 다른 공룡 오비랍토르는 현재 몽골에 해당하는 지역에서 살았던 수각아목 공룡이다. 최근에 발견된 가장 흥미로운 화석 중에는 알을 품는 자세로 발견된 오비랍토르의 화석이 있는데, 이는 공룡이 현생 조류와 유사하게 알을 품는 습성을 가졌음을 보여준다. 이처럼 새끼를 보살피던 공룡이 있는가 하면 이와는 정반대로 애리조나에서 발견된 트라이아스기의 수각아목인 코엘로피시스는 여러 화석 잔존물에서 볼 수 있듯이 새끼들을 먹었던 것으로 보인다.

트리케라톱스는 사회적인 동물이었을까?

현생 동물과 마찬가지로 모든 공룡이 사회적인 동물이었던 것은 아니다. 한때 혼자 살면서 다른 공룡에게 냉담하고 수줍음을 많이 타는 초식공룡이라고 생각했던 트리케라톱스가 사실은 동족과 함께 무리지어 살았을지도 모른다는 주장이 있다. 이에 대한 근거는 얼마 전 몬태나 주 남동부에 있는 백악기 후기의 암석에서 발견되었다. 6600만 년 된 암석에서 적어도 세 마리의 덜 자란 트리케라톱스의 뼈가 발견되었던 것이다(이들은 홍수가 덮쳤을 때 함께 있었던 것으로 보인다). 물론 이에 대해 확신하지 못하는 과학자들도 있다. 그러나 대부분은 트리케라톱스가 서로를 보호하기 위해 무리지었던 것으로 추정하는데 다 자란 트리케라톱스보다는 덜 자란 트리케라톱스들 사이에서 흔한 패턴이었을 것이다.

다 자란 공룡

공룡은 얼마나 오래 살았을까?

공룡의 수명이 얼마나 되었는지 정확하게 알 수는 없지만 약 75년에서 길게는 300년까지 살았을 것으로 보고 있다. 공룡 뼈의 미세구조를 연구한 결과 공룡이 천천히 성장했다는 것이 밝혀졌기 때문이다. 이는 크로커다일을 비롯한 공룡의 조상도 마찬가지이다. 크로커다일의 경우 알이 부화하기까지 약 90일이 걸리는데 짧게는 70년에서 길게는 100년까지 살기도 한다.

공룡 뼈의 미세구조를 통해 공룡의 나이를 알 수 있을까?

있다. 나무 기둥에서 찾아볼 수 있는 나이테와 비슷한 성장륜이 공룡의 뼈에서도 발견되었는데 이것은 공룡의 나이를 나타내는 것일지도 모른다. 공룡 뼈의 성장륜은 매우 작아서 그것을 보기 위해서는 뼈를 아주 얇게 잘라 편광현미경을 통해 보아야 한다. 과학적으로 이런 성장륜은 발달이 저해됐을 때 생기는 성장억제선LAG으로 알려져 있다. 한 해에 1개의 성장륜이 형성되었을 것으로 추정되지만 실제로 그것이 맞는지는 단언할 수 없다. 공룡 종에 따라 나이테 사이의 간격이 크게 다르기 때문이다.

이 기술을 이용하여 특정 공룡의 나이도 추산했는데, 예를 들어 각룡하목 공룡인 프시타코사우루스의 뼈 하나를 살펴본 결과 해당 공룡이 10~11살 사이에 죽은 것을 알 수 있었다. 두 번째로 분석한 트로오돈 공룡은 3~5살 정도 되는 것으로 추산되었다. 보트리오스폰딜루스^Bothriospondylus라는 용각아목 공룡의 뼈는 해당 공룡이 43살이었음을 나타냈다. 원시용각하목인 마소스폰딜루스는 15살이었고 신타르수스라는 케라토사우루스하목 공룡은 7살이었다.

공룡의 수명을 산출하는 또 다른 방법은 무엇일까?

공룡의 수명을 산출하는 또 다른 방법으로 몸의 크기를 토대로 현생 동물의 수명과 비교하는 방법이 있다. 일반적으로 몸집이 큰 동물은 몸집이 작은 동물보다 오래 사는 경향이 있다. 이 방법을 통해 아파토사우루스, 디플로도쿠스 같은 매우 커다란 용각아목 공룡의 수명이 대략 100년 정도 되었을 것으로 보고 있다. 그보다 작은 공룡은 수명이 더 짧았을 것이다.

공룡 뼈의 성장륜 분석으로 나이를 추산하는 방법의 문제점은 무엇일까?

공룡 뼈의 성장억제선^LAG 분석을 통해 성장륜을 추산할 수 있긴 하지만 그렇다고 이 방법에 문제가 없는 것은 아니다. 무엇보다 LAG가 실제로 일 년에 하나씩 생기는지를 알 수 없기 때문이다. 예를 들어 한 하드로사우루스과 공룡의 화석은 다리와 팔의 성장륜 수가 다른 것으로 나타났다. 둘째, 크기에 따라 성장률이 다를 수 있다. 다시 말해서 몸집이 큰 공룡이 몸집이 작은 공룡에 비해 느리게 성장했을 수도 있다. 코끼리가 생쥐보다 느리게 성장하는 것처럼 말이다. 셋째, 크로커다일처럼 성장률을 가늠할 수 없는 공룡이 있을지도 모른다. 넷째, 종마다 신진대사가 각각 다르다. 특히 온혈동물과 냉혈동물을 비교하면 전혀 다르다는 사실을 알 수 있다.

공룡의 성장 패턴을 정확히 알 수 있을까?

알 수 없다. 다음 몇 가지 이유 때문에 공룡의 성장 패턴이 어떤 식이었는지 확실하게 알지 못한다. 첫째, 모든 공룡이 똑같은 성장률을 보였던 것은 아니다. 공룡의 종류에 따라 성장률이 다양했을 것이므로 이 문제는 더욱 복잡해질 수밖에 없다. 성장률을 정확하게 파악하지 못하는 두 번째 이유는 기후와 관련이 있다. 따뜻한 지역에 살았던 공룡은 추운 지역에 살았던 공룡보다 더 빨리 성장했을 것이다. 또 다른 이유는 공룡의 대사율과 관련이 있는데 이 점에 관해서는 여러 가지 추측이 일고 있다. 대사율이 높은 온혈 척추동물은 냉혈 척추동물보다 최대 10배까지 빠르게 성장하기도 한다. 작은 수각아목처럼 대사율이 높았을 것으로 추정되는 공룡은 천천히 움직이는 용각아목 공룡에 비해 몸집이 크지는 않았지만 성장률은 더 빨랐을 수도 있다.

각룡하목 공룡과 용각아목 공룡의 성장률은 어느 정도일까?

성장률을 계산하는 방법에 문제가 있긴 하지만 성장률을 계산해본 과학자가 없었던 것은 아니다. 특히 공룡알과 다 자란 공룡의 화석 증거가 있는 종의 경우 현생 파충류의 최대 성장률을 기준으로 삼아 성장률을 계산했다.

예를 들어 백악기에 몽골 지역에서 살았던 각룡하목에 속하는 다 자란 프로토케라톱스의 몸무게는 약 177kg이었다. 이에 비해 갓 부화한 프로토케라톱스 새끼의 몸무게는 약 0.43kg이었다(갓 태어난 새끼의 몸무게는 알 무게의 90% 정도로 추산했다). 이 데이터를 이용해 새끼 프로토케라톱스가 다 자라는 데 걸리는 시간이 약 26~38년 정도라고 추산했다. 몸집이 커다란 공룡으로는 백악기에 프랑스에서 살았던 용각아목 공룡인 힙셀로사우루스가 있다. 이 거대한 공룡의 몸무게는 다 자란 경우 약 5.3t에 달했고 갓 부화한 새끼의 몸무게는 약 2.4kg인데, 이를 통해 과학자들은 이 공룡이 다 자랄 때까지 82~188년 정도 걸릴 것으로 보았다.

현생 파충류를 기반으로 공룡의 성장률을 추산하는 방법에 문제가 있을까?

있다. 현생 파충류의 성장률을 공룡에게 적용하는 방법에는 문제가 있다. 공룡의 성장률을 파악하기 위해 공룡의 친척에 해당되는 현생 동물의 성장률을 살펴봐도 이해할 수 없기는 마찬가지이다. 이런 동물도 종류에 따라 성장 패턴이 다르기 때문이다. 파충류는 나이가 들면서 성장률이 감소하기는 하지만 죽을 때까지 지속적으로 성장한다. 그에 비해 조류는 어미가 되면 성장을 멈춘다. 이것을 제한성장이라고 한다.

공룡들 전부, 혹은 최소한 일부라도 현생 냉혈 파충류와 신진대사가 전혀 다른 종류가 있었을 것이다. 그렇다면 성장률 또한 상당히 다를 것이다. 또한 실제 성장률은 공룡이 살았던 기후에 따라서도 다르다. 따뜻한 기후에서 사는 동물은 추운 곳에서 사는 동물보다 빨리 성장한다.

공룡의 특징

추운 극지방에서 살았던 공룡도 있을까?

있다. 공룡은 열대지방이나 온대지방에서 가장 많이 번성했지만 고대 추운 지방에 살았던 공룡도 있었던 것으로 보인다. 이런 극지방 공룡의 화석은 알래스카의 노스 슬로프^{North Slope}에서 발견되었다. 호주의 동남쪽 끝인 다이너소어 코브^{Dinosaur Cove}에서 발견된 공룡 화석도 있는데 1억 1000만~1억 500만 년 전의 것으로 보고 있다. 호주의 이 지역은 현재 남위 39° 정도인데 극지방 공룡이 살았던 시기에는 훨씬 더 아래쪽인 남극권에 있었다. 겨울에는 3개월 동안 밤이 24시간 동안 지속되었으며 기온은 영하 17℃ 아래로 뚝 떨어졌었다. 이곳에서 발견된 공룡 화석은 공룡이 이렇게 가혹한 조건에도 잘 적응했다는 것을 보여준다. 또한 야간 시력이 좋았고 온혈동물이었을 수도 있다고 한다. 극지방에 살았던 공룡은 닭에서 사람 크기에 이르기까지 대체로 작은 편이었다. 가장 큰 육식공룡의 경우에는 체고가 3m 정도였다.

공룡은 선 채로 잠을 잤을까?

공룡이 어떤 식으로 잠을 잤는지 정확히 아는 사람은 없다. 단순히 화석 기록만으로 이런 습성을 유추하기란 쉬운 일이 아니다. 잠자는 모습은 명확한 물리적 흔적을 남기지 않기 때문이다. 오늘날 바닷속에 그렇게 많은 상어가 살아도 상어가 잠을 잔다는 사실이 알려진 것은 수십 년에 불과하다.

그래도 과학자들은 일부 공룡의 잠자는 습성을 추론했다. 예를 들어 몸집이 작은 공룡은 대부분 현생 파충류처럼 잠을 잤을 것이다. 크로커다일처럼 땅에 엎드린 상태로 말이다. 티라노사우루스처럼 거대한 공룡은 누워서 자기 힘들었을 것이다. 팔이 작아서 한번 누우면 다시 일어서기 힘들었을 것이기 때문이다. 몸집이 큰 다른 공룡도 엄청난 몸무게 때문에 눕기는 쉽지 않았을 것이다. 따라서 덩치 큰 공룡이 취할 수 있는 유일한 자세는 선 채로 자는 것뿐이다. 현생 조류(공룡의 가까운 친척이거나 공룡이 진화한 것일 수도 있는)도 선 채로 잔다는 사실을 생각하면 흥미로울 따름이다.

공룡은 색깔을 인지할 수 있었을까, 아니면 흑백으로만 보였을까?

눈은 동물의 연질부에 해당하기 때문에 화석화 과정을 통해 남겨지기가 힘들다. 공룡도 마찬가지이다. 따라서 공룡이 색깔을 볼 수 있었는지 흑백으로만 보았는지 여부는 고사하고 공룡의 눈이 어떻게 생겼는지조차 알 길이 없다. 이 문제는 추측하기조차 어렵다. 현생 동물들이 얼마나 다양한지 생각해보자. 현생 동물의 눈 모양도 제각각이고 동물마다 사물을 어떻게 보고 무엇을 보는지도 매우 다양하다.

공룡도 사람처럼 쌍안시였을까?

대부분의 공룡은 눈이 머리의 양쪽에 달려 있었기 때문에 오른쪽 눈과 왼쪽 눈의 시야가 거의 겹치지 않는 단안시였다. 따라서 공룡은 주변 시야가 좋은 대신 쌍안시는 현생 앨리게이터처럼 보통 수준이었다(가장 시야가 뛰어난 동물 중에는 현생 집고양이가 있다. 이들은 눈앞 130도 내에 있는 것을 모조리 볼 수 있으며 어느 동물보다 더 뒤까지 멀리 볼 수 있는 주변 시야를 가졌다).

그러나 예외도 있어서 공룡 중에 인간의 거리 감각과 비슷한 쌍안시를 가진 공룡이 있었던 것으로 보는 의견도 있다. 특히 티라노사우루스 같은 포식자들은 거리감각을 가지고 있었을 것으로 추정되는데, 이는 곧 일부의 주장처럼 티라노

사냥하는 공룡 중에 일부는 현생 포식자들처럼 쌍안시를 가졌던 것으로 보인다. 그러나 코엘로피시스 바우리(Coelophysis Bauri)같이 포식자이면서도 눈의 위치상 주변 시야가 더 좋은 공룡도 있었던 것처럼 사냥하는 공룡이라고 해서 모두 쌍안시였던 것은 아니다.(Big Stock Photo)

사우루스가 사체를 뜯어먹고 살았던 것이 아니라 사냥을 했다는 것을 시사한다. 또한 시간이 지나면서 육식공룡 중에 깊이를 볼 수 있도록 시력이 향상된 두상을 갖게 된 것도 있었을 것이다. 일부 공룡은 멀리서도 사냥감을 볼 수 있지만 사냥감을 잡으려고 위에서 덮칠 때까지 쌍안시의 효과가 나타나지 않는 독수리 같은 맹금의

시력을 갖게 된 것도 있을 것이다. 공룡이 세상을 어떻게 보았는지 파악하기 위해 머리 모델과 레이저 빔을 이용해 공룡의 시각을 확인하는 연구가 현재 진행 중에 있다.

공룡의 뇌는 얼마나 컸을까?

공룡의 뇌가 실제로 얼마나 컸는지 정확히 아는 사람은 없다. 공룡의 다른 연질부와 마찬가지로 뇌 또한 화석화 과정을 버티지 못했기 때문이다. 따라서 뇌를 싸고 있는 두개골의 일부를 살펴봄으로써 뇌의 크기를 짐작할 뿐이다. 공룡의 종류에 따라 뇌의 크기는 다르다고 한다. 예를 들어 용각아목 공룡의 뇌는 몸무게에 비해 작은 편인 데 반해 벨로키랍토르 같은 공룡은 몸무게에 비해 매우 큰 뇌를 가졌다.

공룡은 지능이 높았을까?

안타깝게도 현재까지 살아남은 공룡이 없기 때문에 공룡의 지능이 어느 정도 되었는지는 가늠할 수 없다. 그러나 여러 공룡의 뇌 무게(두개골의 부피를 근거로 산출)와 몸무게의 비율을 산출해 비교함으로써 상대적인 지능을 판단할 수는 있다. 이 비율을 가리켜 대뇌화지수encephalization quotient; EQ라고 부른다. 가장 지능이 높은 공룡은 지능이 낮은 공룡에 비해 몸무게에 대한 뇌의 비율이 높았다.

다음 표는 일부 공룡의 대뇌화지수를 나타낸 것이다. 드로마에오사우루스과와 트로오돈과 공룡의 지능이 가장 높을 것으로 예상되었다는 점에 주목하길 바란다. 트로오돈과 공룡에는 육식공룡인 트로오돈이 속하고, 드로마에오사우루스과 공룡에는 발톱이 달린 발과 날카로운 이빨을 가졌으며 무리지어 다녔을 것으로 짐작되는 키 1.8m의 육식공룡 벨로키랍토르가 속한다.

대뇌화지수를 기반으로 한 공룡의 지능

공룡	대뇌화지수(대략적)
드로마에오사우루스과	5.8
트로오돈과	5.8
카르노사우루스하목	1.0~1.9
조각아목	0.9~1.5
각룡하목	0.7~0.9
스테고사우루스하목	0.6
안킬로사우루스하목	0.55
용각아목	0.2
벨로키랍토르과	0.2
용각형아목	0.1

현생 포유류의 대뇌화지수는 어느 정도일까?

포유동물의 대뇌화지수도 공룡과 마찬가지로 몸무게 대 뇌의 비율을 이용해 산출한다. 다음은 대표적인 포유동물의 대뇌화지수를 나타낸 것이다.

현생 포유동물의 대뇌화지수

포유동물	동물의 종류	대뇌화지수
인간	영장류	7.4
큰 돌고래	고래목	5.6
파란코 돌고래	고래목	5.31
침팬지	영장류	2.5
붉은털 원숭이	영장류	2.09
고양이	육식동물	1.71
랑구르	영장류	1.29
다람쥐	설치류	1.10
쥐	설치류	0.40

공룡의 최후

백악기의 대멸종

멸종이란?

멸종이란 한 생물 종이 갑자기 죽든 서서히 죽든 완전히 사라지는 것을 뜻한다. 멸종이 일어나는 이유는 질병, 인간의 개입, 기후 변화, 화산 폭발이나 혜성 출동과 같은 자연 재해 등 여러 가지가 있다. 이런 요인들은 그 심각성에 따라 동물의 한 종이나 여러 종을 한꺼번에 멸종시킬 수 있다.

멸종이라는 개념이 받아들여진 것은 언제일까?

화석이 고대 동식물의 유해라는 것을 알게 된 것은 17~18세기에 들어서였다. 그러나 그때에도 대부분의 과학자들은 이런 화석이 먼 곳에서 살고 있어 아직 발견되지 않았을 뿐 조만간 발견될 생물을 나타내는 것이라고 믿었다.

이런 생각은 1750년대에 급격하게 바뀌었다. 북아메리카를 탐험했던 사람들이 코끼리로 보이는 유해를 발견했지만, 그것은 코끼리의 유해가 아니라 약 1만 년 전

빙하시대가 도래할 무렵 멸종한 마스토돈^{mastodon}과 매머드의 유해였다. 신대륙에서 발견한 이 화석과 다른 화석들을 연구하면서 이 화석들이 멸종한 종의 유해라는 사실을 깨닫게 되었다. 1796년 파리 자연사박물관^{Museum d'Histoire Naturelle}의 바롱 조르즈 퀴비에^{Baron Georges Cuvier}(최초의 해부학자라 할 만한 인물)가 이 '코끼리 화석'과 신대륙에서 발견한 거대 포유동물의 뼈가 멸종한 종임을 입증한 논문을 발표했다.

공룡과 다른 생물이 멸종한 증거로는 무엇이 있을까?

공룡과 다른 생물이 멸종했다는 증거를 나타내는 몇몇 화석 기록이 있다. 그러나 멸종 여부를 가장 잘 나타내는 것은 특정 시대의 암석층에서 화석이 발견되는 일이 없는 경우이다. 예를 들어 백악기의 암석층 상층부 위에서는 공룡의 화석이 발견된 적이 없다. 그리고 페름기의 암석층 상층부 바로 위에서 발견된 동식물 화석은 수가 감소한 것을 알 수 있다. 그럴 수밖에 없는 것이, 동물이 죽으면 화석을 남기지만 멸종하면 더 이상 남길 화석이 없기 때문이다. 그런 암석층의 증거를 보면 마치 얼마 전까지만 해도 존재하던 생물이 어느 순간 갑자기 사라진 것처럼 느껴지지만 실제로는 대부분 수천 년에 걸쳐 멸종한다.

'양치류 스파이크'란 무엇인가?

'양치류 스파이크^{Fern Spike}'란 양치식물 포자로 채워진 암석층을 가리키는 것으로 주로 대대격변이나 국지적인 멸종이 있은 후에 생긴다. 대멸종이 발생하면 대부분의 식물은 사라지는 듯하다. 그 후 최초로 다시 생겨나는 식물이 공기 중에 포자를 퍼뜨리는 양치류이다. 따라서 '양치류 스파이크'가 생기게 되는 것이다. 암석층에서 찾아볼 수 있는 이런 증거는 전 세계적으로 발생한 대대적인 멸종이나 국지적인 멸종이 발생하기 직전과 직후를 구분하는 데 이용된다.

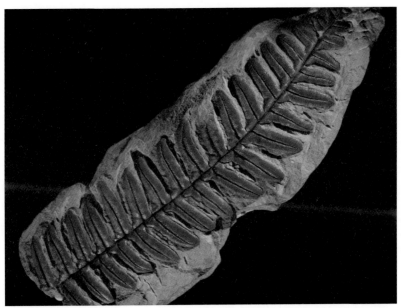

수많은 동물 종과 더불어 엄청난 수의 식물도 백악기 말에 멸종했다. 다른 종과 마찬가지로 양치류도 멸종했는데 양치류 포자로 채워진 암석층을 통해 대멸종이 발생한 후 양치류가 얼마나 빨리 다시 생겨났는지 파악할 수 있다.(iStock)

현재까지 지구에서 발생한 대멸종에는 어떤 것이 있을까?

지구 역사상 대멸종은 대략 다섯 차례 정도 발생했다. 육지에 사는 동식물에 영향을 준 대멸종도 있었고 바닷속에서 대멸종이 발생한 경우도 있었다. 화석 기록을 바탕으로 살표본 대부분의 대멸종은 지구상에 살고 있던 동식물의 상당수가 대개 알 수 없는 이유로 사라졌던 시기를 가리키고 있었다. 다음은 지질연대표상에 알려진 대멸종 중 일부를 나열한 것이다.

대멸종

시기	날짜(년 전)	멸종된 종의 비율(%)
캄브리아기~오르도비스기	4억 3800만	84
데본기~석탄기	3억 6000만	82
페름기~트라이아스기	2억 5000만	97
트라이아스기~쥐라기	2억 800만	76
백악기~제3기	6500만	85

백악기 말에는 얼마나 많은 종의 공룡이 살고 있었을까?

공룡 화석 기록이 완전하지 않기 때문에 백악기 말이 되기 전까지 얼마나 많은 종이 살고 있었는지 제대로 파악하기란 불가능하다. 화석 기록이 완전하지 않은 이유는 모든 동물이 화석이 되기 적절한 시기에 적절한 장소에 있었던 것이 아니기 때문이기도 하고, 화석화 과정이나 긴 시간 동안 부패가 진행되면서 많은 증거가 사라졌기 때문이기도 하다. 그전까지는 훨씬 더 많은 수의 공룡이 살았던 것으로 예상되지만 백악기 말까지 살아남은 공룡은 그중 몇 종에 불과하고, 대부분 북아메리카 대륙에서 살았다.

백악기 말에 멸종한 생물은 얼마나 될까?

백악기 말에 멸종한 육지동물, 해양 동물, 식물 등의 수가 얼마나 되는지 정확히 알 수는 없다. 그러나 화석 기록을 보면 지구상에 살았던 모든 종의 약 85%가 백악기 말에 멸종했다고 한다. 이는 두 번째로 가장 큰 멸종에 해당된다(가장 큰 규모의 멸종은 페름기 대멸종이다).

공룡 외에 백악기 말에 멸종한 생물로는 어떤 것들이 있을까?

백악기 말에 멸종한 동물은 많다. 날아다니는 익룡을 비롯해 여러 종류의 해양 파충류, 조개류, 완족류, 연체동물, 어류 등이 멸종했다.

다른 동물에 비해 비교적 멸종된 적이 적은 동물 그룹은?

다른 동물에 비해 멸종된 적이 별로 없는 동물 그룹이 있다. 대부분의 포유동물, 조류, 거북이, 크로커다일, 도마뱀, 뱀, 양서류 등이 이에 해당된다.

백악기 말에 멸종한 식물은?

백악기 말에는 수많은 식물종도 멸종했다. 다만 양치식물과 종자식물 중에는 멸종한 것이 거의 없었다. 북아메리카 대륙에서만 거의 60%의 식물 종이 멸종했다.

백악기 말에 살아남은 동식물은 어떻게 멸종하지 않을 수 있었던 것일까?

멸종이 발생한 정확한 원인을 파악하기 전까지는 동식물 중에 살아남은 것이 있는 이유를 알기가 힘들다. 분명 멸종되지 않고 살아남은 동식물이 있다. 실제로 야행성 포유동물의 경우 대부분 살아남았는데 순전히 운이 좋아서거나 아니면 혹독한 환경을 견디고 살 수 있었기 때문일지도 모른다. 그렇게 살아남은 동물은 새로운 장소를 차지하고 살기 시작하면서 순식간에 지구를 지배하게 되었다. 그리고 수백만 년이 흐르면서 그런 종들로부터 인간이 진화하게 되었다.

백악기 시대의 끝을 의미하는 경계선을 암석에서 찾아볼 수 있을까?

있다. 백악기 시대의 끝을 의미하는 특징적인 미네랄 성분을 보여주는 지층이 전 세계 여러 곳에 분포되어 있다. 그런 지층이 전 세계 곳곳에서 발견되었기 때문에 과학자들은 백악기 말 대멸종을 일으킨 원인이 되는 사건에 의해 영향을 받지 않은 종이 없다는 사실을 알게 되었다.

백악기 후기의 암석층에서 공룡 뼈가 대규모로 발견되지 않은 이유는?

이것은 백악기 말에 발생한 공룡 멸종을 둘러싼 미스터리 중 하나이다. 실제로 공룡이 재앙에 의해 갑자기 멸종했다면 화석 기록에 두터운 공룡 뼈, 즉 '뼈 스파이크'가 있어야 마땅하다. 그러나 현재까지 백악기와 제3기의 경계에 그런 뼈 스파이크가 발견된 적은 없었다. 이 경계의 바로 아래층에서 발견된 공룡 뼈가 별로 없다는 점 또한 미스터리이다.

이런 공룡 뼈의 '실종'을 설명할 만한 한 가지 학설은(진짜 실종된 것이라면) 산성비와 관련이 있다. 모델을 통해 연구한 결과 거대한 소행성이 지구와 충돌할 경우 지구 전체에 심한 산성비가 내릴 것이라고 한다. 이 산성비가 땅 위에 있던 대부분의 공룡 뼈를 녹이고 지표 아래에 있는 상층 토양대까지 스며들었을 것이다. 박테리아가 섞인 산성비는 산성이 한층 더 강해져 상층 토양대에 묻혀 있던 뼈까지 모두 녹였을 것이다. 이런 산성비에 녹지 않은 것은 당시에 이미 화석화된 뼈들밖에 없다. 화석화가 이루어지려면 상당히 오랜 시간이 걸리기 때문에 죽은 지 얼마 되지 않은 공룡의 뼈는 모두 사라졌을 것이다.

현재로서는 가설에 불과하지만 이 이론은 백악기 경계선과 경계 아래의 암석에서 발견된 공룡 뼈가 거의 없는 이유를 깔끔하게 설명해준다. 이 가설을 뒷받침하는 근거는 경계층에서 찾아볼 수 있다. 전 세계 곳곳에 비교적 얇은 점토층이 존재하는데 이런 얇은 점토층은 산성비로 인해 암석이 부식되면서 형성되었을 수도 있다.

백악기 후기 암석층에서 발견된 '뼈 스파이크'는 무엇일까?

최근에 백악기 후기의 '뼈 스파이크', 즉 두꺼운 뼈 층이 대멸종 무렵의 암석층에서 발견되었다. 백악기 말의 거대한 물고기 뼈 화석층이 남극의 세이모어 섬^{Seymour Island}에서 발견되었는데 면적이 50km²에 달했다. 물고기들이 화산 활동이나 기후 변화 또는 다른 환경적인 원인에 의해 멸종되었을 가능성도 있다. 그러나 물고기 뼈들은 백악기 말을 나타내는 이리듐이 풍부한 암석층 바로 위에 놓여 있었다. 다시 말해서 물고기도 공룡에게 영향을 끼친 대재앙의 희생자였을 가능성이 높다.

공룡 멸종설

공룡은 언제 사라졌을까?

화석 기록을 보면 공룡은 약 6500만 년 전에 사라진 것으로 보인다. 최근에는 조류가 공룡의 직계 후손이라고 주장하며 모든 공룡이 사라진 것은 아니라는 의견도 있다. 실제로 최근에 실시된 한 연구에 따르면 백악기~제3기 경계에 발생했던 대멸종 이후에도 조류는 계속 살아남았다고 한다. 이는 공룡을 비롯해 그 당시에 존재했던 다른 동물보다 조류의 뇌가 크고 복잡했기 때문이다. 이런 신체적인 특징이 생존력과 경쟁력을 높여 조류가 대멸종과 관련된 환경 변화에 적응하기 쉬웠는지도 모른다.

멸종했다는 이유로 공룡을 열등한 동물로 치부할 수 있을까?

공룡이 멸종했다는 사실 때문에 공룡을 진화적으로 실패한 열등한 동물이라고 생각하는 사람들이 있다. 그러나 누구라도 어떤 생물 종을 놓고 우월하다거나 열등하다고 주장할 수는 없다. 링굴라 조개^{Lingula clam} 같은 종은 5억 년 동안 지구상에 존재했고 공룡은 약 1억 5000년 동안 지구상에 존재했다. 최초의 인류는 고작 300만 년 전에 나타났으며 현생 인류(호모 사피엔스 사피엔스^{Home sapiens sapiens})가 지구상에 등장한 것은 고작 9만 년 전이다. 조류가 실제로 공룡이라는 믿음이 입증된다면 공룡은 거의 2억 년 동안 지구상에 존재했다고도 할 수 있을 것이다.

공룡이 멸종한 속도에 관한 두 가지 학설은?

천변지이설과 점진주의 이론이라는 두 가지 일반적인 학설이 있다. 천변지이설은 대기의 변화와 같은 지구 상태의 급격한 변화가 발생하여 대부분의 공룡 종이 멸종했다는 설이다. 점진주의 이론은 공룡이 수십만 년이나 수백만 년에 걸쳐 서서히 사라졌다는 것인데, 예를 들어 대륙 이동에 의한 기후 변화 같은 것 때문에 멸종했다는 주장이다. 두 학설이 모두 옳다고 생각하는 의견도 있다. 이들은 백악기 말에 모든 변화가 한꺼번에 발생하면서 결국 공룡이 멸종한 것으로 보고 있다.

'질병에 의한 공룡 멸종설'이란?

점진주의 이론에 속하는 '질병에 의한 공룡 멸종설'은 공룡이 질병으로 인해 멸종한 것이라고 주장한다. 진화로 인한 생리적인 변화 때문에 당시 등장하기 시작한 포유동물을 비롯한 다른 동물보다 경쟁력이 떨어졌다고 보는 의견도 있다. 구루병에서 변비에 이르는 주요 질병 중 하나 때문에 멸종했다는 주장도 있는데, 일부 공룡의 뼈를 보면 이런 질병을

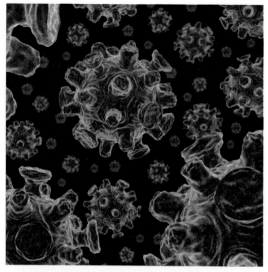

현대 기술과 의학에도 불구하고 독감 같은 질병(독감 바이러스가 원인)으로 인해 매년 수천 명이 사망한다. 따라서 바이러스나 특정 계통의 박테리아가 공룡을 멸종시켰을 수도 있다는 상상이 허무맹랑한 것만은 아니다.(iStock)

앓았던 흔적이 있기는 하다. 또 공룡의 수가 지나치게 많아지면서 특정 공룡 종 사이에서 큰 질병이 퍼졌고 결국 모든 공룡이 멸종하게 된 것이라는 주장도 있다.

공기 때문에 멸종했을 수도 있을까?

공기가 공룡 멸종의 원인이 되었다는 주장도 있다. 이들은 특히 백악기에 대기 중에 포함된 산소량이 줄었다는 점을 지적한다. 얼마 전 호박amber 광물 속에 함유

된 미세 공기 방울을 측정한 결과 백악기 말보다 200만 년 앞선 시기의 산소량이 약 35%였던 데 비해 백악기 말 직후의 산소량은 28%로 줄어든 것으로 나타났다.

낮은 산소 함유량이 공룡에게 영향을 주었을까?

그렇다. 산소 함유량이 낮았다면 공룡은 호흡하는 데 상당한 어려움을 겪었을 것이다. 이는 별도의 산소 공급 없이 고도가 매우 높은 지대에 살거나 일하는 사람들이 겪는 고통과 비슷하다.

오늘날 대기 중에 포함된 산소량은 21%에 불과하지만 이런 대기 속에 살기에 적합한 생리적인 조건을 갖춘 현생 동물들에게는 문제가 되지 않는다. 공룡은 대기 중에 산소량이 풍부할 때 등장했기 때문에 그런 환경에 적합한 생리적 조건을 갖추고 있었다. 아파토사우루스의 두개골을 살펴본 결과 비교적 콧구멍이 작고 횡격막이 없는 것으로 보이는 이 공룡의 호흡 기능은 제한적일 수밖에 없었을 것이다. 즉 대기 중에 산소가 풍부했을 때는 별 문제가 없었겠지만 산소량이 떨어지자 문제가 발생했을 것이다.

이런 가정대로라면 공룡은 세 번의 어려운 사건을 겪으면서 점진적으로 멸종했을지도 모른다. 첫째는 백악기 말에 들어서면서 기후가 추워진 일이다. 둘째는 산소량이 떨어지는 바람에 호흡이 곤란했을 수 있다. 이로 인해 백악기 말에서 1000만 년 앞선 시기만 해도 35개 공룡 속이 존재하던 것이 백악기 말에는 12속에 불과했던 것인지도 모른다. 그 무렵 마지막으로 세 번째 재앙이 발생했을 수 있다. 바로 소행성의 충돌 및 화산 활동인데 이로 인해 나머지 공룡마저 멸종하게 되었을 것이라는 가정이다.

방사선으로 인해 공룡이 멸종하게 되었다는 설은 무엇인가?

최근에는 공룡과 다른 동물이 멸종한 것은 유행성 암 때문이라는 주장이 제기되었다. 이 주장에 대해서는 논쟁 중이지만 이런 유행병이 은하계의 죽어가는 별들에

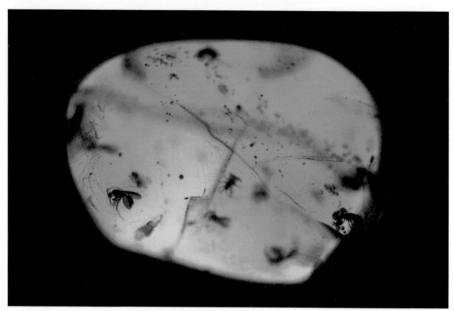
나무 수액이 화석화된 호박 속에 고대 곤충이나 심지어 산소 방울 같은 화석 증거가 들어 있는 경우가 있다. 이런 화석 증거를 분석하면 선사시대의 대기에 관한 단서를 찾을 수 있다.(iStock)

서 방출되는 중성미립자의 대량 폭발로 인해 발생했을 것이라는 의견이다. 중성미립자란 별에서 방출되어 미약하게 상호작용하는 소립자로 전하電荷와 실질적인 형체가 없는 것이다.

백악기 말에 산소량이 줄어든 이유는 무엇이었을까?

백악기 말 지구의 공기 중에 산소량이 줄어든 원인은 화산 활동 때문일 가능성이 있다. 화산 활동이 증가하면서 이산화탄소, 산소 같은 대기가스의 양이 상대적으로 바뀌었을 것이며, 이는 지구상에 살고 있는 생물의 진화에 영향을 주었을 것이다. 이 학설을 가리켜 폴리네시아의 화산을 수호하는 여신의 이름을 따서 '펠레가설Pele Hypothesis'이라고 부른다.

공룡 멸종설 중 '포유동물설'은 무엇일까?

공룡 멸종설 가운데 '포유동물설'(점진주의 이론에 속한다)은 공룡이 중생대 말(백악기 말) 무렵에 지구상에 나타난 포유동물로 인해 서서히 사라지게 되었다는 주장이다. 포유동물들이 공룡의 알을 먹어치웠거나(따라서 공룡이 번식하기가 어려워졌거나), 공룡의 서식지를 차지했을 수도 있다. 오늘날에도 소규모로 그런 일이 발생하곤 한다. 특히 새로 유입된 종이 기존에 있던 동물의 새끼를 먹어버리거나 서식지를 차지하고 먹이를 빼앗아 기존에 있던 종을 몰아내는 경우가 있다.

공룡 멸종설 중 '기후설'은 무엇일까?

'기후설'은 여러 주장 중에 가장 그럴듯한 것으로 인정받고 있는 학설이다. 점진주의이론 가운데 하나인 기후설에 따르면 수억 년에 걸쳐 대륙이 이동하면서 해류가 변하고 사막이 넓어졌으며 내륙해가 말라버렸다고 한다. 또한 지구의 축과 궤도, 자기장이 바뀌었으며 극지방의 빙원이 늘어나고 화산 활동이 증가하는 등 기후가 변하게 되었다고 한다. 이런 원인들 전부 또는 일부로 인해 서서히 기후가 변하면서 공룡의 수가 점진적으로 줄어들었다는 것이다. 기후의 변화에 적응할 정도로 공룡이 빨리 진화하지 못했기 때문이다.

공룡 멸종설 가운데 '독식물설'은 무엇일까?

공룡 멸종설 중 '독식물설'은 백악기에 처음으로 번성한 새로운 종류의 속씨식물(꽃이 피는 식물)의 발달과 관련이 있다. 식물 중에 아마도 동물에게 먹히지 않기 위해 스스로를 보호하는 독을 갖게 된 식물이 있었을 것이다. 이런 식물의 독성이 강해질수록 이 식물을 먹이로 삼았던 초식공룡이 죽으면서 육식공룡 또한 먹이가 줄어들었다는 주장이다.

그러나 이 학설은 지나치게 단순한 면이 있다. 세상에는 독성이 없는 식물을 포함하여 다양한 종류의 식물이 있었다. 뿐만 아니라 이 학설은 육지에 있는 속씨식

현재 빙원이 녹아드는 현상이 입증하듯이 지구온난화 때문에 여러 생물 종, 심지어 인류까지 멸종할지도 모른다고 우려하는 이들이 많다. 과학자들은 공룡이 멸종한 원인으로 환경 변화를 의심하고 있다.(iStock)

물과 아무런 관련이 없는 해양 동물이 백악기 말에 대멸종한 이유에 대해서는 설명하지 못한다.

공룡이 허리케인으로 인해 멸종했을까?

이 문제에 대한 답을 확실하게 아는 사람은 아무도 없지만 그랬을 수도 있다고 생각하는 과학자들이 있다. 하이퍼케인Hypercane이라는, 오늘날의 허리케인보다 훨씬 더 큰 규모로 발달하는 괴물 폭풍을 연구하는 사람들은 하이퍼케인은 특히 바닷물의 온도가 높이 올라갈 경우 규모가 커진다고 보고 있다. 대대적인 영향을 미치는 운석의 충돌이나 얕은 바닷속에서 발생한 큰 화산 폭발로 바닷물의 온도가 상승했고 열대지방의 온도가 지금의 두 배로 치솟았다고 생각한다. 이런 바닷물 온도의 상승으로 인해 어마어마한 규모의 하이퍼케인이 생겼을지도 모른다. 그랬다면 하이퍼케인으로 인해 대기 중에 수증기와 빙정, 먼지가 쌓이면서 태양의 자외선으로부터 동물을 보호하던 오존층이 파괴되었을 것이고, 그 결과 동물이 멸종하게 되었다는 것이다. 설득력이 떨어지기는 하지만 그렇다고 이 학설이 전혀 불가능한 것도 아니라고 생각한다.

공룡 멸종설 중에 '인류설'은 무엇일까?

그런 것은 없다. 공룡이 살던 시대에 인류가 살았다는 학설은 공룡이 인간을 공격하는 모습을 그린 50~60년대에 만들어진 B급 영화 때문에 생겨났다. 실제로 공룡이 살던 동시대에 포유동물이 생겨나긴 했지만 이들은 영장류가 아니었다. 공룡은 6500만 년 전에 멸종했지만 인류의 조상이 처음 나타난 것은 불과 300~400만 년 전의 일이었다. 호모 사피엔스 사피엔스(현생 인류)는 9만 년 전에 등장했다.

충돌설

공룡 멸종설 중에 '충돌설'은 무엇일까?

충돌설은 공룡 멸종에 관한 여러 가지 학설 중에 비교적 새로운 것에 속한다. 이 학설에 따르면 소행성이나 혜성과 같은 거대한 물체가 (또는 물체들이) 지구와 충돌하여 커다란 운석 구덩이가 생겼으며, 3.2~4.8km에 달하는 거대한 해일이 육지를 덮쳤고, 지구의 날씨, 기온, 일조량, 기후가 급격하게 변하게 되었다고 한다.

소행성과 혜성은 무엇인가?

소행성은 우주 공간에서 찾을 수 있는 거대한 암석 덩어리이다. 소행성은 바위만 한 것에서부터 크게는 965km에 달하는 것도 있다. 일반적으로 소행성은 탄소질로 이루어진 것과 돌 같은 성분으로 이루어진 것, 금속 같은 성분으로 이루어진 것으로 나뉜다. 대부분의 소행성은 태양계의 황도면에서 발견된다. 커다란 소행성들이 때때로 작은 행성으로 불릴 때도 있는데 큰 행성과 같은 궤도를 따라 공전하는 경향이 있기 때문이다. 대부분의 소행성은 소행성 띠라고 불리는, 화성과 목성의 궤도 사이에 있는 좁은 띠를 따라 태양 주위를 공전한다. 이탈리아의 천문학자인 주세페 피아치^{Guiseppe Piazzi}(1746~1826)가 1801년에 최초의 소행성인 세레스^{Ceres}를 발견했다.

혜성은 태양을 공전하는 먼지와 가스, 얼음으로 구성된 덩어리이다. 한때 '더러운 눈덩어리'로 묘사되기도 했던 혜성이 얼음보다 먼지가 더 많은 것으로 밝혀지면서 이제는 '진흙 덩어리'에 더 가까운 것으로 보고 있다. 일반적으로 혜성은 이산화탄소, 얼음, 메탄, 암모니아, 그리고 규산염과 유기 화합물 같은 물질로 이루어져 있다.

소행성과 혜성은 태양계의 어디에서 찾을 수 있을까?

대부분의 소행성은 화성과 목성의 궤도 사이에 있는 암석 덩어리 띠인 소행성 띠 안에서 찾을 수 있다. 주기가 200년 이내인 단주기 혜성은 해왕성과 명왕성의 궤도 바깥쪽에 있는 혜성과 같은 물체들의 집합체인, 두꺼운 원반 모양의 카이퍼 벨트^{Kuiper Belt}에서 생겨나는 것으로 추정된다. 몇천 년마다 태양계로 들어가는 (다시 돌아오지 않는 것도 있다) 장주기 혜성은 네덜란드의 천문학자인 얀 오르트^{Jan Oort}(1909~1992)가 제기한 가상의 천체그룹인 오르트 구름^{Oort Cloud}에서 생겨나는 것으로 추정된다. 이 구름은 태양으로부터 10만 천문단위 정도 떨어진 거리에서 태양계를 둘러싸고 있다(1천문단위는 약 149,637,000㎞로 지구와 태양의 평균 거리와 비슷하다).

지구 근접 물체란 무엇인가?

수십만 년 동안 행성이나 다른 우주 물체의 중력으로 인해 소행성이나 혜성이 띠에서 벗어나는 경우가 있다. 대부분 소행성인 이런 우주 물체들이 지구에 가깝게 접근하거나 지구의 궤도를 가로지르는 경우를 지구 근접 소행성이라고 한다(지구

공룡 멸종에 관한 학설 가운데 거대한 소행성이 지구와 충돌하여 환경을 변화시켰다는 주장이 지지를 얻고 있다. 오늘날 천문학자들은 공룡의 멸종과 유사한 일이 벌어지는 것을 방지하기 위해 지구 근접 물체를 추적하고 있다.(iStock)

의 경로를 가로지르는 것은 지구를 가로지르는 소행성Earth-crossing asteroid이라고 부른다). 과거에 지구 근접 소행성들이 지구와 충돌하여 지구 표면에 충돌 분화구를 만든 적이 있다고 알려져 있다. 애리조나 주의 운석 구덩이Meteor Crater가 소행성에 의해 만들어진 충돌 분화구의 좋은 예이다. 또한 거대한 지구 충돌 분화구와 지구 역사상의 대멸종 사이에 연관이 있는 것으로 추정되기도 한다.

현재 단주기로 태양 주변을 도는 지름 1㎞ 이상의 지구 근접 물체(대부분 소행성이나 타버린 혜성)는 약 2,000개에 달한다고 한다. 이런 물체가 이따금 지구의 궤도와 교차하는 경우도 있다. 그러나 이런 물체가 지구의 궤도를 통과한다고 해도 대부분은 스쳐지나가거나 서로 멀리 떨어져 있을 때가 많다. 문제는 이렇게 추정된 근접 물체 중 실제로 발견된 것은 7~10%에 불과하다는 것이다. 더구나 최근에는 자금 삭감으로 연구에 어려움을 겪고 있다. 그래도 과학자들은 계속해서 충돌 가능성을 연구하고 있지만 아직까지는 지구 근접 물체의 실제 궤도를 밝혀내지 못하고 있다.

최초로 충돌설을 제기한 사람은 누구일까?

1980년에 미국의 물리학자 루이 알바레즈^{Luis Alvarez}(1911~1988)가 약 6500만 년 전에 거대한 소행성이나 혜성이 지구와 충돌했다고 주장했다. 그리고 그의 아들 이자 지질학자 월터 알바레즈^{Walter Alvarez}(1940~)가 이탈리아에서 백악기~제3기 (별명으로 'K/T'라고 부른다) 경계에 이리듐이 급격하게 증가한 사실을 발견했다. 이 발견과 더불어 백악기 말에 공룡을 비롯한 많은 동물이 멸종했다는 사실을 깨달은 루이와 월터 알바레즈는 동료인 프랭크 아사로^{Frank Asaro}, 헬렌 미쉘^{Helen Michel}과 함 께 K/T 경계에 발생한 대멸종이 거대한 우주물체의 충돌 때문이라고 주장했다. 그 후로 전 세계 50여 K/T 경계에서 이리듐 이상 급증이 발견되었다.

충돌 분화구란 무엇이며 지구에도 있을까?

충돌 분화구란 혜성의 표면에 난 거대한 구멍으로, 대부분 혜성이나 소행성처럼 거대한 우주물체의 충돌로 인해 생긴다. 모든 혜성과 대부분의 위성에는 충돌 분화 구가 있으며 심지어 소행성에도 있다. 그중 표면에 수백만 개의 분화구가 있는 달 이야말로 표면에 충돌이 가해진 것을 알 수 있는 가장 뚜렷한 예라고 할 수 있다.

현재까지 지구에서는 150여 개의 충돌 분화구가 발견되었다. 대부분의 분화구 는 육지에서 발견되었으며 바닷속에 묻혀 있거나 심해에서 발견된 것은 12개 이 하에 불과하다. 실제로 발견된 것보다 훨씬 더 많은 수의 분화구가 있었을 테지만 바람이나 물, 대륙판의 이동으로 인해 부식되면서 증거가 사라졌을 것이다. 초목 으로 뒤덮인 정글이나 고산지대, 육지의 퇴적물 속 깊은 곳, 바닷속에도 충돌 분화 구가 많이 있을지도 모른다. 현재까지 발견된 것 가운데 가장 큰 분화구는 남아프 리카의 브레드포트^{Vredefort} 분화구로 20억 년 이상 된 가장 오래된 분화구 중 하나 이다. 또 다른 거대한 충돌 분화구는 캐나다에 있는 서드버리^{Sudbury}로 특정한 금속이 많이 매장되어 있다. 화성에 있는 분화구는 지구의 분화구에 비해 훨씬 규모가 크다. 화성에 난 가장 큰 충돌 분화구(분지라고도 불린다)는 헬라스 프라니시아^{Hellas} ^{Planitia}로 지름이 2,000㎞나 된다.

거대 충돌 분화구

분화구 이름	위치	지름(㎞)
브레드포트	남아프리카	300
서드버리	캐나다 온타리오	250
칙술루브 Chicxulub*	멕시코 유카탄	170
마니쿠아강 Manicouagan	캐나다 퀘백	100
포피가이 Popigai	러시아	100
아크라만 Acraman	남호주	90
체사피크 베이 Chesapeake Bay	미국 버지니아	85
푸체-카툰키 Puchezh-Katunki	러시아	80
모록웽 Morokweng	남아프리카	70
카라 Kara	러시아	65
비버헤드 Beaverhead	미국 몬태나	60

* 동물의 멸종과 최소한 부분적으로라도 관련있는 것으로 추정되는 것이 이 분화구이다.

충돌설을 뒷받침하는 근거는 무엇일까?

이 학설을 가장 설득력 있게 뒷받침하는 증거는 멕시코 유카탄 반도 근처에 있는 칙술루브 분화구^{Chicxulub crater}로 1992년에 발견된 충돌 분화구이다. 지름이 거의 110㎞에 육박하는 이 분화구는 지름이 10㎞인 소행성이 충돌하면서 생긴 것으로 추정되고 있다. 이 분화구는 약 6498만 년 전에 생긴 것으로 공룡이 멸종한 시기와 일치한다. 이 분화구는 원래 땅 속에 묻혀 있었는데 1960년대 한 정유회사가 지표 밑을 조사하던 중에 발견되었다. 그러나 이 분화구의 원형 모양에 과학계의 이목이 집중되기까지는 그로부터 수년이 걸렸다.

칙술루브 충돌이 엄청난 파괴력을 지닌 이유는 무엇이었을까?

약 6500만 년 전에 칙술루브에 발생한 충돌은 그 자체만으로도 충분히 파괴적이었지만 소행성이 지구와 충돌한 각도가 작았기 때문에 그 충격이 훨씬 더 심했다. 약 10㎞ 넓이의 물체가 20° 정도의 각도로 남동쪽 지평선 위 유카탄 반도를 강타했다. 만약 소행성이 지구에 직각으로 부딪쳤다면 대부분의 힘은 지구의 내부로 향했을 것이다. 그러나 칙술루브를 강타한 우주물체는 작은 각도로 와서 부딪쳤기 때문에 녹고 증발한 암석의 형태로 된 파편이 북동쪽을 향해 퍼져나갔고 그 즉시 북아메리카 서부에 살던 공룡을 비롯한 모든 생물을 파괴했다. 이 각도에서 부딪친 충격으로 인해 상층 대기권으로 올라간 물질이 수개월에 걸쳐 기온을 낮추면서 남은 공룡까지 멸종시켰을 것이다.

공룡의 멸종과 관련된 충돌 분화구는 몇 개나 있을까?

현재까지 공룡의 멸종과 관련된 것으로 알려진 충돌 분화구는 멕시코에 있는 칙술루브 분화구가 유일하다. 1990년에는 충돌 분출물(분화구가 형성되었을 때 뿌려진 암석과 토양)에서 나온 작은 유리조각들이 캐리비언 해의 아이티 섬에서 발견되기도 했다. 이 분출물 잔해는 칙술루브 분화구와 일치하는 것으로 보인다. 아이오와 주에 있는 또 다른 분화구인 맨슨 분화구Manson structure는 백악기 말에 형성된 것으로 여겼지만, 후속 연구를 통해 그것이 아니라는 사실이 밝혀졌다. 칙술루브 분화구에서 약 480㎞와 230㎞ 떨어져 있는 벨리즈Belize와 멕시코의 두 충돌 분화구는 모두 칙술루브 분화구에서 날아와 근처로 떨어진 분출물인 것으로 추정된다.

소행성이 충돌한 지 얼마 만에 공룡이 멸종했을까?

소행성 충돌 후 얼마 만에 공룡이 멸종했는지 정확하게 알 수는 없지만 2009년에 진행된 몇 건의 연구에 의하면 소행성 충돌로부터 30만 년 정도 지난 후일 것이라는 주장이 있었다. 예를 들어 나이가 적은 암석에서 발견된 적이 있는 52종 이상

부식을 비롯하여 지구상에서 벌어지는 활동적인 지질 작용 때문에 애리조나 주에 있는 배링어 운석 구덩이 〈Barringer Meteorite Crater〉 같은 충돌 분화구들이 많이 발견되지 않는다. 처음에는 소행성 충돌로 공룡이 멸종했다는 학설이 말도 안 된다고 생각했던 과학자들도 많았다.〈iStock〉

의 동물 화석이 들어 있는 것으로 보이는 해양 퇴적물이 멕시코에서 발견됐다. 또 다른 과학자는 유카탄 충돌이 있은지 50만 년 후의 것으로 추정되는 공룡 뼈를 미국 남서부에서 발견했다고 주장하기도 했다. 이것이 사실이라면 충돌이 일어난 지역 주변에 살던 공룡이 살아남았다기보다는 비교적 충돌의 영향이 덜한 지역에 살던 공룡이 나중에 충돌이 일어났던 부근 근처로 이동해 다시 서식했을 것이다.

그 후에도 치명적인 킬러 소행성의 근거가 발견된 적이 있었을까?

있다. 공룡이 멸망하고 난 후에 발생한 킬러 소행성killer asteroid의 증거가 발견된 것으로 보인다. 이 거대한 암석은 약 330만 년 전에 아르헨티나 남동부를 강타했는데 해당 지역의 기후 변화로 최소한 36종의 동물이 멸종했을 것으로 추정된다. 소행성 자체나 분화구가 발견되지는 않았지만 유리 같은 파편(에스코리아Escoria라고 불린다)이 토양에서 발견되었다. 이 파편은 우주물체가 지구를 강타했을 때만 생길 수 있는 강렬한 열이 발생했음을 나타낸다.

백악기 말에 지구와 충돌한 소행성과 달리 아르헨티나에 충돌한 소행성은 지구 전체의 기후에는 영향을 주지 않았다. 그러나 충돌 지역의 기후는 변화시켜 온도를 낮추었던 것으로 보인다. 그로 인해 그 지역에 살던 많은 동물이 멸종되었는데 그 중에는 왕 아르마딜로^{giant armadillo}, 땅늘보, 큰 부리를 가진 맹금류 등도 포함된다.

소행성 충돌로 공룡이 멸종했다면 어떤 식으로 죽었을까?

학설에 의하면 소행성 충돌 이후 몇 가지 사건이 발생했을 것이라고 한다. 첫째, 엄청난 양의 먼지와 파편이 대기 중으로 퍼졌을 것이다. 이 먼지가 상층부에 있던 대기 바람에 의해 전 세계로 퍼져 햇빛을 차단하거나 하늘을 흐리게 만들었을 것이다. 동시에 폭발로 인한 열기가 불기둥을 일으켜 거대한 산불이 발생했을 것이고 그로 인해 연기와 재, 파편이 이미 먼지로 가득 찬 대기를 한층 더 어둡게 만들었을 것이다. 먼지로 가득 찬 바람 때문에 동물이 죽은 것이 아니라면 햇빛을 받지 못한 식물이 죽는 바람에 생존에 심각한 타격을 입었을 것이다. 식물을 먹고 살던 초식동물이 먼저 멸종했을 것이고 도미노 현상에 의해 공룡 등 먹이사슬로 얽혀 있던 나머지 생물도 멸종했을 것이다.

그 밖의 여러 가지 멸종설

지구 환경의 변화가 공룡 멸종의 원인이 되었을까?

소행성 충돌로 인한 지구의 기후 변화가 공룡의 멸종을 초래했다는 이론이 지배적이지만 그렇지 않다는 의견도 있다. 이들은 지구상에 존재하던 생명체가 멸종한 주요 원인이 지구의 환경 변화 때문이라고 여기고 있다. 6500만 년 전에 발생했던 소행성 충돌은 그때까지 살아 있던 나머지 동물들을 멸종시켰던 것뿐이라는 것이다.

최근에 백악기 말 무렵에 살던 다양한 동식물 종의 수의 변화를 살펴보는 화석 기록 연구가 진행되었다. 그 결과 백악기 말에 수가 급감한 것은 단세포 해양 생물밖에 없는 것으로 나타났다. 다른 종들의 경우에는 서서히 수가 줄었고 수가 변하지 않은 종도 있었다. 또한 화석 기록에 치명적인 대멸종이 있었다는 근거도 없었다.

대부분의 동식물 종이 해수면의 저하, 화산 폭발과 같은 환경의 변화로 인해 점진적으로 멸종했을지도 모른다. 그 시기에 해수면은 약 100m 정도 낮아졌다. 또한 인도에서 발생한 화산 폭발의 파편이 대기 중에 퍼졌을 가능성도 있다. 이 두 가지 원인이 수많은 동식물의 점진적인 멸종에 기여했을 수 있다.

환경의 변화로 인한 공룡의 멸종설이 가진 문제점은 무엇일까?

환경으로 인해 공룡과 다른 생명체가 멸종했다는 환경설의 가장 큰 문제는 화석 기록 증거가 상반된다는 것이다. 예를 들어 환경론을 뒷받침하는 근거에는 암모나이트(단단한 껍질을 가진 오징어의 사촌) 화석 기록이 포함된다. 멸종하기 전 약 1100만 년 동안 암모나이트 수가 감소했음을 나타내는 화석 기록도 있다. 그러나 다른 화석 기록에는 칙술루브에서 발생한 소행성 충돌로 프랑스와 스페인 해안에 살던 암모나이트 종의 절반에서 3/4 가량이 갑자기 죽은 것으로 나타났다.

안타깝게도 백악기 공룡의 화석 기록은 백악기 말 1000만 년 동안의 것밖에 남아 있지 않다. 이 시기에 살았던 공룡에 대한 화석 기록 중에 실제로 쓸 만한 것은 남아메리카 서부에만 있는데 그곳에는 백악기 말 200만 년 동안의 것만 남아 있다. 즉 환경적인 원인이 아니라 공룡의 화석이 연속적으로 남아 있지 않고 그마저도 제대로 된 것이 없는 이유 자체가 곧 공룡의 종이 줄어든 실제 원인일 가능성이 있다.

한때 전 세계 바닷속에 흔하게 존재하던 암모나이트가 칙술루브 충돌이 발생했던 무렵 급감했으며 결국에는 멸종했다.(iStock)

킬러 우주운이란?

킬러 우주운^{killer cosmic clouds}은 태양계보다 큰 것으로 추정되는 우주공간의 거대한 영역으로 정상치보다 수소의 수치가 훨씬 더 높은 곳을 가리킨다. 지난 500만 년 동안 지구는 1inch²당 하나 이하의 입자(대부분 수소)가 들어 있는 비교적 텅빈, 전형적인 우주 공간에서 이동했다. 킬러 우주운은 새로운 별들이 만들어지고 1inch²당 약 수백만 개의 수소 입자가 들어 있는, 수소 밀도가 훨씬 높은 곳에서 발견된다.

킬러 우주운이 태양계의 태양권^{Heliosphere}, 즉 우주선^線으로부터 지구(그리고 태양계 내의 다른 행성과 위성까지)를 부분적으로 보호하는, 태양풍에 의해 만들어진 우주 거품과 충돌할 수 있다는 주장도 있다. 우주선이란 우주공간으로부터 빠른 속도로 날아와 끊임없이 태양권을 강타하는 방사선으로 대부분은 태양권에 막혀 다른 곳으로 반사된다. 이런 우주선에서 나오는 강력한 방사선에 노출이 되면 사람이 타버릴 수도 있기 때문에 이는 좋은 현상이다. 만일 우주운과 충돌하여 지구를 감싸고 있는 태양권이 파괴되면 굉장히 높은 수치의 우주 방사선이 지구를 강타하여 생태계에 커다란 변화를 일으킬 것으로 추정되지만 과학자들은 얼마나 많은 방사선이 어떤 식으로 지구를 강타할지 정확하게 파악하지 못하고 있다.

킬러 우주운이 공룡의 멸종을 초래했을 가능성은?

슈퍼컴퓨터의 모델이 맞는다면 높은 수치의 수소가 벽을 이루면서 지구를 감싸고 있는 태양권을 무너뜨렸을 수도 있다. 이로 인해 우주 방사선이 지구 표면에 파고들어 동식물군에 변화를 일으켰을 것이다. 실제로 이런 일이 벌어졌다면 방사선 수치를 높인 우주선의 증가가 공룡 멸종의 직접적인 원인이 되었을 것이다. 초식공룡이나 다른 동물이 먹는 식물이 우주선에 의해 악영향을 받았을 것이라는 또 다른 시나리오도 있다. 그래서 더 이상 먹을 것이 없어진 육식공룡까지 멸종했을 것이라고 한다.

킬러 우주운이 6500만 년 전에 지구에 발생한 대멸종을 초래했을까? 한 학설에 따르면 이 그림처럼 수소의 밀도가 높은 우주 구름이 지구의 태양권과 일시적으로 충돌했을 가능성이 있다고 한다.(NASA)

과거에 지구가 우주운과 부딪쳤다는 증거가 있는가?

지구가 우주운과 부딪쳤다는 증거는 없다. 때때로 지구가 국부항성간 구름^{Local} ^{Fluff}이라고 알려진, 수소 밀도가 낮고 작은 구름과 부딪쳤다고 보는 의견도 있다. 모델에 의해 덜 파괴적이었을 것으로 추정되는 이런 충돌은 태양권을 약화시켜 지구를 강타하는 우주선의 양이 조금 증가하는 데 그쳤을 것이다.

우주선이 지구를 강타할 때 생기는 부수적인 현상 가운데 하나로 베릴륨이라는 희귀한 금속의 생성이 있다. 이 금속의 증가는 지구가 비교적 악영향이 덜한 구름과 부딪쳤다는 의미일 수도 있다. 실제로 남극에서 채취한 얼음 핵은 3만 5000~6만 년 사이에 베릴륨이 증가했다는 사실을 나타내는데 이로 인해 과학자들은 국부항성간 구름과 지구가 충돌했을 수도 있다고 보고 있다. 이렇게 작은 구름과 충돌하면 어떤 결과가 발생할까? 국부항성간 구름과 지구가 충돌할 경우 빙하시대에서 지구온난화 현상의 증가에 이르기까지 다양한 일이 발생할 수 있다.

실제로 공룡은 어떻게 멸종했을까?

공룡은 한 가지 원인이 아니라 앞서 살펴본 복합적인 원인에 의해 멸종했을 것이다. 또한 6500만 년 전 재난이 닥치기 이전부터 공룡의 수가 이미 줄어들고 있었다는 시선도 있다. 재난 여부와 상관없이 공룡은 결국 멸종할 운명이었는지도 모른다.

공룡의 후손

공룡 멸종 이후

백악기/제3기 경계란 무엇이고 백악기 말에 발생한 멸종에 관해서 나타내는 것은 무엇인가?

백악기 말에 대멸종이 발생했다는 증거는 백악기/제3기 경계에서 찾을 수 있다. 백악기/제3기(K/T) 경계란 전 세계 여러 지역에서 발견된 얇은 암석층을 일컫는 것으로, 지구에는 많지 않지만 혜성과 소행성에서는 많이 발견되는 이리듐이라는 원소로 대부분 구성되어 있다. 과학자들이 6500만 년 전에 대멸종이 있었다는 사실을 처음으로 추측하게 된 이유가 바로 이 K/T 경계 때문이었다. 이 K/T 경계와 화석 기록에 담긴 다른 증거에 의하면 해양과 육지 동식물이 이 무렵에 대대적으로 멸종했다는 것을 알 수 있다.

백악기 말에 멸종되지 않고 살아남은 그룹으로는 어떤 것이 있을까?

곤충, 달팽이, 개구리, 도롱뇽, 크로커다일, 도마뱀, 뱀, 거북이, 그리고 일부 포유류 등 대부분의 육지동식물이 살아남았다. 대부분의 해양 무척추동물도 살아남았는데 해파리, 성게, 연체동물, 절지동물, 어류 대부분이 이에 해당된다.

살아남은 육지동물의 공통점은 무엇일까?

살아남은 육지동물은 포유류, 개구리, 뱀처럼 모두 몸집이 작았다. 공룡처럼 몸집이 큰 동물은 이 시기에 모두 멸종했다. 체중이 25kg 이상 나가는 육지동물은 모두 멸종했을 것으로 보고 있다.

백악기 말 대멸종으로 인해 살아남지 못한 그룹에는 어떤 것이 있을까?

대멸종으로 사라진 그룹으로는 공룡과 익룡, 조류 일부와 육지에 사는 유대류 일부가 있다. 해양동물 중에서는 모사사우루스, 플레시오사우루스를 비롯해 경골어류과^{teleost fish}, 암모나이트, 벨렘나이트^{belemnite}, 루디스트^{rudist}, 삼각패^{trigoniid}, 이노케라무스 쌍각류^{inoceramid bivalve}가 멸종했으며 바닷속에 사는 다양한 플랑크톤 그룹도 절반 이상이 멸종했다. 이처럼 백악기 말에 완전히 사라진 것으로 보이는 그룹이 있는가 하면 백악기 말 1000만 년 동안 이미 종의 수가 줄어들고 있던 그룹도 있었다.

백악기 말에 발생한 대멸종은 지구 역사상 몇 번째 대멸종일까?

백악기 말에 발생한 대멸종은 지질 역사상 두 번째로 규모가 큰 것으로 모든 종의 76% 가량이 사라졌다. 가장 규모가 컸던 대멸종은 약 2억 5000만 년 전 페름기 말에 발생했으며 모든 종의 90~97%가 멸종했다.

백악기 말에 멸종되지 않은 식물은 어떤 종류가 있을까?

많은 식물 종이 백악기 말에 멸종했지만 몇몇 양치류와 씨를 생산하는 식물은 살아남아 현재까지 존재하고 있다.

해양 동물의 몇 %가 백악기 말에 멸종했을까?

백악기 말에 발생한 대멸종으로 해양 생물군도 큰 타격을 받았다. 모든 종의 80~90%가 멸종했고 전체 해양 생물과의 약 15%가 사라졌다. 멸종한 그룹과 대략적인 비율을 살펴보면 다음과 같다.

- 암모나이트 – 100%
- 해양 파충류 – 93%
- 부유성유공충Planktonic foraminifera – 83%
- 해면동물 – 69%
- 산호 – 65%
- 성게 – 54%
- 개형류Ostracode – 50%

백악기-고제3기 경계란?

백악기-고제3기(K-Pg) 경계는 일부 과학자들이 백악기/제3기 경계에 사용하는 명칭이다. 여기에서 고제3기란 약 6500만~2300만 년 전에 해당하는 기간이다.

육지동물의 몇 %가 백악기 말에 멸종했을까?

백악기 말에는 수많은 육지동물이 멸종했다. 전체 육지동물과의 약 25%가 사라졌고 파충류의 56%가 죽었으며 비조류 공룡과 익룡은 모두 멸종했다.

어떤 동물은 생존하고 어떤 동물은 멸종한 이유는 무엇일까?

어떤 동물은 멸종했지만 어떤 동물은 멸종하지 않고 살아남을 수 있었던 이유는 정확하게 파악된 바가 없다. 원인이 무엇인지 정확히 알 수는 없지만 백악기 말에 멸종한 동물에게는 뭔가 특별한 이유가 있었을 것이다.

케찰코아툴루스처럼 날아다니는 익룡 종은 모두 백악기 말에 멸종했다. (Big Stock Photo)

포유동물은 공룡의 살아남은 친척일까?

그렇지 않다. 포유동물은 공룡의 살아남은 친척이 아니다. 최초의 포유동물이 특정한 파충류의 후손이기는 하지만 공룡과는 계보가 다르다.

백악기 말에 살고 있었던 포유동물은 무엇일까?

포유동물은 백악기 말이 되기 수백만 년 전부터 살고 있었다. 진정한 포유동물의 최초 그룹인 모르가뉴코톤트목morganucodontid은 트라이아스기 후기에 나타났다. 이들은 공룡이 멸종하기 전 약 1500만 년 동안 성공적으로 번식했던 그룹이다.

백악기 말에 이르러 일부 포유동물은 생존에 필수적인 조건을 갖춰가며 진화했다. 알을 낳던 여러 포유동물들이 새끼를 낳기 시작했다. 다양한 포유동물종이 자르고 물어뜯고 가는 등 다양한 기능을 할 수 있는 특별한 갖게 되어 음식을 더 잘 소화시킬 수 있었다. 이들은 몸집에 비해 힘이 더 세지거나 잡식성(식물과 고기를 모두 먹는 동물)으로 변하는 등 먹이를 확보하는 데 유리하게 진화했다.

공룡과 다른 동물이 멸종한 후 이들이 살던 서식지를 차지한 것은 진수류 포유동물therian mammal(유대목 동물과 태반 포유류)이었다. 일부 포유동물의 하위 그룹 중에는 공룡이 멸종하기 전에 이미 사라진 것도 있고 백악기 말 이후까지 살아남은 것도 있으며 심지어 현재까지 존재하는 것도 있다.

포유동물이 신생대를 지배하게 된 이유는 무엇일까?

포유동물이 신생대(현재)를 지배하게 된 이유는 '갑자기' 경쟁이 감소했기 때문이다. 포유동물보다 몸집이 더 컸던 포식자 파충류가 사라짐으로써 포유동물은 재빨리 생태적 지위를 차지할 수 있었다.

현재 지구상에 존재하는 동물 가운데 포유동물이 가장 수가 많을까?

그렇지 않다. 종류로든 수적으로든 지구상에 가장 많은 동물은 포유동물이 아니다. 어류, 파충류, 조류의 종류가 포유류보다 훨씬 더 많고 곤충, 연체동물 같은 무척추동물의 종은 그보다 더 많다.

현생 동물 중 공룡의 가장 가까운 친척은?

공룡과 가장 가까운 친척은 현생 파충류와 조류인 것으로 추정되고 있다.

파충류란 무엇인가?

현생 파충류에는 앨리게이터, 크로커다일, 거북이, 도마뱀, 뱀 등이 포함된다. 이들은 다음과 같은 몇 가지 전형적인 특징을 가지고 있다.

파충류는 비늘이나 골판 같은 것으로 몸을 보호한다. 파충류는 알을 낳는 냉혈동물이다. 파충류는 아가미가 아니라 허파로 호흡을 하고 각각의 발에는 발톱이 달린 다섯 개의 발가락이 있다(물론 뱀은 예외이다. 앨리게이터 또한 앞발에는 발가락이 다섯 개지만 뒷발에는 네 개밖에 없다).

현생 뱀은 파충류라는 동물 그룹에 속한다. 모든 파충류는 비늘로 덮여 있으며 알을 낳는 냉혈동물이다.(iStock)

현생 파충류는 언제 생겨났을까?

최초의 거북이는 트라이아스기에 생겨났지만 현생 거북이처럼 껍데기 속으로 머리를 집어넣을 수는 없었다. 도마뱀과 뱀의 화석 기록은 많지 않은데 이런 동물은 화석화될 가능성이 많은 곳과는 동떨어진 마른 고지대에서 주로 살았기 때문인 것으로 보인다(동물 뼈가 강기슭 같은 곳에서 빠른 시간 내에 침전물에 묻혔다면 대부분 화석으로 남는다). 도마뱀은 트라이아스기 후기에 생겨난 것으로 추정된다. 뱀의 유해 중 가장 오래된 것은 백악기 후기 암석에서 발견되었다(북아메리카와 남아메리카의 파타고니아에서 발견되었다).

파충류는 백악기 말에 얼마나 살아남았을까?

백악기 말에 존재하던 여러 동물과 마찬가지로 현생 파충류도 난파선 생존자와 비슷했다. 백악기가 지난 후 대부분의 파충류가 사라졌다. 오늘날에는 약 6,000종의 파충류가 존재하는데 조상에 비해 수가 적고 크기도 훨씬 작지만 종은 더 다양하다.

백악기 말 이후에 살아남은 파충류 종으로는 어떤 것이 있을까?

크로커다일은 파충류 중 주목할 만한 그룹이자 공룡의 가까운 친척이기도 하다. 이들은 트라이아스기 후기에 조룡에서 진화한 것으로 추정되는데 그 당시에 존재했던 다른 파충류와 달리 현재까지도 존재를 이어가고 있다. 중간 정도에서 대형에 이르기까지 이 반수생 포식자들이 트라이아스기 때부터 현재까지 비교적 모습이 변치 않고 그대로 남아 있다는 사실 또한 놀랍다.

현생 크로커다일의 두 종류는 무엇인가?

열대 지방과 아열대 지방에서 발견되는 현생 크로커다일에는 두 종류가 있다. 인도에서 서식하는 가비알목은 어류를 먹으며 주둥이가 가늘다. 크로커다일목에는 크로커다일과 앨리게이터가 속하며 거의 전 세계에서 서식한다. 이들은 몸이 길고 헤엄을 치거나 방어용으로 사용하는 튼튼한 꼬리를 가지고 있다. 또 다리를 이용해 물속을 이리저리 헤엄치며 육지에서도 배를 땅에서 뗀 채로 천천히 걸어 다닌다. 이 동물들은 어류와 큰 무척추 동물, 썩은 고기 등 다양한 먹이를 먹으며 산다.

앨리게이터와 크로커다일의 차이점은 무엇일까?

앨리게이터와 크로커다일이 함께 서식하는 곳도 있지만 이 둘을 한꺼번에 보기는 쉽지 않다. 이 두 종류의 동물을 구분하는 가장 좋은 방법은 몸의 크기와 머리를 확인하는 것이다. 크로커다일은 앨리게이터에 비해 몸집이 약간 작고 덩치가 작은 편이다. 또한 주둥이가 더 크고 길며 아래턱에 삐죽 튀어나온 덧니가 한 쌍 있다. 앨리게이터는 주둥이가 더 넓고 위턱의 이빨과 아래턱의 이빨이 모두 겹치는 특징을 가지고 있다.

둘 다 크로커다일목에 속하지만 앨리게이터(위)는 주둥이의 모양, 치열, 크기 등이 크로커다일(아래)과 다르다.
(iStock)

6500만 년 전에 공룡이 멸종하지 않았다면 어떤 식으로 진화했을까?

캐나다 오타와에 소재한 캐나다 자연사박물관[Canadian Museum of Nature]의 척추동물 화석 큐레이터인 데일 러셀[Dale Russell]에 의하면 백악기 말로 갈수록 공룡의 뇌가 더 커지고 눈이 앞쪽을 향하며 직립보행을 하는 등 인간과 같은 특징을 갖추기 시작하며 진화하고 있었다고 한다. 이런 추세를 토대로 그는 트로오돈이라고 불리는 공룡을 '진화시켜 보았다.' 그 결과 디노사우로이드[Dinosauroid]라는 두 발 동물의 이미지를 만들어냈는데 발과 어느 정도 비늘로 뒤덮인 피부 등 여러 면이 파충류 같았지만 인간과 매우 비슷해 보이기도 했다.

공룡에서 조류까지

새란?

새는 동물 왕국의 일원으로 동물 분류학상 조류라는 고유한 동물 강에 속한다('새'라는 뜻의 'bird^버드'는 아마도 동물의 새끼를 가리키는 고대 영어인 'brid^브리드'에서 기원한 것으로 추정된다). 새는 척추동물이자 온혈동물로, 알을 낳아 번식을 하고 깃털과 부리를 가지고 있다. 조류는 사지를 가지고 있는데 그중 앞다리 두 개는 날개로 변했다.

새는 어떻게 분류될까?

새는 조류라고 불리는 고유한 강으로 분류된다. 이 방대한 강 속에는 신조아강^Neornithes이 있으며 1만여 종의 현생 새들이 속한다. 새를 분류하는 또 다른 구분으로 네오아베스^Neoaves가 있는데 현생 조류의 95%가 포함된다. 네오아베스는 구개 구조를 기준으로 새들을 다시 4개의 아목으로 나눈다(신조아강을 팔라에오그나테^Palaeognathae와 네오그나테^Neognathae로만 구분하는 또 다른 분류체계도 있다. 이 책에서는 네가지 아목으로 나누는 분류체계만 다룰 것이다). 4개의 아목은 주금하목(타조, 레아^Rhea, 에뮤 등 크고 날지 못하는 새들)과 티나무하목(남아메리카의 티나무)으로 나뉘는 팔라에오그나테아목과 임페네스아목^Impennes(펭귄), 치조아목(화석조), 네오그나테아목(벌새에서 물떼새까지 이르는 기타 현생 조류)이다.

공룡이 존재했을 당시에도 새가 있었을까?

그렇다. 몇몇 현생 조류의 고대 조상은 백악기 후반에 살았다고 한다. 처음에는 선사시대에 아비새, 바닷새, 알바트로스 새의 조상 같은 물새만이 살았다고 생각했었다. 그러나 최근에 현생 앵무새와 비슷한 뼈 화석이 발견되었다. 더 많은 뼈가 발견되고 확인되면서 과학자들은 공룡이 지구를 배회하던 6500~7000만 년 전에 새들이 이미 날아다녔다고 결론지었다.

시조새는 얼마나 잘 들을 수 있었을까?

많은 과학자들은 시조새가 초기 조류이자 공룡이라고 믿고 있는데 최근 조류와 공룡을 연결지을 수 있는 근거가 하나 더 생겼다. 2009년에 실시된 한 연구에서 시조새가 현생 에뮤에 버금가는 청각 범위를 가졌다는 사실이 발견되었기 때문이다. 이런 결론은 감각 조직이 들어 있는 속귀의 일부인 달팽이관의 크기에 근거한 것이다. 에뮤와 시조새 화석의 달팽이관을 분석한 결과 시조새는 평균 2,000㎐의 청각 범위를 가지고 있었던 것으로 추정되는데(사람은 20~20,000㎐까지 들을 수 있다) 이는 현생 에뮤와 비슷한 수치이다(에뮤는 현생 조류 가운데 청각 범위가 가장 제한적인 새에 속한다).

옛날의 과학자들은 조류가 공룡의 친척이라고 생각했을까?

그렇다. 400년 전부터 언급되어온 조류와 파충류의 유사성을 믿었던 과학자들이 예전에도 있었다. 그러나 조류와 파충류의 친척 관계는 19세기 중반 독일 암석 채석장에서 새를 닮은 뼈대가 발견되기 전까지 과학 분야에서 주목받지 못했다.

조류가 공룡과 비슷하다는 사실을 최초로 논문에 발표한 사람은?

1867년에 고생물학자 에드워드 드링커 코프Edward Drinker Cope(1840~1897)와 오스니엘 찰스 마쉬Othniel Charles Marsh(1831~1899)가 조류와 공룡이 닮았다고 언급한 논문을 최초로 발표했다.

아르카에옵테릭스 리토그라피카(시조새)란?

아르카에옵테릭스 리토그라피카Archaeopteryx Lithographica(직역하면 '석판에 인쇄된 아주 오래된 날개'란 뜻)의 화석은 약 1억 5000만 년 전의 것으로 추정되는데 가장 유

백악기에는 '폴리는 크래커가 먹고 싶어'라는 말이 들리지는 않았겠지만, 화석 증거로 미루어보아 앵무새의 고대 조상이 존재했던 것 같다.(iStock)

명한 화석 중 하나이다. 현재까지 발견된 것 중 가장 오래된 조류로 보이는 이것은 까마귀 정도 크기의 작은 새이다. 아르카에옵테릭스 리토그라피카의 화석은 1855년에 독일 남부의 졸로호펜에 있는 쥐라기 후기의 암석 침전물에서 발견되었다. 그런데 흥미롭게도 이 화석은 1970년까지만 해도 조류로 인식되지 않았다.

조류가 공룡의 후손이라고 최초로 주장한 사람은 누구일까?

공룡과 조류의 공통적인 특징을 최초로 언급한 사람은 조류 진화의 권위자이자 찰스 다윈의 진화론을 옹호했던 영국의 동식물학자 토마스 헨리 헉슬리^{Thomas Henry} Huxley(1825~1895)였다. 헉슬리는 자신이 사는 지역에서 자라던 도킹^{Dorking fowl}이라는 닭의 종의 다리뼈가 수각아목 공룡과 비슷하다는 사실을 발견했다. 그는 또한 새와 비슷한 모습을 한 공룡인 아르카에옵테릭스 리토그라피카의 화석이 1855년에 독일에서 발견되었다는 사실을 증거로 제시하기도 했다.

1868~1869년 사이에 헉슬리는 오늘날의 분지분석과 비슷한 해부학적 비교법을 이용해 조류가 공룡의 후손이라고 결론지었다. 몇 년 후 아르카에옵테릭스 리토그라피카는 공룡과 조류의 중간형을 나타내는 표본이 되었고 조류가 공룡의 후손임을 입증하는 주요 열쇠가 되었다.

영국 동식물 연구가 토마스 헨리 헉슬리는 조류가 공룡의 후손일지도 모른다는 이론을 최초로 제기했다.(iStock)

다른 시조새 뼈대가 발견된 것이 있을까?

있다. 현재까지 총 11개의 시조새 화석이 발견되었다. 1861년도에 발견된 '런던 표본London Specimen'은 거의 완전한 화석이다.

이 화석은 그 당시 새롭게 출간된 찰스 다윈의 진화론을 옹호하는 측과 폄하하는 측 사이에 끊임없는 논쟁거리가 되었다.

현재까지 발견된 시조새 화석에는 어떤 것이 있을까?

현재까지 발견된 시조새의 실제 표본은 11개이고 깃털은 여러 개가 발견되었다. 그중 9개의 표본을 자세히 살펴보면 다음과 같다.

하를럼 표본Haarlem specimen은 깃털이 발견되기 5년 전인 1855년 레이덴브르그Reidenburg에서 발견되었다. 그 당시에는 초기 새의 화석으로 인식되지 않았기 때문에 프케로닥틸루스 크라시페스Pterodactylus crassipes, 즉 익룡(심지어 공룡도 아니었다)으로 분류되었다. 그러다 1970년에 이 화석을 연구한 존 오스트롬이 깃털의 증거를 발견하면서 마침내 정체가 밝혀지게 되었다. 현재 이 화석은 네덜란드 하를럼에 위치한 테일러스 자연사박물관Teylers Museum에서 소장하고 있다.

런던 표본은 1861년 랑게날타임^{Langenaltheim} 인근에서 발견되었다. 영국 자연사 박물관^{British Museum of Natural History}은 아마추어 수집가였던 칼 헤벌라인^{Carl Haberlein}에게서 이 화석을 구입했다.

베를린 표본^{Berlin Specimen}은 1876년 또는 1877년에 블루멘버그^{Blumenberg} 근처에서 발견되었는데 비록 상당히 뭉개지긴 했지만 완전한 머리가 달려 있었다. 이 화석은 훔볼트 자연사박물관^{Humboldt Museum fur Naturkunde}에서 소장하고 있다.

아이히슈테트 표본^{Eichstatt specimen}은 자료에 따라 1951년에 발견되었다는 것도 있고 1955년에 발견되었다고 기록된 것도 있는데 다른 표본의 2/3 정도 크기밖에 안 되는 가장 작은 아르카에옵테릭스 리토그라피카 화석이다. 이 화석은 현재까지 발견된 시조새 화석 가운데 가장 머리가 잘 보존된 것이기도 하다. 이 표본은 다른 표본에 비해 이빨의 구조가 다르고 견갑골이 많이 골화되지 않은 편이어서 다른 속에 속하는 동물이라고 보는 의견도 있다. 이 화석이 완전히 자라지 않은 아르카에옵테릭스 리토그라피카거나 다른 종류의 먹이가 있던 곳에서 자라 다른 구조를 갖게 된 것이라는 의견도 있다. 현재 이 표본은 독일 아이히슈테트의 주라 박물관^{Jura Museum}에 전시되어있다.

막스브르그 표본^{Maxburg Specimen}은 런던 표본이 발견되었던 랑게날타임 근처에서 1958년에 에드아르드 오피취^{Eduard Optisch}(1991년 사망)가 발견했다. 이 화석은 몸통만 있는데 개인이 소장하고 있는 유일한 표본이기도 하다. 그가 죽은 후 이 표본은 사라졌는데 아마도 비밀리에 판매된 것으로 추측된다. 그래서 이 표본이 어디에 있는지는 현재 미스터리로 남아 있다.

졸른호펜 표본^{Solnhofen Specimen}은 아이히슈테트 근처에서 1960년대에 발견되었는데 처음에는 콤프소그나투스의 것으로 오인되었다. 표본을 연구하기 위해 연구실에 펼쳐 놓은 후에야 몸 크기에 비해 팔이 너무 길다는 사실을 알아차린 것이다. 이 표본은 깃털까지 발견되면서 비로소 아르카에옵테릭스 리토그라피카 목록에 오르게 되었다. 현재 졸른호펜에 소재한 브르게마이스터-뮐러 박물관^{Burgermeister}

Muller Museum에 소장되어 있다.

뮌헨 표본Munich Specimen(예전에는 졸른호펜-아키티엔-베렌Solnhofen-Aktien-Verein 표본으로 불렸다)은 골화된 작은 흉골과 깃털 자국만 남아 있다. 이 화석은 1991년에 발견되었고 1993년에 판명되었다. 이 표본은 아르카에옵테릭스 바바리카Archaeopteryx bavarica라는 새로운 종으로 분류되기도 한다. 현재 뮌헨에 있는 팔라온톨로지스트 박물관Palaontologisches Museum에 소장되어 있다.

브르게마이스터 뮬러 표본Burgermeister-Muller Specimen은 1997년에 발견되었다. 이 부분 화석은 현재 부르게마이스터 뮬러 박물관에서 소장하고 있다.

마지막으로 독일에서 발견된 서모폴리스 표본Thermopolis Specimen은 오랫동안 개인이 소장해오다가 2005년에 발표되었다.

아르카에옵테릭스 리토그라피카 깃털 화석에서는 무엇을 발견했을까?

아르카에옵테릭스 리토그라피카의 골격 화석 외에도 많은 깃털 화석이 발견되었다. 최초의 깃털 화석은 1860년 졸른호펜 근처에서 발견되어 1861년에 그 모습에 대한 설명이 발표되었다. 이 화석이 놀라운 이유는 오래되어서가 아니라 세부적인 깃털의 모습이 고스란히 담겨 있기 때문이다. 그로 인해 현재까지도 시조새의 목 윗부분과 머리를 뺀 몸 전체는 깃털로 뒤덮여 있었던 것으로 추측하고 있다. 그 이유는 깃털이 쉽게 화석화되지 않기 때문이기도 하고 특정 부위에 깃털이 나지 않았던 신체적인 이유가 있었을 것이라고 생각하기 때문이기도 하다.

깃털 화석의 색깔을 알 수 있을까?

얼마 전까지만 해도 깃털 화석의 원래 색깔은 추측하는 정도에 그쳤는데, 현재는 단서를 찾아냈는지도 모른다. 일부 깃털 화석에서 발견된 유기물질의 흔적이 새의 깃털 색을 나타내는 색소의 잔재일 가능성이 있기 때문이다. 예전에는 이런 유기물질을 박테리아에서 나온 탄소의 흔적으로 생각했지만 이제는 멜라닌 색소를 함유한 멜라노솜이라는 세포기관이 화석화된 것으로 판명되고 있다. 멜라닌이 특정한 화석에서 보존될 수 있다는 사실을 안 이상 이제는 과학자들이 시조새와 시조새의 친척을 비롯해 깃털 달린 공룡의 원래 색깔을 제대로 예측할 수 있는 길이 생겼다.

아르카에옵테릭스 리토그라피카가 공룡과 현생 조류의 중간형이라고 믿는 과학자도 있을까?

있다. 한때 시조새를 공룡과 현생 조류의 중간형이라고 생각하는 과학자들이 있었는데 가장 큰 이유는 시조새의 골격 화석이 공룡과 조류의 특징을 모두 가지고 있었기 때문이다. 공룡(또는 파충류)의 특징으로는 뼈가 많은 꼬리, 이빨, 발가락에 달린 발톱 등이 있으며 새의 특징으로는 깃털과 위시본(조류의 목과 가슴 사이에 있는 V자형 뼈-옮긴이), 부리 등이 있다. 그러나 오늘날에는 많은 과학자들이 아르카에옵테릭스 리토그라피카를 후에 결국 조류로 진화하게 된 공룡에 더 가까운 종이라고 생각하고 있다.

모든 과학자가 시조새와 공룡이 관계있다고 생각할까?

그렇지 않다. 모든 과학자가 시조새가 공룡과 직접적인 관계가 있다고 믿는 것은 아니다. 조류와 공룡은 동일한 파충류 조상에서 파생했지만 별개로 진화한 동물이라는 과학자도 있다. 그러나 아직까지 이런 주장을 뒷받침하거나 틀렸음을 입증할 수 있는 화석 기록은 발견되지 않았다.

최근 새가 공룡의 후손이라는 주장을 다시 제기한 사람은?

새가 공룡의 일종이라는 주장은 1969년 고생물학자인 존 오스트롬이 다시 제기했다. 그는 공룡이 온혈동물이라 더 활동적이었으며 새와 비슷했을 것이라고 주장했다. 그 다음 해에 〈Scientific American〉에 실린 로버트 바커의 논문도 같은 주장을 했다. 그 무렵 공룡의 생리(세포와 조직)를 깊이 연구하면서 새를 비롯한 여러 종의 동물과 공룡의 생리적인 유사점 및 차이점이 파악되기 시작했다. 이런 연구와 뼈대 화석 근거를 통해 조류와의 관계에 관한 올바른 답을 찾기를 희망하고 있다.

콘푸시우소르니스 상투스라는 이름의 새처럼 생긴 동물은 무엇이었을까?

콘푸시우소르니스 상투스 Confuciusornis sanctus는 중국의 북동부 지방인 랴오닝 성Liaoning에서 발견된 것으로, 시조새 다음에 나타났을 것으로 추정되는 비둘기만 한 크기의 날아다니는 동물이다(실제 연대에 대해서는 아직도 의견이 분분하지만 시조새보다 1000만 년 정도 지난 약 1억 4000만 년 전에 나타난 것으로 추정된다). 이 동물은 뿔이 달렸고 이빨이 없는 부리를 가졌다. 이 화석이 발견되기 전까지 과학자들은 백악기 후기인 약 7000만 년 전까지 이빨이 없는 부리가 등장하지 않았다고 생각했다. 이 동물은 다리에도 깃털이

최초의 조류 조상으로 여겨지는 시조새는 쥐라기 시대에 처음 생겨났다.(iStock)

나 있었는데 겉 깃털^{contour feather}을 가진 최초의 동물로 알려져 있다.

나 있었는데 겉 깃털[contour feather]을 가진 최초의 동물로 알려져 있다.

우리 주변의 공룡

공룡-조류 진화에 관한 논쟁의 주요 쟁점은 무엇인가?

공룡-조류 진화에 관해 고생물학자들은 몇 가지 서로 다른 견해를 가지고 있다. 한쪽은 조류가 약 6000만 년 전에 나타난 특정한 공룡의 후손이라고 여기고 있으며, 다른 쪽에서는 프로토버드[Proto-bird](비조류 공룡으로 분류되지만 새와 같은 특징을 가진 동물-옮긴이)가 약 2억 년 전에 공룡과는 별도로 진화했다고 주장한다. 그리고 또 사실상 새가 공룡이라고 믿는 과학자도 있다. 현재로서는 확실한 결론을 내릴 정도로 충분한 화석이 발견되지 않았으며 각 집단마다 그럴 듯한 주장을 펼치고 있다. 그러나 DNA 염기서열결정법이 등장한 이상 언젠가는 정확한 답을 찾을 수 있을 것이다.

분지분석(분석학)**이란?**

분지분석은 생물의 가계도를 결정하는 데 사용되는 방법이다. 카롤루스 린네[Carolus Linnaeus]와 칼 본 린네[Carl von Linne] (1707~1778)가 18세기에 발명한 예전 분류 체계는 생물이 지니고 있는 전체적으로 유사한 특징에 따라 동식물을 분류한다. 분지분석은 손목뼈 등의 특징을 전후세대와 결부시킴으로써 이런 구조가 어떻게 진화했는지 추적할 수 있다. 전후세대가 공통적으로 가진 특징이 많을수록 서로 관계되어 있을 가능성이 크다(모든 계통군, 즉 생물 집단 전체를 나타내는 도표를 분기도라 한다). 분지분석은 쉽게 할 수 있는 것이 아니다. 초기 동물 화석의 자세한 내용을 일일이 분석하여 뼈와 관절의 아주 작은 차이점을 찾아내야 한다. 각각 다른 특징에는 저마다 코드가 부여되어 컴퓨터 데이터베이스에 입력된다. 그러면 컴퓨터가 데

이터를 정리한 후 이런 상세한 특징을 기준으로 과거의 동물과 현생 동물을 연결하는 '가계도' 같은 것을 만들어낸다.

분지분석이 조류와 공룡에 대해서 알려주는 것은 무엇일까?

분지분석에 의하면 조류와 공룡은 132가지의 공통적인 특징이 있다. 이것이야말로 조류가 실제로 공룡의 일종이라는 증거일 것이다. 그러나 많은 과학자들이 이런 생각에 동의하지 않고 있다.

현생 조류는 언제 나타났을까?

이 점에 관해서는 아직도 논쟁이 계속되고 있다. 많은 연구가들이 화석과 분지분석을 토대로 현생 조류가 약 6000만 년 전에 등장했다고 주장한다. 그러나 비교적 최근에 발견된 화석으로 인해 논쟁이 더 뜨거워졌는데, 현생 조류가 1억 년 전에 등장했다는 주장도 나오고 있다. 문제는 조류의 진화에 관한 서로의 관점이 다르다는 것이다. 화석 기록을 이용하는 방법이 있는가 하면 유전자 데이터를 이용하는 방법도 있는데 두 가지가 상반된 결과를 나타내기 때문이다. DNA 염기서열결정법 같은 새로운 기법이 전 세계 1만여 종의 조류가 생겨난 시기와 진화 과정을 파악하는 데 도움을 줄지도 모른다.

최근의 게놈 연구 중에 조류의 진화 역사를 다시 써야 할 부분은?

조류의 기원, 그리고 공룡과의 관계에 관한 논쟁은 분자연구실까지 파고들었다. 시카고의 필드 자연사박물관 Field Museum에 본부를 둔 초기 조류의 진화계통수 수립 연구 프로젝트 Early Bird Assembling the Tree-of-Life Research Project는 몇 년 동안 모든 주요 현생 조류 그룹의 DNA 염기서열을 연구 중에 있다. 현재까지 169종의 조류를 연구해 DNA 염기서열결정법상 19곳에 있는 32Kb 이상의 세포핵 DNA 염기서열이 확인되었다. 이 연구 덕분에 몇몇 새의 '비밀'은 이미 밝혀지기도 했다. 그중에는 야행성, 육식성 등 조류의 독특한 생활방식이 여러 번에 걸쳐 진화했다는 것도 있다. 일례로 낮에 활동하는 화려한 색의 벌새는 어두운 색깔의 야행성인 쑥독새에서 진화했다. 연구가 계속되면 수십 종의 새의 이름이 바뀌어야 할 뿐만 아니라 생물학, 고생물학, 조류관찰자의 휴대용 도감까지도 바뀌어야 할 것이다.

겉보기에 공룡과 현생 조류가 공통적으로 가진 전반적인 특징은 무엇일까?

공룡의 특징이 전부 다 현생 조류와 비슷한 것은 아니지만 비슷한 점이 많은 것은 사실이다. 예를 들어 일부 공룡은 뼈로 이루어진 꼬리, 손가락 끝에 난 발톱, 부리 등의 특징을 가지고 있으며 깃털이 난 공룡도 있었다.

그중에서 공룡과 조류를 연결하는 가장 두드러진 특징은 깃털이다. 아르카에옵테릭스 리토그라피카처럼 깃털 달린 공룡의 화석도 있고 중국 북동부에서 발견된 시노사우롭테릭스 프리마 Sinosauropteryx prima 처럼 다른 곳에서 발견된 표본도 있다. 이런 화석이 발견된 퇴적암에는 모두 깃털 같은 흔적이 남아 있다.

공룡과 조류를 연결하는 또 다른 특징은 골격의 일부가 비슷하다는 것이다. 예를 들어 데이노니쿠스의 화석에는 새의 특징이 많이 보인다. 커다란 머리는 새처럼 가늘고 긴 목 위에서 균형을 잡고 있으며 가슴은 짧았고 정지 자세에서는 가만히 있는 새의 날개처럼 팔이 안으로 접혀 있었다. 이 공룡의 두 번째 발가락에는 커다란 발톱이 달려 있었다. 이처럼 많은 면에서 데이노니쿠스의 발은 새의 발을 확대한 듯한 모습이다.

깃털은 어떤 식으로 진화했을까?

깃털이 어떤 식으로 진화한 것인지는 아직까지 파악되지 않고 있다. 우선 비늘이 변해서 깃털이 되었다고 보는 의견이 있다. 비늘은 본래 날기 위한 것이 아니라 체온을 보온하기 위한 단열 역할을 하다가 깃털로 변하게 되었다는 것이다. 깃털이 새발 위에 난 두꺼운 비늘과 비슷한 인갑에서 진화했다고 보는 의견도 있다. 그런

조류는 공룡과 비슷한 신체적 특징을 130여 가지나 가지고 있는데 어떤 종은 깃털을 가진 공룡과 놀라울 정도로 비슷한 모습을 보인다. 예를 들어 타조, 에뮤, 레아, 그리고 뉴질랜드에 서식하는 이 사진 속의 화식조(cassowary) 같은 주금류과 조류처럼 말이다. 화식조는 심지어 딜로포사우루스(Dilahosaurus) 같은 공룡의 머리 돌기도 있다.(Big Stock Photo)

데 새의 인갑, 각질 인편, 발톱 싸개, 새 눈 주변의 비늘이 모두 깃털과 동일한 화학 성분으로 이루어져 있고 동일한 유전자에 의해 제어되고 있다는 사실이 분석을 통해 드러났다. 공룡의 자매 그룹인 크로커다일 또한 새의 인갑과 똑같지는 않지만 비슷한 화학 성분으로 이루어진 인갑을 가지고 있다. 공룡도 인갑을 가졌다는 사실은 익히 알려져 있지만 어떤 화학 성분으로 이루어져 있는지는 밝혀지지 않았다. 또한 인갑이 깃털에서 진화한 것이라는 과학자도 있어 문제는 한층 더 복잡하다.

조류로 진화한 것으로 보이는 공룡은?

조류가 공룡에서 진화한 것이라고 믿는 고생물학자들은 몸집이 작은 육식성 수각아목 공룡이 조류의 조상일 가능성이 큰 것으로 보고 있다. 적어도 한 화석은 수각아목의 하부그룹인 드로마에오사우루스과가 조류를 비롯한 여러 계통으로 나뉘었음을 나타내는 것으로 보인다. 이 하부그룹 계통에는 벨로키랍토르, 데이노니쿠스, 유타랍토르 같은 공룡 종이 포함되기도 한다.

과학자들은 미크로랍토르가 날 수 있었다고 믿을까?

최근에 발견된 미크로랍토르 구이^{Micraptor gui}(약 1억 2500만 년 전에 살았다는 중국 북동부에서 발견된 깃털 공룡 화석)의 길이는 고작 77cm밖에 되지 않았다. 이 공룡은 날개가 한 쌍으로 이루어진 것이 아니라 하나의 날 개 위에 다른 날개가 올려져 있는 두 쌍으로 되어 있어 일종의 '복엽 비행기' 같은 모습이었다. 이런 특징 때문에 미크로랍토르는 날 수 없었던 대신 나무에서 나무로 미끄러지듯 이동하거나 심지어 한 장소에서 다른 장소로 껑충 뛰거나 미끄러져 이동했을 것이다. 여러 현생 조류와 달리 미크로랍토르는 나무에서 뛰어도 땅에 제대로 착지할 수 없었을 것이다. 구조상 날개가 낙하산 기능을 하지 못해 추락했을 것이기 때문이다.

수백만 년간 묻혀 있었음에도 불구하고 보존된 공룡의 단백질이 있을까?

있다. 최근에 노스캐롤라이나 주립대학교의 연구가들이 8000만 년 된 오리주둥이 공룡인 브라킬로포사우루스 카나덴시스^{Brachylophosaurus canadensis}의 화석에서 단백질의 일부를 발견했다. 단백질이 십만 년 이상 남아 있지 못할 것이라고 생각하던 과학자들에게 이는 놀라운 발견이 아닐 수 없었다. 연구 결과 '디노-프로틴^{Dino-protein}'이라는 별명이 붙은 이 공룡 단백질의 일부가 닭과 타조의 단백질과 유사하다는 사실이 발견되었다. 이 발견은 오늘날 공룡 연구 가운데 가장 논란이 일고 있는 조류와 공룡의 관계를 뒷받침하고 있다.

사실상 조류가 공룡이라고 주장하는 최신 학설은?

최근에 제기된 한 학설은 '조류가 공룡의 후손'이라는 데서 한 걸음 더 나아가 현생 조류가 사실상 공룡이라고 주장한다. 이 학설에 의하면 조류는 가벼운 체중, 민첩성, 날개, 깃털, 부리 등을 가진 새의 특징으로 진화한 공룡이라고 한다. 이런 전문화된 특징 때문에 이 동물이 중생대 말에 발생한 대멸종에서 살아남았으며 끊임없이 진화하여 현생 조류가 되었다는 주장이다.

모든 고생물학자가 조류와 공룡이 친척이라고 믿을까?

그렇지 않다. 고생물학자 모두가 조류가 곧 공룡이라거나 조류가 공룡에서부터 직접 진화했다고 믿는 것은 아니다. 그중에는 조류와 공룡이 고대 공룡이라는 동일한 조상의 후손이며 수렴진화에 의해 수천만 년 동안 표면적으로 유사한 여러 특징을 갖도록 진화했다고 믿는 고생물학자도 많다. 조류와 공룡이 모두 직립보행에 알맞은 신체구조로 진화했기 때문에 서로 닮아갔다는 것이다.

공룡과 조류가 직접적인 연관이 없다고 생각하는 주요 이유는 시기, 몸 크기의 차이, 다양한 골격, 손가락의 서로 다른 진화 등 네 가지로 나눌 수 있다. 우선 시기적인 면을 살펴보면 아르카에옵테릭스 리토그라피카가 나타난 지 3000만~8000만 년 후에 새처럼 생긴 공룡이 등장했다는 화석 증거가 있다. 이 증거로 보면 새가 새처럼 생긴 공룡보다 먼저 생겼다는 것인데 이는 조류가 공룡의 후손이라는 주장과 정반대이다.

둘째, 몸의 크기가 너무나 다르기 때문에 수각아목이 조류로 진화했다는 것은 거의 불가능에 가깝다는 주장이다. 그들은 육식공룡이 비교적 몸집이 큰데다 균형 잡는 데 이용하던 무거운 꼬리와 짧은 앞다리를 가진 육지동물이라 몸집이 가볍고 날아다니는 동물로 진화할 수 없음을 강조한다.

셋째, 조류와 공룡이 육안으로 보기에는 비슷한 골격을 가진 것 같지만 자세히 살펴보면 차이점이 많다는 것이다. 수각아목의 이빨은 휘어지고 톱니 모양이지만 초기 조류는 톱니 모양이 아닌 뾰족하고 똑바로 난 이빨을 가졌었다. 공룡은 초기 조류에게는 없었던 아래턱 관절이 있었다. 또한 조류와 공룡의 골반뼈도 매우 다르다. 그리고 조류는 나무에 올라앉을 수 있도록 뒷발가락이 뒤로 돌아 있지만 그런 발가락을 가진 공룡은 전혀 없었다.

넷째, 공룡과 조류의 손가락이 일치하지 않는다. 공룡은 인간의 엄지, 검지, 중지에 해당하는 세 개의 손가락이 나 있는 손이 있었다. 약지와 새끼손가락에 해당하는 네 번째와 다섯 번째 손가락은 아주 작게 돌출한 흔적만 남아 있는데 이는 초기

스켈리도사우루스 하리소니이(Scelidosaurus harrisonii)는 이빨 대신 새처럼 생긴 부리가 있다. 일부 공룡에게서 보이는 이 부리 때문에 공룡과 현생 조류를 같은 계통으로 보는 의견도 있다.(Big Stock Photo)

공룡의 뼈대에서 발견된 것과 동일하다. 그러나 최근 배아 연구를 통해 조류가 사람의 검지, 중지, 약지에 해당하는 둘째, 셋째, 넷째 손가락이 있는 손을 가졌었다는 사실이 밝혀졌다. 엄지와 새끼손가락에 해당하는 첫째 손가락과 다섯째 손가락은 퇴화되었던 것이다. 이렇게 둘째, 셋째, 넷째 손가락이 나 있는 손을 가졌던 새가 어떻게 첫째, 둘째, 셋째 손가락을 가졌던 공룡으로부터 진화할 수 있었는지 의아해 하던 고생물학자들은 이것을 불가능한 일이라고 결론지었다.

잃어버린 연결고리를 찾아서

모든 공룡이 멸종한 것이 아니라는 화석 증거는 어떤 것이 있을까?

최근에 발견된 몇몇 화석은 모든 공룡이 멸종한 것이 아니라 우리가 새라고 하는 동물이 바로 공룡이라는 근거로 거론되고 있다. 조류가 공룡의 후손일 뿐만 아니라 바로 공룡이라는 사실을 입증하는 근거로 중국에서 발견된 카우딥테릭스 조우이^{Caudipteryx zoui}와 프로타르카에옵테릭스 로부스트^{Protarchaeopteryx robust} 화석이 이용되는데 1억 2000만 년 된 이 두 공룡 종의 유해는 중국 북동부의 랴오닝 성에서 발견되었다. 발견된 화석은 프로타르카에옵테릭스 로부스트의 화석이 두 개이고 카우딥테릭스 조우이의 화석이 하나이다.

프로타르카에옵테릭스 로부스트 화석을 보면 이 공룡이 아르카에옵테릭스 리토그라피카의 친척임을 알 수 있다. 칠면조 크기의 이 공룡은 새의 솜털과 깃처럼 생긴 깃털로 덮여 있었다. 카우딥테릭스 조우이 화석은 수각아목 공룡의 특징이 있지만 역시 솜털과 깃처럼 생긴 깃털로 덮여 있었다. 날개 깃털은 날기 좋게 뒤쪽으로 향하지 않고 대칭 형태였다.

뼈대로 보아 두 공룡 모두 긴 다리로 빠르게 뛰었으며 새보다는 공룡에 더 가까운 것으로 보인다. 깃털이 있긴 했지만 두 공룡 모두 날 수는 없었을 것이다. 이는 일부 공룡이 비행 용도 이외의 목적으로 깃털을 갖게 되었다는 뜻이다. 이런 깃털 공룡은 백악기 말에 멸종하지 않았는데 이런 공룡이 계속 진화하여 현생 조류가 된 것이라는 주장이다.

조류와 드로마에오사우루스과 공룡의 관계를 나타내는 화석은?

미국 고생물학자 존 오스트롬(1928~2005)의 이름을 딴 '오스트롬의 위협적인 구름 새'라는 뜻의 라호나 오스트로미^{Rahona ostromi} 화석이 조류와 드로마에오사우루스과 공룡의 관계를 나타내는지도 모른다. 이 화석은 1995년에 아프리카 동부 해안에 있는 마다가스카르 섬에서 발견되었다. 화석의 나이로 보아 이 동물은 약 6500만~7000만 년 전인 백악기 후기에 살았다. 큰 까마귀 정도의 크기에, 펼친 날개의 길이가 0.6m에 달하는 원시 조류의 모습을 하고 있었으며 날개깃이 달려 있던 곳을 나타내는 조그만 돌기가 날개 뼈를 따라 나 있었다.

라호나 오스트로미는 날 수 있었던 것으로 보인다. 뒤쪽을 향해 있는 첫 번째 발가락은 이 동물이 현생 조류와 유사하게 나뭇가지 위에 걸터앉을 수 있었음을 나타낸다. 그러나 이 동물은 공룡의 특징도 많이 보이는데 그중에서도 두 번째 발가락이 매우 흥미롭다. 라호나 오스트로미의 두 번째 발가락에 나 있는 갈고리 모양의 무시무시한 발톱은 드로마에오사우루스과로 알려진 수각아목에 속하는 공룡 그룹에게서도 보이는 특징이기 때문이다.

슈부이아 데세르티라는 이름의 새와 비슷한 동물은?

8000만 년 된 슈부이아 데세르티Shuvuuia deserti 화석은 '새'를 뜻하는 몽골어와 '사막'을 뜻하는 라틴어에서 파생된 것으로 몽골의 고비 사막에서 발견되었다. 이 화석은 일부 과학자들이 공룡에서 새로 변해가는 중간 단계 중에서도 후기에 해당된다고 믿는, 알바레즈사우루스과Alvarezsauridae 공룡의 두개골이 포함된 최초의 화석이다. 슈부이아 데세르티는 칠면조 크기에 두 발로 걸었으며 꼬리와 목이 길었고 짧은 앞다리에는 뭉툭한 발톱이 달려 있었으며 날지 못하는 동물이었다. 이후에 발견된 표본에서는 퇴화된 두 번째 손가락과 세 번째 손가락이 발견되었다.

초기 아르카에옵테릭스 리토그라피카보다 더 발달하긴 했지만 슈부이아 데세르티의 생김새는 전형적인 현생 조류의 모습과 달랐다. 이를 토대로 고생물학자들은 백악기 후기에 존재하던 새의 종류도 현생 조류만큼이나 다양했을 것이라고 결론지었다. 백악기에 살던 원시 종들이 다르긴 하지만 그중 다수가 현생 조류에게서 찾아볼 수 있는 고유한 특징을 가지고 있었다. 슈부이아 데세르티의 경우에는 현생 조류와 두개골의 움직임이 유사했다. 즉 주둥이를 위아래로 자유롭게 움직여 입을 크게 벌릴 수 있었다.

우넨라기아 코마후엔시스라는 이름의 새처럼 생긴 동물은?

'파타고니아 북서부에서 온 반쪽 새'라는 뜻의 우넨라기아 코마후엔시스Unenlagia

^{comahuensis}는 약 9000만 년 전에 살았던 공룡이다. 최근에 발견된 여러 파충류와 마찬가지로 이 동물도 새의 특징을 보이고 있어 주목받고 있다.

우넨라기아 코마후엔시스가 새와 공룡을 이어주는 주요 열쇠라고 생각하는 과학자도 있다. 비록 몸집이 너무 커서 날 수는 없었지만 우넨라기아 코마후엔시스는 날개처럼 펄럭일 수 있는 팔과 새의 골반을 비롯해 조류와 공통적인 특징이 몇 개 있었다. 체고 1.5m에 달하는 이 공룡은 특히 견갑골이 새와 매우 비슷해 데이노니쿠스 같은 새를 닮은 원시 공룡들과 마찬가지로 견갑골의 아래팔 구멍이 뒤쪽 아래를 향하지 않고 앞쪽을 향해 있다. 또한 우넨라기아의 삼각형 모양 골반은 데이노니쿠스와 시조새의 중간 정도에 해당하는 것으로 보인다.

시노사우롭테릭스 프리마라는 이름의 새를 닮은 동물은?

중국에서 발견된 시노사우롭테릭스 프리마^{Synosauropteryx prima}의 화석은 깃털 같은 것이 달린 수각아목 공룡이다. 처음에는 이 공룡의 등을 따라 깃털이 나 있었다고 생각했지만 자세히 연구한 결과 지금은 이 동물이 실제로 깃털 같은 구조를 가졌던 것으로 보고 있다. 그런데 이렇게 합의를 보게 된 이유는 각각 다르다. 이 동물의 깃털 같은 구조가 움직이는 데 이용되었다고 보는 의견이 있는가 하면 새의 깃털로 진화하는 초기 단계에 해당하는 원시 깃털이라는 의견도 있다. 시노사우롭테릭스는 '중국의 깃털 공룡' 중 하나로 시조새보다 더 진화한 동물이다. 뼈대의 특징을 근거로 이것이 가장 원시적인 코엘루로사우루스과 공룡 중 하나라고 보는 의견도 있다.

시노사우롭테릭스와 유사 그 밖의 공룡들이 깃털의 진화에 대해 알려주는 것은 무엇일까?

시노사우롭테릭스의 깃털 같은 원시 깃털은 속이 텅 빈 가느다란 필라멘트로 덮여 있었던 것으로 보인다. 이런 원시 깃털은 새 깃털의 원시 형태일 수도 있고 일부 과학자들의 믿음처럼 날기 위한 것이 아니라 체온조절을 위한 것이었는지도 모른다. 과학잘들은 시노사우롭테릭스 같은 공룡들과 다른 유사한 공룡들, 그리고 동시대의 깃털 화석들을 통해 깃털의 진화에 대한 사실을 파악한다. 과학자들은 깃털이 지질연대상 짧은 기간 동안 진화한 것으로 추정하고 있으며 생존하는 데 매우 유리한 특성을 제공했던 것으로 보고 있다. 깃털로 인한 공기 역학적인 몸체와 따뜻하게 몸을 보호하는 단열 기능은 포식자들이 지배하는 세상에서 살아남기에 유리하게 작용했을 것이다.

깃털을 가진 동물은 새밖에 없을까?

지질연대에 수백만 년 이상이 포함되기 때문에 일부 과학자들은 깃털이나 원시 깃털의 일종을 가진 초기 동물이 또 있었을 것이라고 믿는다. 현생 조류가 두 발을 가진 육식공룡의 자손이라고 생각하는 과학자들이 많으며, 이런 선사시대 수각아목 공룡의 종류가 많았던 것을 보면 다른 공룡도 어렸을 때나 아니면 평생 동안 깃털을 가졌을 가능성이 있다. 예를 들어 새의 조상 종들은 평생 동안 깃털을 가졌지만 그렇지 않은 것도 있었다. 증거가 부족한 이유는 깃털이 보존되지 않았거나 이런 생각을 뒷받침할 만한 화석이 아직 발견되지 않았기 때문일 수도 있다.

초기 깃털 동물은 어떻게 날 수 있게 진화했을까?

초기 깃털 동물이 날 수 있도록 진화한 방식에 관해서는 여러 가지 학설이 있다. 한 학설에 따르면 미끄러지듯 움직이던 동물은 표면적을 몸통에서 바깥쪽으로 넓혔지만 날아다니는 동물은 표면적을 무게중심에서 먼 곳으로 넓혔기 때문에 날아오를 수 있어서 포식자들로부터 빠져나가는 기동성을 갖추게 되었다고 한다. 또 다른 학설은 날개의 움직임이 코엘루로사우루스과 공룡의 사냥 기법에서 진화했다고 주장한다. 골격 구조 상 이 공룡은 어깨 뒤에서 팔을 위아래로 움직일 수 있었기 때문에 사냥감을 쉽게 잡을 수 있었다는 것이다. 이 두 학설은 모두 새가 나무에서

이 그림 속의 기간토랍토르 얼리아넨시스(Gigantoraptor erlianensis) 같은 공룡은 깃털을 날아다니기 위해서가 아니라 장식용이나 단열용으로 이용한 것으로 보인다.(Big Stock Photo)

부터 아래로 활강한 것이 아니라 땅에서부터 위로 날아가도록 진화했음을 나타내는데 이를 가리켜 달리기 이론$^{Cursorial\ theory}$이라고 한다.

나무 위에서 살던 동물이 날 수 있게 진화한 것이라고 보는 의견도 있다(이를 가리켜 수목 이론 또는 나무 이론이라고 한다). 나무에서 뛰어내리면 상승할 수 있을 정도로 충분한 가속도가 붙는다는 것이다. 또 다른 과학자들은 동물이 특히 아래쪽을 향해 달려 내려갈 때 날개를 펄럭임으로써 아래쪽으로 영각을 늘려 날 수 있을 정도로 충분한 양력을 일으킬 수 있었던 것으로 보고 있다.

어떤 육식공룡 화석에 새의 부리 같은 흔적이 있을까?

캐나다 레드디어 강$^{Red\ Deer\ River}$ 배들랜즈^{Badlands}에서 육식성 오르니토미무스과 공룡의 잔해가 발견되었는데 이 화석은 두개골 앞쪽 주변에 케라틴의 흔적이 남아 있었다. 머리와 손톱에 들어 있는 케라틴은 새의 부리에도 들어 있다. 또한 이 화석은 부리의 증거를 가진 최초의 육식공룡 화석으로, 공룡의 이빨이 부리의 구조로 진화했을 가능성을 시사한다.

스키피오닉스 삼니티쿠스의 내부 구조를 통해 새의 조상에 관해 알 수 있는 점은 무엇인가?

1억 1300만 년 된 스키피오닉스 삼니티쿠스^Scipionyx samniticus 화석의 내부 구조와 독특한 신진대사를 연구한 결과 일각에서는 어떤 공룡 그룹도 새의 조상이 될 수 없다는 주장을 발표했다. 새와 스키피오닉스 삼니티쿠스(몸집이 작은 코엘루로사우루스과 수각아목)는 허파 구조뿐만 아니라 신진대사도 매우 달랐기 때문이다. 그러나 이는 신체 내부(호흡기관의 일부, 창자, 근육, 간)가 보존된 몇 개의 화석 중 하나만 연구한 결과를 근거로 한 것이다. 유용한 결론에 도달하기 위해서는 이런 연구 결과와 더불어 깃털의 존재, 공통적인 뼈대 특징 등 다른 연구 결과까지 통합적으로 살펴보아야 할 것이다.

공룡과 조류를 연결해줄 만한 새끼 새의 화석은?

1억 3500만 년 된 새끼 새의 화석이 스페인 북부의 피레네 산맥에서 발견되었다. 이 화석은 덜 자란 뼈대 속에 현생 조류처럼 날개와 깃털, 작은 구멍이 나 있었지만 머리와 목은 육식공룡과 비슷했고 씹기에 적합한 날카로운 이빨과 튼튼한 목 근육이 있었다. 공룡과 조류의 관계에 관한 문제로 인해 이 화석은 여전히 열띤 논쟁거리가 되고 있다.

북미의 공룡 화석

미국 내 초기 공룡 역사

미국에서 최초로 공룡 화석이 발견된 것은 언제, 어디에서였을까?

미국에서 최초로 수집된 공룡 화석은 1787년 필라델피아에 사는 카스파 위스타와 메이트록 위스타^{Caspar and Matelock Wistar}가 뉴저지에서 발견한 것이다. 이들은 1787년에 미국 철학회^{American Philosophical Society}에 발견한 내용을 보고했지만 이 내용이 발표되기까지는 75년이 걸렸다.

미국 내에서 안키사우루스의 뼈대가 최초로 발견된 곳은?

최초의 안키사루우스^{Anchisaurus}가 발견된 곳은 미국 북동부의 코네티컷 밸리이다. 솔로몬 엘스워스 주니어^{Solomon Ellsworth Jr.}와 나탄 스미스^{Nathan Smith}가 1818년에 이 공룡의 뼈를 발견했으나 사람의 뼈로 오인했다.

미국에서 최초로 공룡 발자국이 발견된 곳은 어디일까?

1800년 코네티컷에 있는 자신의 농장에서 미국 최초의 공룡 발자국을 발견한 사람은 윌리엄스 대학의 학생이었던 플리니 무디였다. 발자국 하나의 크기가 0.3m였는데도 불구하고 예일 대학교와 하버드 대학교의 과학자들은 공룡 발자국이 성경 속의 대홍수에 등장하는 '노아의 큰 까마귀 발자국'이라고 추정했다.

에드워드 히치콕 목사는 코네티컷 공룡 발자국의 주인이 어떤 동물이라고 생각했을까?

에드워드 히치콕 목사는 1800년대 중반에 매사추세츠 애머스트 대학교Amherst College 학장을 역임한 성직자이다. 그는 '공룡'이라는 용어가 생기기 6년 전인 1836년, 코네티컷 밸리 암석층에서 발견된 발자국을 묘사하는 논문을 발표했다. 평생에 걸쳐 이런 족적 화석을 2만여 종이나 수집했던 그는 애머스트 대학교에 전 세계에서 가장 방대한 족적 화석 수집 목록을 구성했다. 하지만 코네티컷 공룡 발자국이 도마뱀이나 파충류의 발자국이 아니라 거대한 새의 발자국이라고 생각했다.

최초로 판명된 공룡 발자국은?

최초로 공룡 발자국으로 판명된 것은 매사추세츠 주 홀리요크Holyoke 인근에 있는 코네티컷 강의 동쪽 강독에서 발견된 세 개의 발가락으로 이루어진 발자국이었다. 이 거대한 발자국은 원래 오르니티크니테스 기간테우스Ornithichnites giganteus라고 명명되었지만 이후에 에우브론테스 기간테우스Eubrontes giganteus로 명칭이

이 발자국과 비슷한 최초의 공룡 발자국이 매사추세츠 주 홀리요크(Holyoke) 근처에서 발견되었는데, 19세기 초에 공식적으로 공룡 발자국으로 판명되었다.(iStock)

바뀌었다. 이 발자국의 석판 인쇄는 1836년 윌리엄 버클랜드^{William Buckland}의 〈브리지워터 논문집^{Bridgewater Treatise}〉에 포함되었다.

공룡의 것일 수 있는 거대한 다리뼈를 언급한 초기 미국 원정대는?

토마스 제퍼슨^{Thomas Jefferson}(1743~1826) 대통령은 태평양 연안으로 통하는 북서부 통로를 찾도록 육군 장교였던 메리웨더 르위스^{Meriwether Lewis}(1774~1809)와 윌리엄 클라크^{William Clark}(1770~1838)가 지휘하는 초기 미국 원정대를 파견했다. 1806년에 이 탐험가들이 몬태나 주의 빌링스^{Billings} 근처에서 거대한 다리뼈를 발견했다는 기록이 남아 있는데 공룡의 것이 거의 확실하다.

서반구에서 발견되고 제대로 판명된 최초의 공룡 화석은?

1856년 펜실베이니아 대학교 해부학 교수이자 미국 고생물학자 조지프 라이디^{Joseph Leidy}(1823~1891)가 몇 개의 뼈대 화석을 공룡의 것이라고 정확하게 판명했다. 이 화석 유물은 1855년 공식적인 지질조사팀이 미국 서부에서 수집한 최초의 뼈 화석 중 일부였다. 이 뼈들은 현재 몬태나 주에 해당하는 곳에서 발견되었다. 대부분 이빨 화석으로 이루어진 이 유물은 트라코돈^{Trachodon}과 데이노돈^{Deinodon} 공룡의 것으로 추정된다.

일부 공룡이 직립보행을 했다고 최초로 주장한 사람은 누구일까?

원래 공룡은 기어다니는 거대한 도마뱀이나 포유동물 같은 특징을 가진 몸집이 비대한 네 발 파충류로 여겨졌었다. 그러나 1858년 미국 고생물학자 조지프 라이디는 뉴저지 주 해든필드^{Haddonfield}에서 윌리엄 헨리 폴크^{W.P. Foulke}가 발견한 거의 완전한 뼈대 화석을 설명하면서 이런 생각이 바뀌게 되었다. 하드로사우루스라는 이름의 이 뼈대 화석은 그때까지 발견된 어느 것보다 더 완전한 화석이었다. 그것은 또한 공룡이 직립보행을 했다는 사실을 나타내고 있었는데 당시로서는 획기적인 개념이 아닐 수 없었다.

미국 최초로 공룡의 뼈대가 직립보행 자세로 전시된 곳은 어디일까?

미국 최초로 직립보행 자세로 전시된 공룡은 1860년대에 필라델피아 과학아카데미Philadelphia Academy of Sciences에 전시된 하드로사우루스의 뼈대이다. 1858년 조지프 라이디가 명명하고 모습을 설명한 이 하드로사루우스는 북미 최초로 지지대 없이 세워졌다. 이 프로젝트를 위해 고생물학자인 에드워드 드링커 코프Drinker Cope(1840~1897)와 영국의 수정궁에 공룡 모형을 조각해 놓은 벤자민 워터하우스 호킨스Benjamin Waterhouse Hawkins(1807~1889)가 라이디와 공동으로 작업에 참여했다.

서반구에서 최초로 설치된 공룡 뼈대는 무엇이었을까?

서반구에서는 1901년 예일 대학교의 피바디 자연사박물관Yale's Peabody Museum of Natural History에 실제 공룡 뼈 화석으로 이루어진 최초의 뼈대가 설치되었다. 에드몬토사우루스의 뼈대로, 두 발로 똑바로 선 채 달리는 듯한 모습을 하고 있다.

뉴욕 센트럴 파크에 공룡의 모습이 복원된 모형이 있을까?

없다. 하지만 예전에는 뉴욕 센트럴 파크에 공룡의 모습을 복원한 모형이 있었다. 영국 수정궁 정원에 복원 모형을 제작했던 조각가 벤자민 워터하우스 호킨스는 1868년 센트럴 파크에 공룡 복원 모형을 만들어달라는 의뢰를 받았다. 하지만 호킨스가 '보스 트위드Boss Tweed(미국 정치가 윌리엄 M. 트위드William M. Tweed-옮긴이) 및 그의 일당과 정치적으로 대립하게 되면서 트위드는 공룡 모형을 부순 후 센트럴 파크의 호수에 던져버렸다고 전해진다. 공룡의 도안 밖에 남지 않았다는 것이다. 이 공룡 복원 모형에 관해서는 다른 설도 있다. 공룡이 공원에 파묻혀 있다는 주장인데 대부분 원래 이야기가 맞는 것으로 인정하는 편이다.

1800년대 후반에 북미에서 벌어졌던 '뼈 전쟁'이란 무엇인가?

'뼈 전쟁Bone War'이란 미국 서부 지역에서 앞을 다투어 공룡 화석을 찾고 수집하고 명명하고 설명하려 했던 경쟁을 일컫는 말이다. 이런 경쟁이 일게 된 원인은 두 미국 고생물학자 오스니엘 찰스 마쉬Othniel Charles Marsh(1831~1899)와 에드워드 드링커 코프가 서로 극심한 라이벌 의식을 느꼈기 때문이다.

1870년대를 시작으로 한때 친구였던 두 사람은 경쟁적으로 미국 서부로 향하는 원정을 지원하고 이끌었다. 또한 저마다 상대방보다 더 많은 공룡을 발견하고 명명하려고 애썼다. 그들의 목적은 콜로라도와 와이오밍 주의 코모 블러프Como Bluff의 여러 곳에 위치한 모리슨 지층에 매장되어 있는 백악기 후기 공룡의 유해를 발굴하는 것이었다.

그들이 발견한 새로운 공룡 중 알로사우루스, 예전에 브론토사우루스라고 불리던 아파토사우루스, 디플로도쿠스, 카마라사우루스, 트리케라톱스, 캄프토사우루스, 케라토사우루스, 스테고사우루스 등은 유명하다.

1890년대에 들어 이 두 사람은 총 136종의 공룡을 발굴하고 판명했는데 어찌 된 일인지 그 화석들을 분석하고 난 후에는 그 수가 다소 줄어들었다.

오스니엘 찰스 마쉬는 어떤 인물이었을까?

오스니엘 찰스 마쉬는 고생물학 분야에 수많은 기여를 한 미국 고생물학자였다. 그는 말의 진화 역사에 기여한 것을 비롯하여 1800년대 후반 '뼈 전쟁'이 벌어지는 동안 여러 가지 공룡을 발견하고 명명했다. 1866년에는 삼촌인 조지 피바디George Peabody의 경제적 후원을 받아 예일 대학교에 피바디 자연사박물관을 설립하는 데 도움을 주었다. 그는 예일 대학교의 교수이기도 했다.

마쉬는 또한 1882년에 최초의 공룡 분류를 출간하기도 했는데 이 분류가 현대 공룡 분류의 기초가 되었다. 같은 해 미국 지질조사국United States Geological Survey에서 공식적으로 척추동물 고생물학자로 임명하기도 했다.

에드워드 드링커 코프는 누구인가?

에드워드 드링커 코프(1840~1897)는 멸종된 파충류와 현생 파충류의 이름을 가장 많이 명명한 미국 고생물학자였다. 또한 다양한 어류와 포유동물 종 등 1,000여 개의 새로운 종을 명명한 그는 당대 최고의 양서류 전문가 중 한 사람으로 손꼽혔다.

필라델피아의 부유한 선박왕 아들로 태어난 코프는 필라델피아 과학아카데미와 연계된 프리랜서 학자로 살았다.

에드워드 드링커 코프의 이름을 딴 과학 저널은 무엇인가?

에드워드 D. 코프(1840~1897)를 기리기 위해 그의 이름을 본 따 제목을 붙인 과학 저널은 어류와 뱀을 주로 다루는 〈Copeia〉이다. 이는 비록 코프가 1800년 후반 '뼈 전쟁'에 몰두하긴 했으나 그 당시 현존하는 동물과 멸종된 동물에 관해 가장 권위 있는 인물로 꼽혔기 때문에 가능한 일이었다.

찰스 H. 스턴버그는 누구인가?

찰스 H. 스턴버그^{Charles H. Sternberg}(1850~1943)는 에드워드 드링커 코프의 공룡 수집가로 사회생활을 시작한 사람이다. 그 후 그는 전문 화석 수집가가 되었으며 1876년부터 1900년대 초까지 여러 기관에서 근무했다. 그는 몬태나 주와 남북 다코타 주를 가로질러 캐나다에 이르기까지 여러 지층에서 공룡 화석을 수집했고 아들들과 함께 캐나다 앨버타 주 배들랜즈에서도 중대한 화석들을 발견하고 수집했다. 그가 수집한 화석은 토론토, 오타와, 뉴욕 등 세계 여러 곳의 공룡 기관이 보유한 주요 공룡 화석 자료가 되었다.

모리슨 지층이란?

세계적으로 유명한 모리슨 지층은 모래와 진흙, 화산재 침전물이 쌓인 퇴적암의 특정 층을 가리키는 말이다. 모리슨 지층은 약 1억 4100만~1억 5600만 년 사이인 백악기 후기에 형성되었다. 이 암석층은 미국에서 가장 공룡 화석이 많은 곳 가운데 하나이며 훌륭한 표본들이 발견된 곳이기도 하다. 모리슨 지층은 1800년대 후반 콜로라도 주 모리슨 근처에서 처음으로 발견되었기 때문에 이런 이름을 갖게 되었다.

공룡 화석의 보고였던 콜로라도 주의 화석지는 어디어디일까?

콜로라도 주에는 특히 발견된 화석의 본질과 수적인 면에서 역사적으로 중요한 공룡 화석지가 네 군데 있다. 그것은 다이너소어 능선^{Dinosaur Ridge}, 가든 파크^{Garden Park}, 그랜드 정션^{Grand Junction} 지역, 그리고 다이너소어 국립기념공원^{Dinosaur National Monument}이다. 이런 지역을 비롯해 콜로라도 주의 여러 지역에서 공룡 발굴이 성공적으로 이루어진 이유는 쥐라기 시대에 형성된 모리슨 지층 중에 밖으로 노출된 암석이 있었기 때문이다.

다이너소어 능선이란?

다이너소어 능선은 대부분 모리슨 지층의 암석으로 이루어져 있다. 이 능선은 콜로라도 주 덴버 서쪽 인근인 모리슨이라는 마을의 북쪽에 위치해 있다. 이 화석지는 1877년 아서 레이크스^{Arthur Lakes}(1844~1917)에 의해 처음으로 발견되었으며 유명한 '공룡 화석 전쟁' 혹은 '뼈 전쟁' 동안 잇따라 화석이 발굴되었다. 이 화석지에서는 오스니엘 찰스 마쉬와 그의 팀이 발굴 작업을 했다.

콜로라도 주와 유타 주의 경계에 있는 호그백 능선이 가진 중요성은 무엇일까?

본래 스플리트 산^{Split Mountain}의 호그백 능선^{Hogback Ridge}은 미국 고생물학자 얼 더글라스^{Earl Douglass}(1862~1931)가 카네기박물관을 위해 1909년부터 1922년까

얌파 강(Yampa river)와 그린 강(Green river)은 콜로라도 다이너소어 국립기념공원 안에 있는 스팀보우트 락(Steamboat rock)에서 합류한다. 이 지역은 공룡 화석의 보고이다.(Big Stock Photo)

지 발굴 작업을 하던 곳이었다(이 화석지는 카네기 채석장 Carnegie Quarry이라고 불렸다). 그러나 1915년 10월 4일, 고생물학적 중요성을 인식한 우드로우 윌슨Woodrow Wilson 대통령이 더 이상의 개발을 막기 위해 다이너소어 국립기념공원으로 지정했다.

1909년 더글라스는 이 화석지에서 아파토사우루스의 등뼈를 발견했는데 암석에서 뼈대를 발굴하여 카네기 박물관에 전시되기까지는 6년이라는 시간이 소요되었다. 이후 유타 대학교와 스미스소니언 협회 Smithsonian Institution를 위해 이 채석장에서 2년 동안 더 작업하다가 1922년에 디플로도쿠스를 발견하였는데 현재 스미스소니언 협회에 전시되어 있다. 오늘날 호그백 능선을 방문하면 관광 센터의 북쪽 벽 역할을 하고 있는 채석장의 표면을 볼 수 있는데 표면 위에 놓여 있던 암석을 제거했기 때문에 공룡 뼈가 있는 모습을 그대로 볼 수 있다.

코모 블러프란 무엇이고 어디에 있을까?

코모 블러프Como Bluff는 와이오밍 주 남부에 위치한 동서로 이어진 긴 능선을 말한다. 이곳은 1800년대 후반에 벌어진 '뼈 전쟁'이 일어나는 동안 유명한 쥐라기 공룡 화석이 발굴되었던 화석지이기도 하다. 이 공룡 뼈는 새로운 철도가 놓이던 중에 유니온 퍼시픽 레일웨이^{Union Pacific Railway}의 직원이었던 W.E. 칼린^{W.E. Carlin}과 빌 리드^{Bill Reed}에 의해 발견되었다. 그들은 거대한 뼈를 팔기 위해 비밀리에 오스니엘 찰스 마쉬에게 연락을 취했다. 마쉬는 조수였던 S.W. 윌리스톤^{S.W. Williston}(1851~1918)을 보내 그곳을 살펴보라고 지시했다. 윌리스톤은 마쉬에게 '길이가 11km나 되고 무게가 몇 톤이나 나가며… 뼈들이 매우 두껍고 잘 보존되어 있어 발굴하기 쉬울 것'이라고 보고했다. 윌리스톤의 말을 들은 마쉬는 칼린과 리드가 자기만을 위해 일할 수 있도록 고용했고 뼈대 화석은 예일 대학교로 보냈다. 마쉬는 코모 블러프에서 발견된 뼈대 표본 중에 스테고사우루스, 알로사우루스, 나노사우루스, 캄프토사우루스, 브론토사우루스(지금은 아파토사우루스와 동일한 공룡으로 판명되었다)를 명명했다. 1889년 이후로는 코모 블러프에서 발굴 작업이 이루어지지 않고 있다.

미국에서 스테고사우루스의 완전한 뼈대 화석이 최초로 발견된 때는 언제였을까?

1886년 콜로라도 주 캐년^{Canyon} 시 근처에서 오스니엘 찰스 마쉬 팀이 스테고사우루스의 화석화된 유해를 발견했다. 이 공룡의 등에는 두 줄로 된 골판이 엇갈린 상태로 나 있었다. 이후 이 뼈대는 화석지에서 발견된 모습 그대로 워싱턴 DC에 소재한 스미스소니언 협회에 전시되었다.

전 세계에서 수각아목 뼈대가 가장 많이 매장된 곳은 어디일까?

전 세계에서 수각아목의 뼈대가 가장 많이 매장된 곳은 뉴멕시코 주 북서부에 위치한 고스트 랜치 채석장^{Ghost Ranch Quarry}이다. 1947년 미국 자연사박물관의 원정 대원이었던 조지 위테이커^{George Whitaker}와 에드윈 해리스 콜버트^{Edwin Harris Colbert}(1905~2001)가 고스트 랜치의 아로요 세코^{Arroyo Seco}(마른 협곡)에서 트라이아스기 후기에 살던 코엘로피시스의 뼈대를 100여 개나 발견했다.

이 화석지에 매장된 두개골들의 크기가 8~26cm에 이르기까지 다양한 것으로 보아 새끼와 성체가 함께 있었다는 것을 알 수 있다. 계속 발굴 작업을 진행하던 조지 위테이커와 칼 소랜슨^{Carl Sorenson}은 1948년에는 코엘로피시스 두 마리의 뼈대를 발견했는데 새끼 공룡의 뼈가 다 자란 공룡의 복부 안쪽에 있었다. 이는 코엘로피시스가 공룡을 잡아먹고 살았다는 것을 시사한다.

많은 공룡이 이렇게 좁은 곳에 함께 있었던 이유가 무엇인지는 아직도 미스터리로 남아 있다. 일부 고생물학자들은 코엘로피시스 무리가 강을 건너던 와중에 홍수에 휩쓸렸을 것이라고 추정한다. 만일 그것이 사실이라면 이는 공룡이 무리지어 행동했다는 최초의 증거가 될 것이다.

미국에서 트리케라톱스 공룡 화석이 최초로 발견된 때는?

백악기에 살았던 뿔이 세 개 달린 초식공룡의 화석화된 두개골을 존 벨 해처^{John Bell Hatcher}(1861~1904)와 오스니엘 찰스 마쉬가 1888년 몬태나 주 주디스 강^{Judith river} 강둑에서 발견했다. 이후 이 공룡에게는 트리케라톱스라는 이름이 지어졌다.

미국에서 티라노사우루스 렉스의 화석이 최초로 발견된 것은 언제였을까?

최초의 티라노사우루스 렉스 뼈대는 1902년, 미국에서 가장 위대한 공룡 화석 수집가라고 할 수 있는 바넘 브라운(1873~1963)에 의해 발견되었다. 미국 자연사 박물관에서 근무하던 브라운은 몬태나 주 헬 크릭^{Hell Creek}에서 티라노사우루스 렉스의 유해를 발견했다.

미국에서 화석화된 공룡 피부가 최초로 발견된 곳은 어디인가?

1908년 와이오밍 주에서 고생물학자인 찰스 H. 스턴버그와 그의 세 아들들인 찰스 M. 스턴버그^{Charles M. Sternberg}, 조지 스턴버그^{George Sternberg}, 레비 스턴버그^{Levi Sternberg}는 오리주둥이 공룡의 피부 자국 화석을 발견했다.

공룡 화석의 보고인 '화석 공원'으로 추정되는 화석지가 전 세계 여러 곳에 있다.(iStock)

미국에서 아파토사우루스의 거의 완전한 뼈대가 발견된 곳은 어디인가?

1909년 미국 고생물학자인 얼 더글라스(1862~1931)가 유타 주와 콜로라도 주 경계에 있는 카네기 채석장(현재 다이너소어 국립기념공원)에서 아파토사우루스(예전에는 브론토사우루스로 잘못 알려졌었다)의 뼈대를 발견했다. 1923년까지 지속적인 발굴 작업이 이루어진 이 지역은 미국에서 쥐라기 공룡 화석이 가장 많이 매장된 화석의 보고로 알려져 있다.

최근 미국에서 발굴된 공룡 화석

미국에서 발견된 주목할 만한 공룡 보행렬은?

미국에서는 공룡 보행렬이 지속적으로 발견되고 있다. 예를 들어 코네티컷 주의 록키 힐Rocky Hill에 위치한 다이너소어 주립공원Dinosaur State Park은 북미에서 가장 큰 공룡 보행렬 화석지 중 하나이다. 이 공원의 측지선 돔 아래에는 극히 예외적으로 2억 년 전에 생긴 쥐라기 전기 보행렬 화석이 전시되어 있다.

1989년에는 고생물학자들이 버지니아 주 컬페퍼Culpeper의 한 채석장에서 1000여 개의 잘 보존된 공룡 발자국을 발견했는데 이 공룡 발자국들은 약 2억 1000만 년 전에 생긴 육식공룡의 발자국으로 추정된다. 가장 자세하고 긴 공룡의 보행렬은 현재 와이오밍 주 월랜드Worland 근처에 위치한 레드 걸치 다이너소어 트랙사이트Red Gulch Dinosaur Tracksite라는 곳에서 발견되었다. 약 1억 6700만 년 전의 것으로 추정되는 네 발 공룡과 두 발 공룡의 족적 화석 다수가 한때 선댄스 해Sundance Sea로 알려졌던 지역의 공유지에서도 발견되었다. 보다 최근에는 와이오밍 주의 빅혼 베이즌Bighorn Basin에 있는 쥐라기 후기 모리슨 지층에서 용각아목의 공룡 발자국이 인상적인 피부와 발바닥 자국과 함께 발견되기도 했다.

미국에서 수퍼사우루스의 뼈대가 최초로 발견된 곳은 어디인가?

가장 큰 공룡 가운데 하나로 추정되는 수퍼사우루스Supersaurus 화석이 있던 곳은 콜로라도 주 서부의 언컴파그레 고원Uncompahgre Plateau에 위치한 드라이 메사 채석장Dry Mesa Quarry이다. 이 화석지는 1972년 콜로라도 주 델타에 사는 아마추어 고생물학자 에드 존스Ed Jones와 비비안 존스Vivian Jones가 처음으로 탐사한 곳이다. 또한 거대한 울트라사우루스Ultrasaurus의 화석이 발견된 곳이기도 하다. '짐보Jimbo'라는 별명을 가진 훨씬 더 완전한 수퍼사우루스의 새 표본은 와이오밍 주의 컨버스 카운티Converse County에서 발견되었으며 현재 와이오밍 다이너소어 센터Wyoming Dinosaur Center에 전시되어 있다.

'수'라는 별명을 가진 유명한 공룡은?

'수Sue'는 현재까지 발견된 가장 완전한 티라노사우루스 렉스의 화석에 붙여진 별명이다. 대개 전체 뼈대의 40~50% 정도밖에 발견되지 않은 다른 화석에 비해 '수'는 거의 90% 가량이 발견되었다. 이 사실만으로도 수는 중요한 화석이라고 할 수 있다.

그러나 '수'가 유명해진 이유는 소유권을 둘러싼 법적 다툼 때문이었다. 이 화석은 1990년 수 헨드릭슨^{Sue Hendrickson}에 의해 발견되었고 그녀의 이름을 따서 '수'라는 별명이 붙었다. 헨드릭슨은 사우스다코타 주에 있는 모리스 윌리엄스^{Maurice Williams} 소유의 샤이엔 강 보호구역^{Cheyenne River Reservation}을 걷던 중 이 화석화된 뼈대를 발견했다. 총 130개의 나무 상자에 담기게 된 완전한 유해는 피터 라슨^{Peter Larson}과 그의 블랙 힐스 인스티튜트^{Black Hills Institute} 동료들이 발굴했다. 그리고 1992년 이 뼈대를 둘러싼 소유권 분쟁으로 FBI가 라슨의 박물관을 급습해서 뼈대를 압수하는 사건이 벌어졌고 그 후로 기나긴 시간 동안 법정 소송이 진행되었다. 결국 라슨은 투옥되고 화석의 소유권은 윌리엄스에게 넘어가는 것으로 소송이 마무리되었다. 윌리엄스는 공개 경매를 통해 이 뼈대를 판매하기로 결정했다. 1997년 10월 소더비스^{Sotherby's}에 의해 경매가 진행된 이 화석은 836만 달러에 시카고 필드 자연사박물관^{Chicago Field Museum of Natural History}에 소유권이 넘어갔다.

2000년 5월 시카고 필드 자연사박물관은 완전하게 복원된 '수'를 영구 전시용으로 공개했다. 수는 현재까지 발견된 티라노사우루스 렉스의 화석 중에서 가장 보존이 잘 된 것으로 손꼽힌다. 또한 시카고를 방문하지 못하는 사람들을 위해 수의 복제품이 미국과 전 세계를 돌아다니며 전시되고 있다. 실물 크기의 수 복제품은 플로리다 주 올랜도에 소재한 월트 디즈니 월드^{Walt Disney World}의 애니멀 킹덤^{Animal Kingdom} 내 다이노랜드 유에스에이^{DinoLand U.S.A}에도 전시되어 있다.

미국에서 발견된 또 다른 주목할 만한 티라노사우루스 렉스의 화석으로는 어떤 것이 있을까?

현재까지 발견된 것 중 가장 큰 것은 1997년 여름에 몬태나 주의 포트 팩^{Fort Peck}

가장 유명한 티라노사우루스 렉스의 화석은 '수'라는 별명의 화석인데 시카고의 필드 자연사박물관에 전시되어 있다. 플로리다 주 월트 디즈니 월드의 애니멀 킹덤에서도 수의 복제품을 볼 수 있다.(Big Stock Photo)

근처에 있는 백악기 시대 뼈대 화석지에서 발견되었다. 이 지역은 몬태나 주 동부의 배들랜즈에 있다. 이 화석은 공룡 뼈대 화석이 묻힌 곳으로 잘 알려진 헬 크릭 Hell Creek이라는 암석층에서 발견되었다. 예전에는 이곳이 하도였던 것으로 추정된다. 죽은 공룡의 뼈대가 하도로 씻겨 내려와 한 곳에 쌓이게 되었던 것이다. 일부만 발굴되었음에도 불구하고 거의 완전해 보이는 이 뼈대는 현재까지 발견된 티라노사우루스 렉스의 화석 가운데 가장 큰 표본으로 치골만 해도 133㎝나 된다. 그 전까지 가장 큰 것으로 알려진 것은 치골의 길이가 122㎝였던 티라노사우루스 렉스였다. 이 공룡의 두개골은 약 2m에 달했다.

2001년에는 또 한 건의 놀라운 발견이 있었다. 어린 티라노사우루스의 뼈 절반이 일리노이 주 락포드Rockford에 위치한 버피 자연사박물관Burpee Museum of Natural History의 발굴팀에 의해 몬태나 주의 헬 크릭 지층에서 발견되었던 것이다. '제인 더 락포드 티-렉스^{Jane the Rockford T-Rex}'라고 명명된 이 화석은 처음에는 티라노사우루스과에 속하는 몸집이 작은 나노티라누스^{Nanotyrannus}로 추정되었다. 그러나 이 화석을 검사한 전문가들은 이것이 어린 티라노사루우스 렉스라고 입을 모았다. 이 화석은 어린 티라노사루우스 렉스 뼈대 가운데 현재까지 가장 완전하고 가장 보존이 잘 된 것이다.

앞으로 확인되거나 분석되어야 할 미국 공룡 화석도 있다. 예를 들어 잭 호너^{Jack Horner}는 2001년도에 시카고 필드 자연사박물관에 있는 공룡 '수'보다 10% 정도 더 큰 티라노사우루스 렉스의 화석을 발견했다고 밝혔다. 호너는 아내의 이름을 따 그 표본을 '셀레스트^{Celeste}', 즉 C. 렉스라고 부르는데 그 화석에 관해서는 아직도 연구가 진행 중이다.

1960년대에 발견된 것이긴 하지만 몬태나 주립 대학교의 연구가들이 발견했다고 주장하는 가장 큰 티라노사우루스의 두개골도 있다. '수'의 두개골이 141cm인데 반해 이 두개골의 길이는 155cm로 현재까지 발견된 것 중 가장 크다.

미국에서 공룡 화석지가 가장 많은 주는 어디일까?

많은 주에 공룡 화석지가 있지만 현재까지 가장 많은 화석이 발굴된 주는 콜로라도 주, 유타 주, 와이오밍 주 그리고 몬태나 주이다.

미국 도심지에서 공룡 화석이 발견된 적이 있었을까?

얼마 전 콜로라도 주 덴버의 도심지에서 건설 프로젝트가 진행되던 중 공룡 화석이 발견된 적이 있었다. 그 지역에는 공룡을 비롯한 여러 생물의 화석이 매장되어 있었다. 그 지역이 수천만 년 전에 열대우림의 일부였다는 증거도 있다. 1989년에는 덴버 국제공항 발굴 작업을 하던 와중에 뼈대 화석과 식물 화석이 발견되기도 했다. 최근에는 웨스트무어^{Westmoore}의 헤리티지 골프장^{Heritage Golf Course}에서 페어웨이를 만들던 중 네 마리의 트리케라톱스 유해가 발견된 적이 있었다. 이 골프장의 남쪽 구역에서는 다섯 마리의 크로커다일 뼈대와 한 마리의 포유동물 뼈대가 발견되기도 했다.

뉴멕시코에서 발견된 가장 오래된 공룡알 껍데기를 발굴하는 데 사용되었던 특별한 도구는?

6.5㎠ 크기의 1억 5000만 년 된 공룡알 껍데기를 발굴하는 데 사용된 특별 도구는 장난감 굴착기였다. 이 '정교한 고생물학적 도구'는 뉴멕시코 주에 사는 데이빗 쉬플러David Shiffler라는 세 살짜리 꼬마가 가지고 놀던 것이었다. 데이빗의 가족이 캠핑 여행을 다녀오던 길에 리오 푸에르코Rio Puerco 강변에서 잠시 쉬고 있을 때 그 틈을 타 데이빗이 장난감 굴착기를 가지고 모래밭을 파기 시작했다. 그러다 작은 물체를 발견하게 되었는데 데이빗은 그것이 공룡알 껍데기라고 우겼다. 나중에 데이빗의 아버지가 그 물질을 고생물학자에게 가져가 보여주자 실제로 쥐라기 후기에 살았던 공룡의 알 껍데기라는 것을 확인할 수 있었다. 그 공룡알 껍데기는 뉴멕시코 주는 물론 전 세계에서 발견된 가장 오래된 공룡알 껍데기이다. 그로 인해 데이빗은 중대한 고생물학적 발견을 이룬 가장 어린 인물이 되었다.

믿기지 않을지도 모르지만 세 살짜리 데이빗 쉬플러가 뉴멕시코에서 가장 오래된 공룡알 껍데기를 발견했을 때 사용한 것은 사진 속 장난감처럼 생긴 장난감 굴착기였다.(iStock)

유타 주에서 발견된 갑옷 공룡 화석은?

얼마 전 유타 주 솔트레이크 시티에서 남서쪽으로 160㎞가량 떨어진 곳에서 두 종의 새로운 갑옷 공룡 화석이 발견되었다. 이 두 공룡은 모두 길이가 9m였는데 하나는 곤봉 모양의 꼬리 끝을 한 안킬로사우루스과에 속하는 갑옷 공룡으로 현재까지 발견된 것 중 가장 오래된 것이다. 다른 하나는 곤봉 같은 꼬리가 아닌 노도사우루스과^{Nodosauridae}에 속하는 갑옷 공룡으로 화석 기록상 가장 큰 것이다. 대부분의 안킬로사우루스과 공룡은 아시아에서 발견되었으며, 이 공룡들은 약 1억 년 전에 육지 다리를 건너 북미로 이주한 것으로 추정된다.

세계에서 가장 오래되고 가장 원시적인 오리주둥이 공룡이 발견된 곳은 어디인가?

전 세계에서 가장 오래되고 가장 원시적인 오리주둥이 공룡인 프로토하드로스 비르디^{Protohadros byrdi}는 텍사스 주 북중부에 위치한 플라워 마운드^{Flower Mound} 근처를 가로지르는 도로에서 발견되었다. 이 공룡이 약 9550만 년 전에 죽었을 때는 북미의 중앙에 낮은 해로가 있었고 텍사스 북부는 나무가 많은 습지였다. 과학자들은 이 발견을 통해 하드로사우루스의 서식지가 아시아가 아니라 북미였는지 파악하는 중이다.

동부 해안 공룡 발자국을 발견한 것은 아마추어 고생물학자였다?

그렇다. 1억 500만~1억 1500만 년 정도 된 것으로 보이는 공룡 발자국과 날아다니는 파충류의 발자국 다수가 레이 스탠포드^{Ray Stanford}라는 워싱턴 D.C에서 살던 아마추어 고생물학자에 의해 워싱턴 D.C의 한 강바닥에서 발견되었다. 4년여에 걸쳐 발굴한 결과 거의 900점에 달하는 백악기 중기 공룡과 다른 척추동물의 발자국들이 발견되었다. 이 발자국들은 적어도 이십여 종의 공룡 발자국인 것으로 나타났다. 스탠포드의 발견은 워싱턴 D.C에 공룡 발자국이 없을 것이라고 생각했던 전문 고생물학자들을 놀라게 만들었다. 그는 또한 새로운 종의 공룡을 발견하기도 했다.

동부 해안에서 예기치 않게 이런 발자국이 발견되었다는 사실 외에도 전에는 알려지지 않았던 몇 종을 비롯해 최대 십여 종의 공룡 발자국이 이 발자국들 사이에 포함되어 있다는 사실이 놀랍다. 여러 종의 초식공룡과 어린 안킬로사우루스과 공룡의 발자국도 있는 것으로 추정된다.

쥐라기의 나무 화석이 발견된 곳은 어디일까?

쥐라기의 나무 화석은 콜로라도 주 캐논 시 근처에 있는 가든 파크^{Garden Park}의 화석 공원^{Fossil Park}으로 견학을 온 청소년이 발견했다. 땅 위에서 뒹굴며 놀던 아이가 뼈처럼 보이는 것을 발견했고 그것을 본 관광 가이드가 그것이 무엇인지 알아차렸다. 그 후 구과식물의 일종으로 추정되는 이 화석화된 나무가 조심스럽게 발굴되었다. 이 화석은 가든 파크, 아니 콜로라도 주의 프런트 레인지 전체에서 발견된 최초의 쥐라기 시대 나무로 약 1억 5000만 년 전의 것으로 짐작되고 있다.

펜실베이니아 주에서 발견된 것 중 트라이아스기의 멸종을 이해하는 데 도움을 주는 것은?

힙소그나투스속에 속하는 동물의 두개골 세 개가 펜실베이니아에서 발견되었다. 그중 두 개는 엑세터 타운십^{Exeter Township}의 한 건설 현장에 있던 이암 퇴적층에서 발견되었고 나머지 하나는 펜스버그^{Pennsburg}에서 발견되었다. 이 화석지들은 펜실베이니아 주의 알렌타운^{Allentown}과 포츠타운^{Pottstown} 사이에 위치하고 있는데 판게아 초대륙이 분리되면서 형성된 뉴아크 분지의 일부분이었다. 이 동물들의 유해는 약 2억 년 전인 트라이아스기 말, 대멸종이 발생하기 겨우 50만 년 전에 살았던 것으로 추정된다. 이 화석들로 인해 고생물학자들은 그 시기에 살았던 보기 드문 동물 화석 기록을 확보할 수 있었다.

힙소그나투스 파충류는 몸길이 0.3m에 뿔이 달린 초식동물로 현생 마멋과 비슷하게 생겼다. 이들은 트라이아스기에 양서류, 파충류 등과 함께 살았는데 그 당시에는 비교적 생긴 지 얼마 안 되는 몸집이 작은 공룡도 살았다. 과학자들은 약 2억 년 전에 발생한 대멸종으로 인해 진화과정이 변하면서 공룡이 세상을 지배하고 되었고 몸집이 더 커졌으며 종류가 더 다양해진 것으로 보고 있다. 그 시기의 뼈대 화석이 많지 않은 관계로 이 대멸종을 뒷받침하는 증거는 매우 드물다. 힙소그나투스 두개골의 발견은 이들이 트라이아스기에서 쥐라기로 넘어가는 시기까지 살았다는 것을 나타내며 따라서 대멸종설을 뒷받침한다.

유타 주에서 발견된 백악기 시대 화석을 통해 알 수 있는 것은?

약 80종의 동물 화석을 비롯해 6000여 개의 화석이 유타 주의 에머리 카운티^{Emery County}에서 발견되었다. 이 화석지에서 발견된 표본들은 약 1억 년 전의 것으로 추정되며 이 지역에서 최초로 발견된 1억 4500만~6500만 년 사이(백악기 말)의 화석이기도 하다. 이 화석들은 백악기 말에 발생했던 대변화를 조명하는 데 도움이 될 것이다.

이 백악기 화석과 관련해서 매우 흥미로운 점이 몇 가지 있다. 예를 들어 백악기에 북미를 지배했던 초기 공룡은 몸집이 크고 목이 긴 용각아목 공룡이었다. 그러나 식욕이 왕성했던 이 엄청난 수의 용각아목 공룡으로 인해 그 당시 존재했던 나무들이 거의 사라지다시피 했다. 그러자 자라는 속도가 빠르고 대량 서식이 가능했던 새로운 종류의 종자식물이 그곳으로 몰려와 퍼지기 시작했다. 이런 초기 종자식물은 덤불과 관목처럼 땅 위에 낮게 자랐다. 결국 충분한 먹이를 얻을 수 없었던 목이 긴 용각아목 공룡은 사라졌고 낮게 자라는 식물을 먹을 수 있는 새로운 종류의 공룡이 등장하게 되었다. 이런 공룡으로는 오리주둥이 공룡과 몸길이가 짧고 땅딸막하며 뿔이 달린 공룡이 있다.

북미에서 발견된 이 공룡들의 혈통에 관해 새로운 사실이 밝혀지기도 했다. 이 화석지에서 발견된 거의 모든 공룡이 아시아에서 최초로 발견되었다는 점이다. 그래서 현재는 백악기에 북미 지역에서 살았던 공룡이 아시아에서 최초로 생겨난 공룡의 후손이라고 인식하고 있다. 이는 아시아에서 생겨난 이 공룡 대부분이 약 1억 년 전에 북미에서 살았다는 최초의 증거이기도 하다.

북미의 유명한 고생물학자

엘머 리그스는 누구인가?

1900년에 콜로라도 주 그랜드 정선 지역에서 '팔 도마뱀'인 브라키오사우루스가 처음으로 발견되었다. 이 공룡은 뒷다리에 비해 앞다리가 길어서 이런 이름을 얻었으며 당시에는 가장 커다란 공룡이라고 생각했다. 브라키오사우루스는 시카고에 있는 필드 콜롬비안 박물관Field Columbian Museum(현재의 필드 자연사박물관)에서 고생물학 보조 큐레이터로 일하던 엘머 리그스Elmer Riggs(1869~1963)와 H. W. 멘키H.W. Menke에 의해 발견되었다. 브라키오사우루스의 뼈가 발견되고 발굴된 지역은 현재 리그스 힐Riggs Hill이라고 불린다. 리그스는 용각아목이 육지와 물에서 사는 양서류가 아니라 현생 코끼리와 비슷한 습성을 가진 육지동물이라고 주장했던 사람으로, 당시로서는 대단히 파격적인 생각이었다.

존 오스트롬이 발견한 것 중에 공룡의 행동과 생리에 관한 새로운 학설을 낳은 것은?

예일 피바디박물관에 근무하던 존 오스트롬(1928~2005)이 '날카로운 발톱'이라는 뜻의 데이노니쿠스를 발견하고 모습을 설명한 일이 공룡에 관한 우리의 인식을 바꾸는 촉매 역할을 했다. 1964년 데이노니쿠스 뼈대가 몬태나 주의 백악기 전기 지층인 클로벌리 지층Cloverly formation에서 발굴되었다. 오스트롬은 자신이 발견한 것을 1969년에 발표했다. 이 화석과 더불어 데이노니쿠스와 관련된 다른 화석들로 인해 가장 공격적이고 가장 지능이 뛰어난 수각아목 공룡일지도 모르는 드로마에오사우루스과Dromaeosauridae 공룡에 관한 많은 사항이 밝혀졌다.

발굴 작업을 통해 발견된 화석 기록을 근거로 오스트롬은 이 공룡이 무리를 지어 다녔으며 따라서 사회 그룹을 구성했다는 증거일 수도 있다고 결론지었다. 또한 이 공룡의 뼈는 가늘고 가벼웠으며 균형을 잡기 위해 똑바로 선 꼬리와 부여잡을 수 있도록 발톱이 달린 긴 팔, 고기를 뜯어먹을 수 있도록 뒤쪽으로 휘어진 날카로운 이빨, 베는 기능을 가지고 있었던 두 번째 발가락에 달린 거대한 갈고리 모양의 발톱이 달려 있었다. 또한 그 당시 공룡에 대해 사람들이 가지고 있던 인식과 다르게 이 공룡의 몸집은 빠르고 날렵하게 움직이는 데 적합했다. 이런 발견을 통해 오스트롬은 데이노니쿠스가 온혈동물일지도 모른다는 설을 제기했다. 이런 급격한 개념의 변화가 공룡의 생리에 관한 새로운 생각을 불러일으켰으며 결국 공룡이 활동적이고 사회적인 동물이라는 현재의 개념으로 이어지게 되었다.

오스트롬의 생각은 거기에서 멈추지 않았다. 그는 거의 혼자 힘으로 조류가 공룡의 후손이라고 과학계를 설득한 고생물학자이기도 했다. 뿐만 아니라 그의 발견은 《쥐라기 공원》 책과 영화를 비롯해 공룡 진화에 관한 수많은 책의 토대가 되었다.

바넘 브라운은 누구인가?

유명한 서커스 단원인 P.T. 바넘의 이름을 딴 바넘 브라운은 가장 위대한 공룡 화석 수집가라고 할 수 있다. 미국 자연사박물관에서 근무하던 브라운은 미국을 횡단하며 공룡과 다른 동물의 화석을 흥정하고 교환했다. 그가 발견한 최고의 공룡 화석은 캐나다 앨버타 주 중부에 있는 드라이 아일랜드 버팔로 점프 주립공원 Dry Island Buffalo Jump Provinvial Park에서 1910년에 발굴된 알베르토사우루스 떼의 뒷다리 몇 개였다.

존 R. 호너는 누구인가?

1978년 미국 고생물학자 존 R. 호너 John R. Horner(1946~)와 밥 마켈라 Bob Makela는 후에 '착한 어미 도마뱀'이라는 뜻의 마이아사우라라고 불리게 되는 공룡의 화석화된 유해를 몬태나에서 발견했다. 이것은 최초로 발견된 새끼 공룡의 둥지로 새끼가 어미의 보호를 받았음을 뜻한다. 1979년에 시작해서 1980년대까지 호너는 공룡의 서식지는 물론 무리지어 사는 습성을 뒷받침하는 증거를 발견했는데 그로 인해 이 공룡들의 사회적 행동에 관한 새로운 통찰을 얻게 되었다. 이 무리에는 거의

만 마리의 공룡이 속해 있었던 것으로 보인다.

현재 존 R. 호너는 몬태나 주 보즈만^{Bozeman}에 소재한 몬태나 주립대학교 락키스 박물관^{Museum of the Rockies}에서 고생물학 학생처장과 큐레이터를 역임하고 있다. 공룡 화석 발견과 할리우드 영화 〈쥐라기 공원〉의 컨설턴트로 유명한 그는 북미 고생물학자 가운데 가장 유명한 사람으로 꼽힌다.

로버트 바커는 누구인가?

로버트 바커(1945~)는 미국 고생물학자이다. 예전에는 콜로라도 주 모리슨의 모리슨 자연사박물관^{Morrison Natural History of Museum}에서 근무했었지만 최근에는 와이오밍 주의 코모 블러프에서 공룡 화석 수집과 강의를 하고 있다. 멘토였던 존 오스트롬과 마찬가지로 바커 역시 공룡에 관한 현대 이론을 재정립하는 데 도움을 주었다. 그중에서도 특히 일부 공룡이 온혈동물이라는 학설을 지지한 점과 공룡의 행동에 관한 많은 관념을 바꾸거나 확대한 점을 인정받고 있다. 그는 또한 많은 공룡에게 깃털이 있었다는 것을 제기했던 최초의 고생물학자 중 하나이기도 하다. 저서로는 《공룡 이설^{Dinosaur Heresies}》, 《맹금 레드^{Raptor Red}》, 《맥시멈 트리케라톱스^{Maximum Triceratops}》, 《맹금 팩^{Raptor Pack}》 등이 있다.

제임스 커클랜드는 어떤 사람인가?

제임스 커클랜드^{James Kirkland}(1954~)는 미국 고생물학자이자 지질학자로 미국 서남부에서 방대한 공룡 화석 작업을 한 인물이다. 그는 새롭고 중요한 동물 속을 발견하는 일을 담당해왔다. 그는 1991년에 긴 발톱을 가진 몸집이 커다란 드로마에오사우루스과에 속하는 유타랍토르의 뼈대를 유타 주의 개스톤 채석장^{Gaston Quarry}에서 발견하기도 했다. 현재 콜로라도 주 그랜드 정선에 소재한 메사 주립대학에서 지질학 부교수를 역임하고 있으며 덴버 자연과학박물관^{Denver Museum of Nature and Sicence} 내 덴버 자연사박물관^{Denver Museum of Natural History}의 연구원으로 일하고 있다. 또한 유타 지질조사국^{Utah Geological Survey}의 공식 유타 주립 고생물학자
이기도 한다.

폴 C. 세레노는 누구일까?

폴 C. 세레노^{Paul C. Sereno}(1958~)는 현재 시카고 대학교에서 근무하는 미국 고생
물학자이다. 남아메리카, 아시아. 아프리카 등 여러 공룡 화석지 발굴 작업에 참여
했으며, 그가 공룡에 관해 이룬 업적을 꼽으면 다음과 같다.

헤레라사우루스의 완전한 두개골을 최초로 발견한 사람이다. 1996년 거대한 카
르카로돈토사우루스 발굴 작업을 진두지휘하기도 했다. 또 1993년에는 다른 사람
들과 공동으로 에오랍토르라는 가장 오래된 공룡의 이름을 붙이기도 했다. 1991
년에는 두 번째로 오래된 새인 시노르니스^{Sinornis}('중국 새'라는 뜻)의 화석을 발견했
다. 뿐만 아니라 많은 새로운 공룡 화석을 명명하고, 조반목 공룡을 재정리했으며,
케라포다아목(조각아목과 주식두아목에서 이루어짐)이라는 분류군의 명칭을 정하는 등
공룡 계보를 재조정했다.

전 세계의 공룡 화석

전세계에서 발견된 초기 공룡 화석

공룡 뼈에 대한 모습을 최초로 기술한 사람은?

창쿠Chang Qu라는 사람이 기원 전 약 300년에 중국 무청(현재의 쓰촨성)에서 발견된 '용 뼈'에 관해 기술했다. 중국인들은 그 뼈를 갈아서 약이나 마법의 물약으로 이용하기도 했다. 이 '용 뼈'는 1500여 년이 지난 후 공룡 화석으로 판명되었다.

최초로 공룡 화석을 과학적으로 연구했던 곳은?

공룡 화석에 관한 과학적인 연구가 최초로 이루어진 곳은 공룡 화석이 많이 발견된 유럽과 영국이었다. 과학적인 연구가 실시된 것은 1800년대로 그리 오래되지 않은 편이다. 연구를 실시했던 윌리엄 버클랜드(1784~1856), 기드온 맨텔(1790~1852), 리차드 오웬(1804~1892) 등 세 영국인은 현재 공룡을 '발견한 사람들'로 인정받고 있다.

화석화된 공룡 뼈의 과학적인 명칭을 최초로 발표한 사람은?

1822년 영국의 외과의사이자 고생물학자인 제임스 파킨슨^{James Parkinson}(1755~1824)이 영국에서 발견된 화석에 메갈로사우루스라는 이름을 붙여 발표했다. 그러나 안타깝게도 이 화석의 모습에 대한 설명은 없었다.

공룡으로 분류되는 화석의 모습을 처음으로 발표한 사람은?

제임스 파킨슨이 1822년에 메갈로사우루스라는 명칭을 발표하기는 했으나 최초의 과학적인 명칭과 설명을 발표한 사람으로 인정받은 인물은 영국 옥스퍼드 대학교 교수인 윌리엄 버클랜드였다. 1824년 버클랜드 교수는 영국의 스톤필드에서 발견된 백악기 시대 육식공룡의 화석에 관한 연구 결과를 발표했다. 그는 화석화된 턱과 이를 근거로 이 동물이 공룡이라고 설명했다. 또한 런던지질학회^{Geological Society of Londoan} 회의에서 자신의 연구 결과를 발표하면서 메갈로사우루스라는 이름을 사용하기도 했다. 그후 그의 연구결과가 공룡에 대한 최초의 과학적인 설명으로 인정받게 되었다.

고생물학이라는 용어를 창시한 사람은?

1830년 스코틀랜드 출신 지질학자인 찰스 라이엘 경(1797~1875)이 '고대 사물에 관한 담론'이라는 뜻의 고생물학^{Palaeontology}이라는 용어를 만들었다. 라이엘 경은 1829~1833년에 고생물학을 독립적인 과학 분야로 발전시켰다. 일반적으로 미국에서 이 분야를 가리킬 때 쓰는 말이 고생물학이다.

'공룡'이라는 용어를 처음으로 만든 사람은?

거대한 고대 파충류의 뼈가 별도의 고유 그룹에 속한다는 사실을 처음으로 인식한 사람은 영국 해부학자이자 고생물학자인 리차드 오웬 경이었다. 그는 1841년에 이구아노돈, 메갈로사우루스, 힐라에오사우루스의 부분 화석을 설명하면서 이를 토대로 '무시무시한 파충류'라는 뜻의 '공룡'이라는 용어를 만들었다.

실물 크기 공룡 모델이 최초로 대중에게 선보인 곳은?

최초의 실물 크기 공룡 모델이 공개적으로 전시된 곳은 런던 동남부의 시덴햄 공원Sydenham park으로 수정궁이 이전한 곳이었다. 1854년에 벤자민 워터하우스 호킨스(1807~1889)가 공룡 조각을 제작했고 리차드 오웬 경이 이를 진두지휘했다. 그후 이 조각들이 위치한 시덴햄 공원의 이름은 수정궁 공원으로 바뀌었다. 모두 거대한 파충류의 형상을 했던 이 조각들은 대중으로부터 큰 인기를 얻었다. 수정궁 자체가 불에 타기는 했지만 공룡 조각들은 소실되지 않아 지금도 볼 수 있다.

지구 역사상 멸종이 일어났었다는 주장을 최초로 제기한 사람은?

멸종 가능성을 최초로 제기한 사람은 파리에 위치한 국립 자연사박물관National

유명한 고생물학자 리차드 오웬 경이 1852년에 이 공룡 조각을 디자인했다. 이 공룡 조각들은 지금도 런던의 수정궁 공원에 전시되어 있다.(Big Stock Photo)

Museum of Natural History 소속 프랑스 과학자인 바롱 조르즈 퀴비에(1769~1832)이다. 1800년 무렵 북미에서 발견된 매머드와 마스토돈(이런 명칭은 훨씬 나중에 붙여진 것이다)의 뼈를 연구하던 그는 멸종학설을 제기했다. 그는 이런 동물이 최근에 멸종됐다고 주장하면서 이 세상에 존재하는 모든 생물이 현재에도 존재하며 화석은 지구상의 다른 곳에 존재하는 생물 가운데 아직 발견되지 않은 동물의 것일 뿐이라는 학설을 반박했다. 멸종 과정을 확인해준 그의 연구 덕분에 매머드, 마스토돈보다 더 오래 전에 존재하던 공룡에 관한 연구가 시작되었으며, 퀴비에는 현대 고생물학과 비교 해부학의 아버지로 간주되고 있다.

스크로툼 후마눔은 무엇이고 언제 발견되었을까?

1676년 영국의 로버트 플롯 목사이자 교수가 '성경에 등장하는 거인 중 하나의 허벅지 뼈'라면서 화석 뼈를 발견했다고 보고했다. 1763년 R. 브룩스는 이 뼈의 형태를 보고 스크로툼 후마눔이라는 이름을 붙였다. 스크로툼 후마눔이란 거인의 생식기라는 뜻이다. 현재 이 뼈는 메갈로사우루스과 공룡의 대퇴골 끝부분으로 추정된다. 비공식적이긴 하나 공룡 뼈에게 주어진 최초의 명칭임에도 불구하고 스크로툼 후마눔은 잘못된 명칭으로 인해 한번도 인정받은 적이 없었다.

공룡의 습성을 최초로 재구성한 사람은 누구인가?

프랑스 광산공학자였던 루이 돌로Louis Dollo(1857~1931)가 공룡의 습성에 입각해 공룡의 유해를 해석한 최초의 인물이다. 1878년 벨기에 서남부 베르니사르Bernissart라는 마을 근처의 포스 상트 바르브Fosse Sainte-Barbe 철광에서 약 40마리의 이구아노돈 유해가 발견되었다. 이 유해를 모조리 발굴하기까지는 3년이 걸렸다.

1882년 벨기에 브뤼셀의 왕립 자연사박물관Royal Natural History Museum 보조 동식물 연구가로 출발한 그는 이구아노돈과 관련된 발견으로 1904년 동 박물관 관장으로 승진하게 되었다. 그는 전시를 위해 공룡 뼈를 맞추고 자신이 발견한 사항을 논문으로 작성했을 뿐 아니라 공룡의 습성을 설명하기 위해 노력했다. 또한 화석 유해를 맞추고 연구하고 해석하는 데 여생을 바쳤다.

골반 구조를 기준으로 공룡을 분류했던 최초의 인물은?

1887년 영국 고생물학자인 해리 실리Harry Seeley(1839~1909)는 공룡이 두 그룹으로 나뉜다는 사실을 깨달았다. 그는 골반 부위의 뼈 구조를 기준으로 공룡을 조류 같은 치골의 조반목과 도마뱀 같은 치골의 용반목으로 분류했다. 이 분류체계는 널리 인정받아 오늘날까지도 사용되고 있다.

프랑스 과학자인 조르즈 퀴비에는 생물 종이 멸종한다는 학설을 제기한 사람이다. 그의 학설은 오늘날 우리가 보는 생물 종이 과거에도 항상 존재해왔다는 그 당시 상식에 반하는 것이었다.(iStock)

고생물학적인 관점에서 독일의 졸른호펜 채석장이 갖는 중요성은 무엇 때문인가?

독일 바바리아의 졸른호펜 채석장이 중요한 이유가 가장 오래된 새의 화석인 아르카에옵테릭스 리토그라피카가 발견되었기 때문만은 아니다. 이 지역은 고생물학자들이 라게르스테튼Lagerstatten('화석 광맥' 또는 '화석의 보고')이라고 부르는 곳이다. 고유한 선사시대 상태를 유지하고 있는 이 화석지에는 다양한 동물이 보존되어 있어 시조새가 살던 시기의 동물상에 관한 간략한 정보를 얻을 수 있다. 전 세계에서 라게르스테튼으로 지정된 곳은 약 100군데 화석지밖에 없는데 다양한 화석이 풍부한 각 화석지마다 각각 다른 시대를 대표한다.

졸른호펜 채석장은 조용하고 따뜻한 물이 흐르는 무산소 늪이 있던 곳이다. 약 1

억 5000만 년 전 이곳은 테티스 해 북쪽 해안의 암초 뒤에 놓여 있었다. 그 당시의 열대 기후는 동식물이 해안을 따라 살기에 완벽했을 것이다. 또한 정체된 늪 너머에 있던 바다에는 생명체가 풍부했을 것이다. 죽거나 죽어가는 동물이 폭풍우로 인해 바다에서 떠내려 와 늪에 빠지거나 아니면 바닷가로 휩쓸려 갔을 것이고 사체는 늪 바닥에 가라앉았을 것이다. 그런 다음 부드러운 석회 진흙에 덮여 소량의 산소로 인해 부패되었을 것이다. 그 후 석회암석이 형성되면서 가장 작은 공룡인 콤프소그나투스와 수백 마리의 다양한 곤충 옆에 놓여 있던 익룡, 그리고 아르카에옵테릭스 리토그라피카를 비롯한 600여 종 유해의 세세한 사항까지 그대로 보존될 수 있었던 것으로 추정된다.

가장 극적인 공룡 화석 원정은 언제 시작되었을까?

가장 극적인 공룡 화석 원정은 1909년에 시작하여 1912년까지 지속되었다. 이 원정은 현재 탄자니아에 해당하는 독일령 동아프리카의 텐다구루 마을 주변에서 이루어졌다.

1907년 W. B. 새틀러^{W.B. Sattler}가 광물 자원을 찾기 위해 텐다구루 주변 지역을 탐사하던 중 기반 표면에서 변해가고 있는 거대한 화석 뼈대를 발견했다. 새틀러가 그 사실을 보고하자 유명한 고생물학자인 에버하르트 프라스^{Eberhard Fraas}(1862~1915) 교수가 그 지역을 방문해서 표본을 수집해 독일로 가져 갔다. 뒤를 이어 그 중요성과 범위를 인식한 베를린 박물관 관장 W. 브랑카^{W. Branca} 박사가 원정 기금을 모금하기 시작했다.

원정은 1909년에 시작되었다. 그 당시 유례에 없던 가장 광범위한 탐사였다. 첫해에 170명의 원주인들이 탐사를 위해 고용되었고 두 번째 해에는 400명이 탐사에 동원되었다. 세 번째 해와 네 번째 해에는 발굴지에서 작업하는 원주민의 수가 500명에 달했고 발굴 범위 또한 3㎞에 육박했다. 일꾼들이 가족까지 동반했기 때문에 원정대는 700~900명의 인원을 수용해야 했다. 뿐만 아니라 화석을 발견하고 발굴하면 석고에 담아 내륙인 텐다구루에서 해안가인 린디까지 직접 손으로 들고 가야 했기 때문에 해안가까지 운반하는 데에만 4일이 걸렸다. 결국 그곳에서는 총 230t의 엄청난 뼈대가 발굴되어 준비와 연구, 재구성을 위해 독일로 운반되었다.

텐다구루 원정이 이루어지는 동안 어떤 공룡 유해가 발굴되었을까?

텐다구루 원정 자체도 대단하지만 그곳에서 발견된 공룡 화석 또한 대단하다. 그곳에서 발견된 화석 중에는 작고 민첩한 엘라프로사우루스^{Elaphrosuarus}와 그보다 몸집이 큰 케라토사우루스, 알로사우루스 등 세 종류의 수각아목 공룡이 있었다. 여섯 마리의 초식공룡도 발견되었다. 작은 조각하목 공룡인 드리오사우루스와 스테고사우루스과에 속하는 켄트로사우루스, 그리고 디크라에오사우루스^{Dicraeosaurus}, 바로사우루스, 토르니에리아^{Tornieria}, 가장 큰 공룡에 속하는 브라키오사우루스 등 네 마리의 용각아목 공룡도 발견되었다. 이 화석지에서 발굴되어 베를린 박물관에 전시되어 있는 브라키오사우루스의 뼈대가 완전한 공룡 뼈대로는 전 세계에서 가장 큰 것이다.

이렇게 엄청난 공룡 화석 외에도 이 원정은 익룡과 물고기의 유해와 작은 포유동물 턱뼈도 발견했다. 이 동물들은 모두 그 전에 미국 서부의 모리슨 지층에서 발견된 것들과 유사했는데 이는 그 당시에 북아메리카와 아프리카 사이를 오가는 것이 비교적 쉬웠음을 나타낸다.

최초의 알베르토사우루스 화석 유해가 발견된 곳은 어디일까?

백악기 후기에 살던 알베르토사우루스의 화석 유해가 최초로 발견된 곳은 캐나다 앨버타 주 레드 디어 리버 밸리의 배들랜즈이다. 지질학자인 조지프 버 티렐$^{Joseph Burr Tyrrell}$이 캐나다의 지질을 조사하기 위해 현재의 드럼헬러 근처를 탐사하다가 1884년 봄 이 화석 유해를 발견했다.

백악기 공룡인 알베르토사우루스의 화석은 캐나다 앨버타에서 최초로 발견되었기 때문에 알베르토사우루스라는 이름이 붙여졌다.(Big Stock Photo)

　1900년대 초에는 이 외에도 다른 유해들이 발견되면서 많은 고생물학자들이 몰렸는데 그중에는 미국 자연사박물관의 바넘 브라운과 캐나다 지질조사국 소속 찰스 H. 스턴버그와 그의 아들들도 있었다. 이때 이루어진 브라운과 스턴버그 부자들 사이의 우호적인 화석 발굴 경쟁은 '위대한 캐나다 공룡 발굴 러시Great Canadian Dinosaur Rush'라는 애칭으로 불리고 있다.

　현재까지 25종의 공룡 화석이 발견된 캐나다 앨버타 주 레드 디어 리버 밸리의 배들랜즈는 오늘날 세계의 주요 화석지로 인정되고 있다. 또 이 지역이 지닌 중요성으로 인해 1990년 6월에는 드럼헬러에 왕립 티렐 박물관Royal Tyrrell Museum이 세워지기도 했다.

　레드 디어 리버 밸리의 '배들랜즈'는 약 1만~1만 5000년 사이에 빙하가 녹으면서 해빙수 급류에 의해 깎아져 형성되었다. 현재의 배들랜즈 지형을 만든 물질이 강이 아니라 갑작스런 홍수라는 증거가 있다. 이런 지형은 좁고 구불구불한 도랑과

해협, 거대한 침식, 가파른 경사로 이루어져 있으며 식물이 거의 살지 않거나 전혀 살지 않는다.

공룡이 살던 시기에 이 지역에는 여러 개의 삼각지와 강 범람원이 낮은 내해까지 이어져 있었다. 백악기 후기의 모래와 진흙 침전물에는 대개 공룡의 사체가 들어 있다. 수억 년이 흐르면서 물질이 층층이 쌓여 침전물이 암석으로 변하게 되고 그에 따라 공룡 뼈가 화석화되는 것이다.

수백만 년 동안 네 개의 빙하가 생기고 녹으면서 바람과 물에 의한 자연적인 침식과 더불어 이 지역이 상당히 닳게 되었다. 이를 통해 맨 꼭대기에 있던 물질이 사라지고 밖으로 노출된 백악기 침전암이 깎이면서 오늘날의 배들랜즈가 생기게 된 것이다. 이 백악기 층은 호스슈 캐년^{Horseshoe Canyon} 지층으로 불리며 지금도 지속적으로 부식되면서 새로운 공룡 화석이 모습을 드러내고 있다.

공룡의 발견

아시아에서 발견된 쥐라기와 백악기 전기의 주요 화석은?

여러 공룡 유해를 비롯하여 대단히 중요한 화석들이 발견된 곳은 중국 북동부 랴오닝성의 베이피아오^{Beipiaon}이라는 마을 근처이다. 이 화석지에서는 화석화된 공룡의 장기가 최초로 발견되었으며, 뱃속에 잡아먹힌 것으로 보이는 포유동물의 유해가 들어 있는 공룡의 화석도 최초로 발견되었다. 또한 가장 오래된 부리 새 중 하나인 콘푸시우소르니스의 유해와 깃털 달린 공룡인 시노사우롭테릭스 프리마, 가장 오래된 현생 조류인 리아오니오르니스^{Liaoningornis}, 수면 자세로 발견된 공룡, 아르카에옵테릭스 리토그라피카보다 더 오래 전에 살았을지도 모르는 원시 새 프로트아르케옵테릭스^{Protarchaeopteryx}와 더불어 가장 원시적인 꽃, 태반류, 유대류 등 여러 종의 공룡, 포유동물, 곤충, 식물이 발견되었다. 그리고 아직도 이 화석지에서는 매년 새로운 화석이 발견되고 있다.

이곳에서 발견된 화석들은 양질의 화산재로 덮여 있는 호성층(호수 밑에 형성된 퇴적층-옮긴이)에 묻혀 있는 암석층에서 발견되었기 때문에 자세한 사항까지 그대로 보존되어 있었다. 고생물학자들은 화산 폭발처럼 짧은 시간에 발생한 재난으로 인해 그 지역에 있던 모든 생물이 죽어서 묻혔다고 추정한다. 덕분에 깃털이나 장기처럼 부드러운 신체 일부의 자국까지 보존될 수 있었던 것이다.

몽골에서 백악기 공룡 화석이 지속적으로 발견되는 곳은 어디일까?

몽골 고비 사막의 유카아 톨고드Ukhaa Tolgod에는 역사상 가장 중요한 백악기 화석 발견지라 불리는 곳이 있다. 1993년부터 이 화석지에서는 13마리 이상의 트로오돈과 공룡의 뼈대, 100여 개의 수집되지 않은 공룡 표본, 다수의 포유동물, 그리고 둥지에서 알을 품고 있는 다 자란 오비랍토르의 화석 등이 발견되었다. 이렇게 어마어마한 수의 화석이 뛰어난 상태로 보존될 수 있었던 이유는 재난이 연속적으로 발생했기 때문인 것으로 보인다. 재난으로 동물이 순식간에 묻혔기 때문에 유해가 비바람에 씻기거나 사체를 뜯어먹고 사는 동물의 공격을 받지 않을 수 있었던 것이다. 그 뒤 안정적인 상태로 있던 모래 언덕이 빗물에 흠뻑 젖는 바람에 암설류(물과 토사가 함께 흘러나가는 현상-옮긴이)를 일으켜 암설류에 묻힌 동물의 사체가 그대로 드러나게 되었을 것이다.

오늘날 전 세계에서 가장 유명한 공룡 화석지는 어디인가?

몽골의 고비 사막에 있는 플레이밍 클리프스Flaming Cliffs가 현재 전 세계에서 가장 유명한 공룡 화석지로 꼽힌다. 1920년대에 로이 챕프만 앤드류스가 이끄는 미국 자연사박물관 원정대가 이 화석지에서 최초의 공룡알을 발견했다. 그 뒤 여러 해 동안 접근이 불가했으나 1990년대 말 과학 연구와 공룡 화석 수집을 위해 다시 개방되었다. 그 이후로 공룡 화석이 풍부한 이 지역에서는 지속적으로 다수의 화석이

미국 서부에서 여러 공룡 화석이 발견되긴 했지만 중요한 화석들은 중국이나 몽골(사진 속)의 사막지에서 발견되고 있다. 이런 지역에서는 정부의 규제로 화석을 발굴하는 것이 매우 어려울 때도 있다.(iStock)

발견되고 있다.

현재까지 발견된 새의 조상과 가장 가까운 중국 공룡 화석은?

'꼬리 깃털'이라는 뜻의 카우딥테릭스Caudipterix는 체고 1m에 깃털이 달린 수각아목 공룡으로 현재까지 새의 조상에 가장 근접한 공룡으로 알려져 있다. 이 동물의 화석은 중국 랴오닝성의 고대 호수바닥 퇴적물에서 발견되었다.

이 공룡은 쥐라기 후기에서 백악기 전기에 이르는 시기(약 1억 2000만~1억 3600만 년 전)에 살았으며 깃털이 비대칭이라 날지 못했다. 깃털은 체온 조절을 위한 것으로 보인다. 다른 수각아목 공룡과 달리 카우딥테릭스는 꼬리가 길지 않았지만 길이 20㎝의 깃털이 달려 있기는 했다.

중국에서 발견된 화석 중 공룡이 사회 그룹을 이루고 살았음을 나타내는 것은?

화산이류에 묻혀 죽은 여섯 마리의 새끼 공룡 화석이 얼마 전 중국에서 발견되었다. 이들은 4살도 채 되지 않았으며 적어도 두 클러치(한 배에 품은 알)에서 나온 새끼들이 함께 있었던 것으로 보인다. 1억 2000만 년 된 이 프시타고사우루스의 발견은 그전까지 추정했던 것보다 훨씬 더 전부터 공룡이 사회 그룹을 형성했을 가능성을 시사한다.

러시아에서 발생한 사건 가운데 공룡 화석 수집과 관련된 범죄를 부각시킨 것은 무엇인가?

1996년 모스코바에 위치한 러시아 과학원the Russian Academy of Sciences의 고생물학 연구소Paleontological Institute가 소장하고 있던 다섯 개의 공룡 유해가 사라졌는데 도난당한 것으로 추정된다. 사라진 공룡 화석은 거대한 육식공룡인 타르보사우루스 에프레모비Tarbosaurus efremovi의 아래턱과 이빨이 달린 턱, 백악기 후기 초식공룡인 브레비케라톱스 코즐로우스키Breviceratops kozlowskii의 두개골, 그리고 프로토케라톱스Protoceratops의 두개골 두 개 등이다.

호주에서 가장 먼저 공룡의 증거를 발견한 사람은?

호주에서 최초의 공룡 증거는 1906년에 발견되었다. 정부 소속 지질학자인 퍼거슨Mr. Ferguson이 빅토리아 주 동부에 위치한 깁슬랜드 해변에서 작은 육식공룡의 발톱을 발견한 것이다. 그 이후로 퀸즐랜드 주, 남호주 주, 뉴사우스웨일즈 주 같은 곳에서 여러 개의 공룡 화석이 발견되었다. 호주에서 발견된 공룡으로는 호주에서만 살았던 것으로 추정되는 용각아목 공룡이자 이구아노돈과에 속하는 무타부라사우루스Muttaburasaurus 등이 있다.

호주 깁슬랜드(Gippsland)의 목가적인 해안에서 오세아니아 대륙에서 공룡이 살았다는 최초의 증거가 발견되었다. 이 발견이 특히 주목을 받은 이유는 공룡이 살던 시대에는 호주가 남극과 연결된 얼어붙은 땅이었기 때문이다.(iStock)

호주에 공룡이 살았다는 사실이 흥미로운 이유는 무엇 때문인가?

공룡이 호주에서 살았다는 사실이 흥미로운 이유 가운데 하나는 기후 때문이다. 공룡이 살던 시대에 호주는 매우 추웠다. 수억 년 전에 호주는 남극권에 속해 있었으며 지금도 남극 가까이에 있다.

최근에 호주 퀸즐랜드 주에서 발견된 공룡 화석은?

2009년도에 수각아목 하나와 목이 긴 용각아목 공룡 두 마리 등 특별한 공룡 화석 세 개가 발견된 사실이 발표되었는데 이는 지난 수십 년 동안 호주에서 발견된 공룡 화석 중 가장 큰 것이다. 반조Banjo, 마틸다Matilda, 클랜시Clancy라는 별명이 붙은 이 화석들은 퀸즐랜드의 조그만 호수 근처에서 발견되었다. 이 공룡들은 약 9800만 년 전에 살았던 것으로 추정된다. 육식공룡 반조(아우스트랄로베나토스 윈토넨시스Australovenator wintonensis)는 포악하기로 유명한 벨로키랍토르에 필적하지만 몸집은 훨씬 더 컸던 것으로 보인다. 식물을 먹는 마틸다와 클랜시는 티타노사우루스과 공룡으로 지구상에 살았던 공룡 중 가장 무거운 공룡에 속하는 것으로 추정된다.

호주의 화석지에서 도난당한 화석은?

1996년 시드니에서 3000㎞ 떨어진 호주 북서부의 한 화석지에서 공룡 족적 화석이 도난당했다. 이 화석은 전 세계에서 유일하게 발견된 스테고사우루스의 족적 화석으로 이 도난사건은 과학계에게만 손해를 입힌 것이 아니라 호주 원주민들에게도 큰 영향을 미쳤다. 발자국이 있던 장소가 호주 원주민의 신성한 성역이었기 때문이다. 원주민 법에 따르면 이것을 훔쳐간 사람은 사형을 받게 된다고 한다.

그로부터 1년 후 경찰은 도난당한 화석을 발견했고 두 명의 호주인을 체포했다. 발자국이 새겨진 암석 덩어리는 무게가 약 30㎏ 정도 나가는 것으로 크기는 가로 60㎝, 세로 40㎝, 높이 13㎝였다. 이 화석을 훔친 사람들은 아시아에다 족적 화석을 팔려고 시도했지만 팔지 못했던 것으로 드러났다. 경찰은 암석의 무게나 크기 때문에 팔기 힘들었을 것으로 추측했다. 경찰은 화석을 되찾게 된 경우에 대해서도 자세히 밝히지 않았다.

미국 이외에 오리주둥이 공룡 화석이 최초로 발견된 곳은?

미국을 제외하고 오리주둥이 공룡(초식성 하드로사우루스) 화석이 최초로 발견된 곳은 남극 반도 동쪽 해안에 있는 베가 섬Vega Island이다. 이곳에서 발견된 이빨은 6600만~6700만 년 정도 된 것으로 추정된다. 이 화석은 그 당시 남아메리카와 남극을 연결하는 육지 다리가 있었다는 학설에 힘을 실어준다. 또한 지금은 이렇게 춥고 얼어붙은 곳이지만 한때 거대한 초식동물이 살 수 있을 정도로 초목이 무성했다는 것을 나타내기도 한다.

남극에서는 어떤 공룡이 발견되었을까?

앞서 언급한 하드로사우루스와 더불어 남극에서도 몇 종의 공룡이 발견되었다.

예를 들어 4m 길이에 이족보행했던 초식성 이구아노돈과 공룡이 1999년 2월에 제임스 로스 섬^{James Ross Island} 암벽 해안에서 발견되었다. 7000만 년 된 육식성 두 발 공룡(아직 이름이 정해지지 않았다)도 2003년 말 제임스 로스 섬에서 발견되었다. 이 발견물에는 하퇴와 발 뼈, 상악의 일부, 이빨 등이 포함되어 있다. 또한 2억 년 된 이족보행 공룡으로 목이 길고 식물을 먹었던 이름이 정해지지 않은 용각아목의 골반뼈와 공룡의 관골 중 하나도 2003년도에 남극 내륙에서 발견되었다.

1960년도에 공룡 발자국이 발견된 북쪽 지방은 어디일까?

국제 지질학자 팀이 1960년도에 공룡 발자국을 발견한 곳은 웨스트 스피츠버겐(스발바르 제도)이라는 북극 섬이다. 이 발자국은 백악기 초에 살던 이구아노돈의 것으로 보인다.

영국 섬 가운데 지속적으로 공룡 화석이 발견되는 곳은 어디일까?

영국의 남쪽 해안에서 4.8㎞ 떨어진 와이트^{the Isle of Wight}라는 조그만 섬에 이목이 집중되고 있다. 이곳은 전 세계 최고의 공룡 화석이 발견되는 화석지 가운데 하나로 꼽히고 있다. 이 섬은 한때 빅토리아 여왕이 살던 곳으로 휴양지로 가장 잘 알려져 있다. 그러나 와이트 섬이 주목받는 이유는 이곳에서 발견된 공룡 화석의 질과 연대 때문이다. 와이트 섬에서는 백악기 전기, 특히 1억 1000만~1억 3200만 년 사이에 살았던 20여 종의 공룡 화석이 발견되었다. 이 시기의 화석은 흔치 않다. 전 세계의 화석지에는 대부분 트라이아스기나 쥐라기의 공룡 화석이 매장되어 있다. 따라서 와이트 섬에서 발견된 공룡 화석은 백악기 후기라는 고유한 시대를 파악하는 문을 열어주었고 다른 곳에서는 찾을 수 없는 자료를 제공했다. 뿐만 아니라 이곳에서 발견된 화석들은 뼈가 여기저기 흩어져 있지 않고 모여 있으며 보존 상태도 좋다.

와이트 섬에서 공룡 화석이 비교적 쉽게 발견되는 이유는?

와이트 섬에서 비교적 쉽게 공룡 화석을 발견할 수 있는 이유는 작은 지역 두 곳에 집중적으로 매장되어 있기 때문이다. 이 섬의 남쪽 해안가에 10㎞ 정도 되는 화석 매장지 한 곳이 있고 동쪽 해안에도 0.8㎞ 정도 되는 화석 매장지가 있다. 전 세계 최고의 다른 화석지에서는 공룡 뼈들이 수천 킬로미터에 걸쳐 여기저기 흩어져 있기 때문에 찾기가 힘들다.

와이트 섬에서 공룡 뼈들이 지속적으로 발견되는 이유는 물리적인 요소들이 독특하게 조합되어 있기 때문이다. 이 섬에서는 공룡 뼈가 매장된 암석이 지질압력에 의해 표면으로 올라와 있다. 다른 곳에서는 이런 종류의 암석이 땅 속에 파묻혀 있는데 어떤 곳은 지면에서 305m 내려간 곳에 묻혀 있기도 하다. 또한, 화석이 매장된 암석이 사암과 이암으로 구성된 부드러운 암석이라 부식되기도 쉽다.

와이트 섬에서 암석이 부식되는 양은 엄청나다. 어떤 곳에서는 암석이 매년 1m씩 부식되기도 한다. 이렇게 빠른 속도로 암석을 부식시키는 주범은 바로 바다이다. 매년 가을과 겨울마다 파도의 흐름과 더불어 영국 해협에서 밀려오는 높은 파도와 돌풍이 섬의 암벽을 이루는 암석을 강타한다. 과학자들에게 이것은 매우 요긴하다. 부식으로 인해 공룡 뼈가 드러나 말 그대로 해안가에서 기다리고 있는 고생물학자들의 발 밑에 떨어지기 때문이다.

와이트 섬에서 있었던 흥미로운 화석 발견 사례로는, 영국에서 최초로 발견된 몸집이 작은 새로운 종의 육식공룡 뼈대를 아마추어 수집가가 무너지는 절벽에서 발견한 일과 1997년도에 티라노사우루스 렉스의 소(小) 버전인 네오베나토르 살레리이Neovenator salerii라는 새로운 종이 발견된 일을 꼽을 수 있다. 또한 보존이 매우 잘된 이구아노돈의 화석도 이곳에서 발견되었다. 뿐만 아니라 4m 길이의 육식공룡의 유해도 발견되었는데 고양이 같은 모습의 이 공룡은 뒷다리가 특히 길어 빠른 속도로 달릴 수 있었고 발톱과 면도칼처럼 날카로운 이를 가지고 있었다. 이 공룡은 영국에서 최초로 발견된 몸집이 작은 육식공룡으로 기록되었다.

영국의 와이트 섬에서 공룡 화석을 쉽게 찾을 수 있는 이유는 두 가지이다. 공룡 화석이 넓지 않은 두 곳에 집중적으로 매장되어 있고, 섬이 발굴하기 쉬운 부드러운 암석으로 이루어져 있기 때문이다. 사진 속의 백악질 절벽처럼 말이다.(iStock)

발도사루우르스는 무엇인가?

'윌드 지방Wealden 도마뱀'이라는 뜻의 발도사우루스Valdosaurus는 몸집이 작거나 중간 정도 크기의 조각목 공룡으로 와이트 섬에서 몇 년 동안 뼈대의 일부만 발견되었다. 많지 않은 증거를 통해 짐작할 수 있는 것은 이 공룡의 길이가 4.25m였고 엉덩이 쪽 높이가 1.2m라는 것이다. 발굴된 발도사우루스의 다리뼈는 3000만년 앞서 살았던 북미에서 발견된 쥐라기 후기의 드리오사우루스과 공룡인 드리오사우루스(떡갈나무 도마뱀)의 것과 비슷하다. 따라서 드리오사우루스를 지표로 삼아 추정한 결과 발도사우루스가 긴 뒷다리와 짧은 앞다리, 작은 머리, 다부진 몸집을 가졌고, 빨리 달릴 수 있었던 두 발 공룡일 수도 있다는 결론이 나왔다. 뒷다리 뼈의 모양과 크기로 미루어보아 발도사우루스가 민첩하고 빨리 달렸음을 짐작할 수 있다. 지금은 골판이나 뾰족한 이빨, 뿔, 발톱에 관한 증거가 없는 상태이지만 발도사우루스는 여기저기 떠돌아다니면서 양치식물과 소철 등의 잎을 먹으며 살았던 공룡으로 보인다. 그러면서도 포식자에 대한 주의를 게을리 하지 않아 공격을 받기 전에 뛰어서 도망쳤던 것으로 추정된다.

무게가 2t이나 나가는 공룡 골반이 발견된 곳은 어디인가?

쥐라기 전기의 것으로 추정되는 2t짜리 공룡의 골반이 발견된 곳은 포르투갈 리스본의 북쪽으로 약 60㎞ 떨어진 로린하 ^{Lourinha} 지방 근처의 한 발굴지이다. 이 포르투갈 중부 지역에는 공룡의 화석이 풍부하게 매장되어 있는데 최근에 발자국과 뼈대가 많이 발견되었다. 화석화된 배아가 담겨 있는 공룡알도 이곳에서 발견되었다. 이 골반은 체고 20m에 무게가 18t이나 나가는 용각아목 공룡의 것으로 보이며 공룡의 자세를 파악하는 데 도움을 줄 것으로 기대받고 있다.

가장 오래된 공룡 배아 화석이 발견된 곳은 어디일까?

포르투갈 리스본에서 약 60㎞ 떨어진 로린하라는 작은 마을 주변에서 최근 발견된 100개의 공룡알 가운데 가장 오래된 공룡 배아 화석이 들어 있다. 수각아목의 배아로 확인된 이 배아들은 약 1억 4000만 년 전의 것으로 추정된다. 이들은 현재까지 발견된 가장 오래된 배아이자 쥐라기 공룡의 배아로는 유일하게 발견된 것이기도 하다. 그 전까지 발견된 화석화된 공룡 배아들은 모두 백악기의 것으로 약 8000만 년 전 것이 가장 오래된 것이었다.

전 세계에서 가장 큰 고생물학 기관은 어디에 있을까?

전 세계에서 가장 큰 고생물학 기관은 러시아 모스크바에 있는 러시아 과학원의 고생물학 연구소이다. 이곳은 전 세계에서 가장 많은 고생물학자들을 보유한 곳으로 몽골의 공룡과 조지아(러시아 인접국)의 포유동물에서부터 생명의 기원 자체에

모스코바의 고생물학 박물관의 대전시장에는 디플로도쿠스의 완전한 뼈대가 전시되어 있다. 러시아 과학원의
고생물학 연구소는 세계에서 가장 큰 고생물학 연구소이다.(Big Stock Photo)

이르기까지 방대한 분야를 연구한다. 옛 소련을 비롯하여 전 세계 방방곡곡에서 수
집한 방대한 화석을 소장하고 있는 이 연구소에는 고생물학 박물관도 있어 대중을
위한 대규모 전시가 이루어지기도 한다. 전시된 것으로는 페름 지역에서 발견된 단
궁류인 몽골 공룡과 시베리아에서 발견된 선캄브리아기 화석 등이 있다. 안타깝게
도 이렇게 놀라운 자료를 소장하고 있고 멋진 전시를 여는데도 불구하고 이 연구
소는 자금이 크게 부족한데다 미국 자연사박물관 같은 유명 박물관과는 달리 고생
물학 학계를 제외하곤 비교적 잘 알려져 있지도 않다.

가장 오래된 공룡 화석은 어디에서 발견되었을까?

에오랍토르(새벽의 사냥꾼)의 화석은 남아메리카 아르헨티나의 이치구알라스토
Ischigualasto 암석층에서 발견되었는데 두 번째로 오래된 화석으로 알려져 있는 헤레
라사우루스의 화석이 발견된 곳이기도 하다. 1991년에 리카르도 마르티네스Ricardo

Martinez가 이곳에서 처음으로 에오랍토르를 발견했다. 그 이후 1990년대에 페르난도 노바스^{Fernando Novas}와 폴 세레노^{Paul Sereno}가 에오랍토르의 또 다른 뼈대를 발견했다. 1993년도에 이 뼈대를 분석한 세레노는 에오랍토르가 가장 오래된 '최초의' 공룡이라고 주장했다.

길이 1m의 에오랍토르는 헤레라사우루스보다 몸집이 작았다. 에오랍토르는 헤레라사우루스가 가진 모든 특성을 가지고 있지만 두개골만은 단순한 형태로 되어 있었다. 또한 모든 주요 공룡 그룹에 속할 수 있는 특성이 몇 개 있었다. 트라이아스기 후기에 들어설 무렵에는 이 원시 공룡이 전체 동물 수의 5%에 불과했지만 쥐라기와 백악기에는 전 세계의 육지를 지배할 정도로 수가 늘어났다.

두 번째로 오래된 공룡 화석은 어디에서 발견되었을까?

일부 고생물학자들이 두 번째로 가장 오래된 공룡으로 추정하는 헤레라사우루스의 유해는 1959년도에 '달의 협곡'이라는 뜻의 아르헨티나 이치구알라스토 밸리에 있는 이치구알라스토 암석층에서 발견되었다. 화석을 발견한 사람은 빅토리아노 헤레라^{Victoriano Herrera}라는 염소 목동과 고생물학자 오스발도 레이그^{Osvaldo Reig}였다. 1988년에는 동일 지역에서 폴 세레노와 페르난도 노바스에 의해 헤레라사우루스의 완전한 두개골과 뼈대가 발견되었다. 3~6m 길이의 이 파충류는 뒤로 휜 이빨과 튼튼한 뒷다리, 직립보행, 튼튼한 팔 등 육식동물이 살아가기에 적합한 여러 가지 특성을 가지고 있었다. 이 화석은 약 2억 3000만 년 전 트라이아스기 후기 초에 형성된 암석에서 발굴되었다.

기가노토사우루스 카롤리니이는 어디에서 발견되었는가?

가장 큰 육식공룡 후보 중 하나인 기가노토사우루스 카롤리니이는 자동차 정비사이자 아마추어 화석 수집가였던 루벤 카롤리니^{Ruben Carolini}에 의해 아르헨티나에서 발견되었다. 기가노토사우루스 카롤리니이가 티라노사우루스 렉스와 모습이 비슷하기는 하지만(티라노사우루스 렉스보다 몸집이 약간 크긴 하지만 머리는 바나나 정도 크기로 훨씬 작았으며 모양도 바나나처럼 생겼다) 고생물학자들은 기가노토사우루스 카롤리니이와 티라노사우루스 렉스가 친척이라고는 생각하지 않는다.

그 뒤 기가노토사우루스 그룹의 뼈대 유해가 아르헨티나 남부에 위치한 네우켄Neuquen에서 발견되었다. 이곳에서는 백악기에 살던 이 수각아목 네다섯 마리의 뼈대가 발견되었는데 두 개는 매우 컸고 나머지는 그보다 작았다. 이 발견으로 일부 거대한 육식공룡이 떼 지어 사냥하는 사회적 행동을 했음을 뒷받침하는 가장 중요한 증거를 확보했다고 믿는다. 이 공룡들이 죽었던 약 9000만 년 전에는 이 지역이 지금의 아르헨티나 북부 초원과 비슷했다. 기후가 따뜻하고 비가 많이 왔으며 땅에는 작은 나무들로 덮여 있었고 드문드문 아라우까리아araucaria(호주 삼나무) 나무들이 있었다. 이 기가노토사우루스 그룹은 죽고 난 후 서쪽으로 흐르던 강물에 밀려 사체가 떠내려갔던 것으로 짐작된다. 한 염소 목동이 지금의 사막 모래 언덕 속에서 공룡 뼈가 묻혀 있는 퇴적물을 발견했다.

기가노토사우루스의 발견이 중요한 이유는 무엇일까?

이를 통해 티라노사우루스 렉스가 남아메리카로 이주하지 않았던 이유가 밝혀졌기 때문이다. 이 두 공룡은 모두 먹이사슬의 가장 위에 해당됐기 때문에 몸집이 거의 비슷한 기가노토사우루스가 티라노사우루스를 남아메리카에서 내몰았던 것으로 추정된다. 마찬가지로 티라노사우루스 렉스 또한 기가노토사우루스가 북아메리카에 발을 들이지 못하게 막았다. 하지만 몸집이 작은 수각아목이나 몸집이 큰 용각아목 등 다른 공룡은 육지 다리로 연결되어 있던 두 대륙을 마음대로 오갔다.

남아메리카에서 발견된 주요 공룡알은?

아르헨티나 파타고니아 북서부 네우켄 지방의 아우카 마후이다라고 불리는 곳에서 부화하지 않은 배아의 이빨 일부, 피부, 뼈와 더불어 수천 개의 공룡알 화석이 발견되었다. 고생물학자들은 이 화석지에는 '알'이라는 뜻의 스페인어 후에보^{huevo}를 따 '아우카 마후에보'라는 별명을 붙였다. 이곳에서는 수천 개의 공룡알 중에서 몸집이 크고 사족보행한 초식공룡인 용각아목의 배아가 최초로 발견되기도 했다. 또한 일부 공룡알에는 공룡 배아의 피부도 들어 있었는데 이것 역시 최초로 발견된 것이었다. 7000만~9000만 년 전쯤에는 남아메리카의 이 지역이 미국 중부의 평야와 비슷한 모습이었다. 현재 사우스다코타 주의 배들랜즈의 모습과 비슷한 이곳은 끊임없는 부식으로 인해 암석과 뼈, 공룡알들이 모습을 드러내고 있다.

최근 아르헨티나 파타고니아 북서부에서 발견된 알을 낳은 공룡이 어떤 종인지 파악하기 위해 고생물학자들은 알과 함께 발견된 배아의 이빨과 피부라는 두 가지 단서에 주목했다. 이 배아들은 작고 뾰족한 이빨을 가지고 있었는데 이는 용각아목 공룡의 특성이기도 했다. 고생물학자들은 이빨의 한 곳이 마찰에 의해 평평해진 것을 발견했는데 이는 부화되기 전부터 공룡 배아가 이빨을 갈았다는 것을 나타낸다. 이것이 새끼 공룡이 턱 근육을 움직였다는 증거라고 생각하는 과학자들도 있다.

일부 공룡알에서 발견된 배아의 피부에서는 확연하게 드러난 비늘을 발견할 수 있었다. 이와 함께 피부의 패턴을 근거로 이 알을 티타노사우루스과 공룡의 알로 짐작하고 있다. 이 용각아목 공룡은 최대 몸길이가 14m에 이르는데 백악기 말까지 살아남은 유일한 용각아목이다.

수코미무스 테네렌시스의 화석은 어디에서 발견되었을까?

물고기를 잡아먹고 살았으며 크로커다일 같은 주둥이를 가진 커다란 수코미무스 테네렌시스^{Suchomimus tenerensis}의 유해는 중앙아프리카에 위치한 니제르^{Niger}의 테네레 사막^{Tenere Desert}에서 발견되었다. 이 백악기 공룡의 화석은 엘라즈 지층^{Elrhaz formation}이라고 불리는 암석층에 매장되어 있었다. 약 1억 년 전 이 지역은 물이 풍부하고 숲이 우거져 거대한 크로커다일과 큰 물고기, 새롭게 발견된 수코미무스 테네렌시스 등 수많은 공룡을 비롯해 다양한 동물이 살기에 적합했다. 시간이 지나면서 이 아프리카 공룡의 유해가 강으로 떠내려 와 침전물로 덮이게 되었을 것이다. 그리고 사막의 바람이 공룡의 유해를 덮고 있던 모래를 부식시켜 밖으로 모습을 드러낸 것이다.

북반구에 살았던 공룡과 남반구에 살았던 공룡 사이의 관계를 보여주는 증거로는 어떤 것이 있을까?

아르헨티나 네우켄에서 발견된 아라우카노랍토르 아르겐티누스^{Araucanoraptor} ^{argentynus}의 발은 공룡이 남반구로 이주했다는 또 다른 증거인 동시에 남반구에서 발견된 공룡들이 북반구에서 발견된 공룡들과 관계가 있다는 것을 나타내는 증거이기도 하다. 이 공룡은 9000만 년 전에 살았던 수각아목으로 원래는 남반구로 이주하지 못했던 것으로 추정되었다. 오랫동안 고생물학자들은 북반구에 살던 공룡들과 남반구에 살던 공룡이 완전히 다르다고 믿고 있었다. 그러나 아라우카노랍토르 아르겐티누스와 동일한 공룡의 화석이 발견되면서 남반구에 살던 공룡과 북반구에 살던 공룡이 사실은 관계가 있었음을 알게 되었다. 실제로 아라우카노랍토르 아르겐티누스는 캐나다에서 화석이 발견된 트로오돈의 친척이다.

마중가톨루스의 유해가 발견됨으로써 해결된 미스터리는?

아프리카 남동쪽 해안가에 있는 마다가스카르 섬에서 발견된 마중가톨루스^{Majungatholus}로 인해 수년 동안 고생물학자들이 파악할 수 없었던 세 가지 미스터리가 풀리게 되었다. 세 가지 미스터리란 1) 마다가스카르에 수많은 이빨 화석을 남긴 공룡은 무엇일까? 2) 북반구에 살던 파키케팔로사우루스과 공룡의 유해가 이 섬에서 발견된 이유는 무엇일까? 3)공룡이 어떻게 남아메리카에서 마다가스카르로 이동했을까?

백여 년 동안 마다가스카르에서는 단검처럼 생긴 이빨 화석이 수백 개나 발견되었지만 어떤 공룡의 것인지 알아낼 수 없었다(일부 육식공룡의 경우 현생 상어나 크로커다일처럼 이빨이 몇 개씩 빠졌다). 1996년도에 한 원정대가 이 이빨과 관련된 공룡을 발견하기 위해 마다가스카르로 향했다. 그들 중 한 고생물학자가 언덕을 파다 꼬리뼈의 일부를 발견했다. 계속해서 땅을 파자 거대한 육식공룡의 상악 뼈가 나타났는데 마다가스카르 섬 곳곳에서 발견된 것과 똑같은 이빨이 그 상악 뼈에 나 있었다. 이로써 미스터리가 풀리게 된 것이었다.

이 화석의 주인은 티라노사우루스 렉스의 먼 친척인 마중가톨루스라는 이름의 공룡으로 밝혀졌다. 몸길이가 6~9m에 달했던 이 공룡은 약 7000만 년 전 마다가스카르에서 살았다. 공룡의 머리뼈에는 눈 사이에 난 짤막한 뿔의 일부가 달려 있었다. 일부 머리뼈의 경우 상당히 울퉁불퉁했는데 아마도 그 부위를 덮고 있는 피부의 질감 또한 비슷할 것으로 짐작된다. 이는 아마도 적을 위협하거나 짝을 찾는 데 머리의 뿔과 울퉁불퉁한 질감을 이용했을 것으로 보인다.

마중가톨루스의 유해가 어떻게 파키케팔로사우루스과 공룡을 설명하는 데 이용될 수 있었을까?

세기 밀에 마나가스카르에서는 공룡 머리뼈 조각들이 발견되었다. 이 조각 중 하나에는 돌출부가 나 있었는데 이로 인해 이것이 '반구형 머리를 가진' 파키케팔로사우루스과의 유해라고 보는 의견이 있었다. 파키케팔로사우루스과 공룡은 초식성으로 두꺼운 머리를 이용해 박치기를 했을 것으로 추정된다. 과학자들은 마다가스카르에서 발견된 이 공룡을 마중가톨루스라고 명명했지만 여러 해 동안 고작 몇 조각의 화석만 가지고 파악한 것이 전부였다. 문제는 파키케팔로사우루스과 공룡의 화석들이 북반구에서 발견되었다는 점이다. 북반구에서 살던 공룡이 어떻게 마다가스카르까지 이주해왔는지가 미스터리였다.

그러나 이 미스터리는 얼마 전 마중가톨루스의 보다 완전한 유해가 발견되면서 풀리게 되었다. 전에 발견되었던 머리뼈 조각이 새로 발견된 공룡의 것과 일치했던 것이다. 전에 발견된 뼈에 난 돔으로 생각했던 돌출부가 사실은 뿔이었다는 것이 밝혀졌다. 결국 마다가스카르에는 파키케팔로사우루스과 공룡이 살지 않았던 것이다. 마중가톨루스는 눈 사이에 작은 뿔이 달린, 커다란 육식공룡이었다.

마중가톨루스의 유해를 통해 남아메리카에서 마다가스카르로 공룡이 이주했다는 것을 어떻게 알 수 있었을까?

마중가톨루스는 아르헨티나에서 발견된 또 다른 공룡과 매우 비슷했다. 다만 아르헨티나에서 발견된 공룡은 뿔이 두 개였다. 또한 인도에서 발견된 다른 뼛조각들도 매우 비슷했는데 이를 통해 이 공룡들이 모두 같은 그룹에서 파생된 것임을 알 수 있었다. 그러나 이 그룹의 공룡이 아프리카에서 발견된 적은 없었다.

약 1억 2000만 년 전에는 남아메리카. 아프리카. 남극, 마다가스카르, 호주, 인도가 모두 곤드와나 또는 곤드와나 대륙이라는 하나의 초대륙을 이루고 있었다. 과학자들은 원래 남아메리카와 아프리카에 해당되는 대륙이 가장 먼저 곤드와나 대륙에서 떨어져 나왔고, 그 후 서로 분리되면서 남태평양이 생기게 되었다고 믿었다. 또 곤드와나 대륙이 여러 개로 나뉘면서 마다가스카르가 아프리카 동쪽 해안의 섬이 되었다고 여겼다. 그러나 마중가톨루스가 발견되고 이 공룡이 인도와 남아메리카에서 발견된 공룡들과 비슷하다는 사실이 밝혀지면서 이 학설은 신빙성을 잃었다. 이 공룡 그룹이 어떻게 아프리카를 거치지 않고 남아메리카에서 마다가스카르까지 이동할 수 있었단 말인가?

이 문제에 답하려면 곤드와나 대륙이 분리된 순서가 바뀌어야 했다. 이제 과학자들은 아프리카 대륙이 곤드와나 대륙에서 가장 먼저 떨어져 나가 나머지 초대륙으로부터 고립되었다고 믿는다. 마다가스카르가 포함된 남아메리카와 인도아대륙은 8000만 년 전까지 육지 다리를 통해 남극과 연결되어 있었다. 다른 여러 공룡들은 물론 마중가톨루스가 속했던 공룡 그룹도 남극을 통해 남아메리카에서 인도와 마다가스카르로 자유롭게 이동했을 것이다. 이는 이 그룹의 공룡 유해가 남아메리카와 인도에서는 발견되었지만 아프리카에서는 발견되지 않은 이유가 설명된다.

카르카로돈토사우루스의 유해는 어디에서 발견되었을까?

'상어 이빨 도마뱀'이라는 뜻의 카르카로돈토사우루스는 티라노사우루스 렉스와 비등한 크기의 거대한 수각아목 공룡이다. 이 공룡의 화석은 모로코에서 발견되었다. 카르카로돈토사우루스는 1억 1000만~9000만 년 사이에 살았던 것으로 추정된다. 두개골의 크기만 1.7m에 달하는 카르카로돈토사우루스는 1931년 처음으로 발견되었는데 북아프리카에서 발견된 완전하지 않은 두개골과 뼈 몇 개를 통해 파악할 수 있었다. 그러나 이 공룡의 유해는 제2차 세계대전 중에 파괴되고 말았다. 가장 최근에 발견된 화석은 1996년에 발견되었는데 과거에 발견된 표본보다 훨씬 더 크다.

유명한 고생물학자

기드온 맨텔은 누구인가?

영국의 시골 의사이자 화석 수집가 기드온 맨텔Gideon Mantell(1784~1856)은 공룡 화석이 거대한 파충류의 것임을 알아차린 최초의 인물이다. 알려진 바에 의하면(모두 사실이 아닐지도 모른다) 왕진 가는 남편을 따라 나섰던 맨텔의 아내 메리 앤이 길가에서 있는 암석에서 이빨 화석을 발견했다고 한다(화석을 발견한 사람이 맨텔이라고 믿는 사람도 있다). 이 암석은 영국 서섹스Sussex지방 커크필드Cuckfield에 있는 베스티드 채석장Bestede Quarry에 있던 것이었다.

1822년 이 이빨과, 동일 지역에서 잇따라 발견된 다른 화석들을 연구한 멘텔은 지금 공룡이라고 알려져 있는 것을 최초로 재구성하기에 이르렀다. 윌리엄 버클랜드가 메갈로사우루스에 관한 설명을 발표한 지 1년 후 1825년에 맨텔 또한 이 고대 파충류에 관해 파악한 내용을 발표했다. 그는 이 화석에 '이구아나의 이빨'이라는 뜻의 이구아노돈이라는 이름을 붙였는데 이구아나의 이빨보다 크기는 훨씬 크지만 현생 도마뱀의 이빨과 일치했기 때문이다. 그 후 멘텔은 이구아노돈의 그림을 영국 켄트^{Kent}지방 메이드스톤^{Maidstone}에 있는 자신의 집 문장에 새겨 넣었다. 메이드스톤 도시의 문장에도 이구아노돈이 새겨져 있다.

이 밖에도 맨텔은 다른 여러 화석들을 발견했다. 또한 1852년에는 최초의 공룡 피부를 과학적으로 서술하기도 했다. 이 피부는 펠로로사우루스 벡클레시이 ^{Pelorosaurus becklesii}의 앞다리 피부였다.

린첸 바스볼드는 누구일까?

린첸 바스볼드^{Rinchen Barsbold}는 최근에 중국에서 발견된 여러 공룡의 이름을 붙인 몽골의 고생물학자이다. 그가 명명한 공룡으로는 아다사우루스^{Adasaurus}(1983), 안세리미무스^{Ansermimus}(1988), 콘코랍토르^{Conchoraptor}(1986), 에니그모사우루스과 ^{Enigmosauridae}(1983), 에니그모사우루스^{Enigmosaurus}(1983), 갈리미무스(1972), 가루디미무스^{Garudimimus}와 가루디미무스과(1981), 하르피미무수^{Harpymimus}와 하르피미무스과^{Harpymimidae}(1984), 인게니아^{Ingenia}(1981), 인게니아과^{Ingeniidae}(1986), 오비랍토르과(1976), 세그노사우루스아목^{Segnosauria}(1980)이 있다. 오리주둥이 공룡인 바르볼디아^{Barboldia}(1981)는 바스볼드에게 경의를 표하기 위해 그의 이름을 본따 이같이 명명되었다.

피터 M. 골턴은 누구일까?

피터 M. 골턴^{Peter M. Galton}은 미국에서 연구 중인 영국 고생물학자로 드라코펠타와 부게나사우라^{Bugenasaura}를 비롯한 몇몇 공룡과 헤레라사우루스하목을 명명한 사람으로 유명하다. 그는 로버트 바커와 함께 조류가 현생 공룡이라는 분기학 이론을 지지하는 사람이기도 하다. 골턴은 또한 힙실로포돈이 나무에서 살지 않았으며 하드로사우루스과 공룡이 꼬리를 끌고 다니지 않았고(꼬리는 머리 무게의 균형을 잡는 데 이용되었다) 파키케팔로사우루스과 같은 공룡은 현생 숫양처럼 머리를 들이박지 않았다는 것을 밝히기도 했다.

그 밖의 사항

공룡 뼈 탐색

공룡 화석을 찾기 전에 미리 알아두어야 할 점으로는 어떤 것이 있을까?

공룡 화석(또는 다른 화석)을 찾기 전에 우선적으로 확인해야 할 일은 찾고자 하는 지역에서 화석을 찾는 것이 허용되어 있는지 확인하는 것이다. 또 화석을 발견할 경우 자신이 수집하고 소유할 수 있는지도 확인해야 한다. 허가를 받지 않으면 사유지 침입죄, 심지어 절도죄로 체포될 수도 있다. 사전에 허가를 받는 것이 체포된 후에 재판을 받고 실형을 사는 것보다 훨씬 쉽다. 화석을 탐사하려고 하는 지역이 사유지인지, 기업이나 정부 기관의 소유인지 반드시 확인해야 한다.

고생물학자나 아마추어 수집가들은 어떻게 공룡 화석을 찾을까?

공룡 화석이든 어떤 종류의 화석이든 알맞은 종류의 암석을 찾는 것이 화석을 찾는 열쇠이다. 알맞은 종류의 암석이란, 호수나 강, 바닷속에 축적된 모래나 진흙 같은 물질로 이루어진 퇴적암을 뜻한다. 그러나 모든 퇴적암 속에 화석이 매장되어 있는 것은 아니며 공룡 화석은 더욱 그렇다. 공룡이 퇴적암 속에 화석으로 매장되어 있으려면 여러 조건이 들어맞아야 한다.

공룡 화석을 찾기 위해 고생물학자들은 올바른 시기에 형성된 퇴적암을 찾는다. 공룡의 경우에는 중생대에 생긴 퇴적암을 찾아야 하는 것이다. 예를 들어 쥐라기 시대의 공룡에 관심이 있는 고생물학자라면 백악기 시대에 퇴적된 암석이 아니라 쥐라기 시대의 퇴적암을 찾아야 한다. 암석의 구체적인 나이가 결정되면 지질도를 통해 암석이 어디에 있는지 찾을 수 있다. 지질도에는 표면으로 노출된 다양한 암석의 위치와 지형이 표시되어 있다.

찾고자 하는 종류의 암석이 어디에 있는지 확인되면 고생물학자는 그 지역을 관찰하여 습곡과 단층 등 노출된 암석을 가리킬 만한 특징을 찾는다. 또한 물이나 바람, 또는 사람에 의해 퇴적암이 지속적으로 부식되는 곳을 찾아야 하는데 이런 곳은 암석이 계속 노출되어 암석 속에 매장되어 있던 화석이 드러나기 때문이다.

마지막 단계는 그 지역을 지속적으로 탐사하다가 노출된 뼈나 화석의 일부를 발견하는 것이다. 상당히 간단해 보이지만 실제로는 그렇지가 않다. 이 탐사 단계에서는 인내와 노력이 절대적으로 필요하다. 이 과정을 통해 공룡 화석이나 다른 화석을 발견하면 발굴한 후 연구소로 옮겨 복원 작업을 시작한다.

현대 기술이 공룡 화석의 위치와 연구에 어떤 도움을 줄까?

위성 기술을 통해 지표의 위치를 정확하게 보여주는 글로벌 포지셔닝 시스템Global Positioning System, GPS을 이용하면 화석이 발견된 곳의 정확한 위치를 파악할 수가 있다. 아마추어 수집가들도 GPS를 이용할 수 있다. 전문가나 고급 아마추어 수집가의 경우 GPS를 이용하면 잘못된 지도나 주요 지형지물의 이동, 나침반을 잘못 읽어 부정확한 방향을 탐사하는 등의 오류를 피할 수 있다. 노출된 화석에 관해 더 자세한 사항을 알고 싶다면 전자 거리 측정기Electronic Distance Measurement, EDM와 다른 조사기기를 이용해서 3차원 화석의 방향과 분포에 관한 3차원 정보를 파악

아마추어 화석 수집가라면 약간의 비용을 낸 후 미국 지질 조사국으로부터 위상지도와 기타 자세한 지도를 얻을 수 있다.(iStock)

할 수 있다. 이런 도구는 나침반과 테이프 측정법을 이용할 때마다 불가피하게 저지르는 오류를 최소화한다.

이런 기술을 이용할 때 얻는 장점이 또 하나 있다. 바로 데이터를 직접 컴퓨터에 입력할 수 있다는 점이다. 지질 정보 시스템Geographic Information System, GIS이나 캐드Computer-Aided Design, CAD 같은 프로그램을 이용하면 뼈의 위치와 방향을 보여주는 3차원 지도를 만들 수 있다. 그러면 고생물학자는 다른 각도에서 화석지를 연구하여 '공룡들은 어떤 사회적 구조를 구성하고 살았을까?'나 '이 지역에 공룡의 뼈가 집중적으로 매장된 이유는 무엇일까?' 같은 질문에 답할 수 있다.

공룡 화석지는 대개 어디에 있을까?

공룡의 유해는 전 세계 곳곳에서 찾아볼 수 있다. 척박한 몽골 사막에서 남극에 있는 산의 차가운 경사면에 이르기까지 다양한 곳에 공룡 화석이 매장되어 있다. 공룡이 살던 시대에는 지금의 대륙들이 모두 연결되어 있었거나 가까이에 있었기 때문에 공룡이 자유롭게 이동할 수 있었다.

그러나 모든 공룡 화석지에는 공통점이 있다. 자연력이나 때로는 사람의 영향으로 땅이 부식되면 화석이 매장된 암석이 겉으로 드러나기 때문에 큰 화석이 있는 곳을 나타내는 첫 번째 뼈를 찾기에 가장 좋은 곳은 오늘날까지 지속적으로 표면이 부식되고 있는 암석이 있는 곳이다. 고비 사막에서는 모래 폭풍이 지나갈 때마다 새로운 뼈 화석이 드러난다. 폭풍우로 인해 퍼붓는 비나 높은 파도가 바위를 때리는 해안가 절벽 밑에도 새로운 화석이 노출되곤 한다. 비가 많이 내리거나 홍수가 나는 곳, 채석장 발굴지 모두 공식적인 발굴 작업을 시작하게 만드는 뼈를 찾기에 좋은 장소이다.

공룡 화석은 다른 화석과 어떻게 구분될까?

발견한 화석이 공룡의 화석인지 알아내는 방법에는 여러 가지가 있다. 찾을 생각만 있다면 자신이 찾은 화석이 어떤 화석인지 파악하는 데 도움이 될 만한 다양한 화석 안내서와 책을 참고할 수 있을 것이다. 이 방법을 이용하려면 생물학과 지질학에 관한 일반적인 지식은 물론 분류학(동식물을 분류하는 학문)도 어느 정도 지식을 습득해야 한다. 독학으로도 공부할 수 있는 분야지만 초보자라면 시간도 많이 걸리는데다 막대한 양 때문에 위축되기도 할 것이다.

또 다른 방법은 보다 경험 많은 화석 수집가의 도움을 받아 화석의 정체를 파악하는 것이다. 근처에 화석 수집가 모임이 있는지 찾아본다(모임에 가입하고 싶을지도 모른다). 또한 지역 대학교나 근처 자연사박물관에도 어떤 화석인지 파악하는 데 도움을 줄 만한 사람이 있을 것이다. 단, 이런 서비스를 이용할 때 서비스료를 지불해야 하는 곳도 있다. 대학교나 자연사박물관에 있는 사람이 화석의 정체를 알아내지 못하는 경우 도움을 줄 수 있는 다른 사람을 소개해줄 수도 있다.

발견한 화석이 현재까지 알려진 어떤 것과도 일치하지 않는다면 새로운 종의 공룡 화석일 수도 있다. 이 경우 발견된 화석이 과학계에 매우 중요한 자료가 되기 때문에 박물관이나 대학교로부터 기증해달라는 요청을 받을 수도 있다. 단순한 수집 차원이 아니라 더 많은 연구를 위해서 말이다. 또한 새로운 종에게 과학적인 명칭을 붙이는 데 발견한 사람의 이름이 이용될 수도 있다. 또한 화석을 발견한 사람은 화석지에서 더 많은 화석을 발굴하는 작업에 동참해달라는 부탁을 받을 수도 있다.

아마추어가 찾아낸 공룡 화석지로는 어디가 있을까?

대표적인 화석지로는 콜로라도 주 푸르이타Fruita 근처에 있는 지금의 마가트 무어 채석장Mygatt-Moore Quarry을 꼽을 수가 있다. 이곳은 1981년 3월 말에 피트 마가트Pete Mygatt와 메를린 마가트Marilyn Mygatt, J.D. 무어J.D. Moore, 바네타 무어Vanetta Moore가 콜로라도 주 그랜드 정션으로 하이킹을 갔다가 발견한 곳이다. 이들은 암석과 화석을 찾아 수집하는 아마추어들로 그날따라 '초조한 기분'이 들어 유타 주 경계 근처로 하이킹을 갔던 길이었다. 점심을 먹는 동안 피트 마가트가 암석 덩어리 하나를 발견하고 그것을 집어 들었다. 그러자 암석 덩어리가 갈라지면서 그 속에서 나중에 아파토사우루스로 확인된 공룡의 꼬리뼈 일부가 드러났다. 이 화석지는 현재 이들의 이름을 따서 마가트-무어 채석장으로 불리는데 이곳에서는 몸집이 작은 갑옷 공룡인 미무라펠타Mymoorapelta와 북미에서 최초로 발견된 쥐라기 시대의 익룡 등 여덟 종의 공룡 화석이 발견되었다.

또한 콜로라도 주 프루이타 지역 주민이자 예술가인 롭 개스톤Rob Gaston이 콜로라도 주 서부에서 원시 공룡의 발자국을 발견한 일도 있었다. 그의 발견으로 인해 개스톤 채석장에서 유타랍토르가 발견되기도 했다.

이 밖에도 애리조나 주 피닉스에 살던 8살짜리 크리스토퍼 울프Christopher Wolfe라는 3학년 학생이 뉴멕시코 서부를 여행하던 중 가장 오래된 공룡 뿔 화석을 발견한 일도 있었다. 언덕을 오르던 중 땅에서 검은 빛을 띠는 보라색 물체를 발견했는데 알고 보니 공룡의 눈을 보호하던 작은 뿔 조각 화석이었다. 이와 더불어 턱의 일부와 이빨, 두개골을 비롯한 여러 조각들이 발견되기도 했다. 이 공룡은 약 9000만 년 된 것으로 뿔 달린 공룡 중에서는 가장 오래된 공룡이다. 이 공룡은 발견자인 크리스토퍼의 이름을 따 주니케라톱스 크리스토터리Zuniceratops christopheri라고 명명되었다.

뼈 화석이 원래 묻혀 있던 장소를 파악하는 데 사용되는 비교적 새로운 방법은?

현재 뼈 화석이 원래 묻혀 있던 장소를 파악하는 데 비교적 새로운 지화학 기술이 이용되고 있다. 이 기술은 뼈와 주변 퇴적암에 들어 있는 희토류 원소를 분석한다(일반적으로 암석과 토양에는 적은 양의 희토류 원소가 들어있다). 공룡 뼈에는 인산칼슘(인회석)과 단백질이 들어 있다. 공룡이 죽으면 단백질은 썩어서 없어진다. 뼈가 묻히면 인산칼슘의 결정조직이 조금 변경되어 뼈가 묻혀 있는 토양에 들어 있는 희토류 원소가 골상에 들어 있던 칼슘 이온의 일부를 대체한다. 그리고 뼈가 묻힌 직후에 생성되는 뼈 속 희토류 원소 비율은 변하지 않은 채 그대로 남게 된다. 때문에 뼈 속에 들어 있는 희토류 원소 특징이 주변 퇴적암과 일치하다면 뼈가 원래 묻혔던 곳일 가능성이 크다. 그러나 뼈의 희토류 원소 특징이 주변 퇴적암과 다르다면 원래 묻혀 있던 장소에서 뼈가 이동했을 가능성이 크다.

화석 발굴

발굴지란 무엇인가?

발굴지Dig site란 여러 화석 유해가 고생물학자에 의해 발견되고 발굴되었던 곳이다. 예를 들어 공룡 떼가 홍수로 범람한 강을 건너다가 물에 빠져 죽는다면 그 공룡들의 사체는 강이 굽은 곳에 매장된다. 공룡의 사체가 그 진흙 속에 묻혀 화석화되는 것이다. 그로부터 수백만 년이 흘러 화석 수집가가 새롭게 드러난 화석 몇 개를 발견한다면, 그리고 후속 발굴 작업을 통해 그 일대에서 엄청난 양의 화석들을 발견한다면 그곳은 발굴지가 될 것이다.

현재 발굴이 진행되고 있거나 또는 과거에 발굴 작업이 이루어졌던 곳을 일반적으로 채석장이라고 한다. 상업적인 목적을 위해 석회암이나 대리석 같은 돌을 채석하는 채석장과 마찬가지로 돌을 파내기 때문이다. 이런 채석장의 이름은 주로 화석 유해를 최초로 발견한 수집가의 이름을 따서 붙여진다. 콜로라도 주와 유타 주 경계 부근에 있는 마가트-무어 채석장처럼 말이다. 그렇지 않으면 인근 도시의 이름을 따서 붙인다.

공룡 화석은 어떻게 발굴할까?

발견된 뼈를 평가하고 나면 후속 발굴 작업 착수에 대한 결정이 내려지고 나머지 뼈를 발굴하는 과정이 시작된다. 언론매체를 통해 인식하는 것과는 달리 매우 힘들고 어려운 작업이다. 특히 공룡의 크고 완전한 뼈대가 묻혀 있는 경우에는 더욱 그렇다. 우선 적절한 도구를 사용해 화석 위에 놓인 암석을 제거해야 한다. 이런 도구로는 다이너마이트, 불도저, 수동 착암기에서 곡괭이와 삽에 이르는 등 다양하다. 화석을 덮고 있는 암석이 제거되면 이쑤시개, 칫솔 같은 작은 도구를 이용해 뼈의 위쪽 표면이 보일 때까지 파낸다. 이렇게 노출된 뼈는 말라 부서지거나 깨지거나 산화되는 것을 방지하기 위해 적절한 화학 경화제를 이용해 고정시킨다.

그런 다음 노출된 뼈의 표면을 완전하게 그리고 난 후 전체 뼈대에 대한 발굴 계획을 세운다. 첫 단계는 각각의 뼈나 뼈 무더기를 보호하기 위해 상당히 두꺼운 두께의 암석을 남긴 채 그 주변을 파내는 것이다. 이렇게 주변을 파다가 뼈가 노출되는 경우에는 반드시 고정시켜야 한다. 그리고 뼈 하나하나마다 지워지지 않는 잉크로 숫자를 쓴 후 지도상에 기록한다.

위와 옆으로 노출된 뼈는 물에 적신 신문지나 여러 겹의 티슈, 화장지로 싸 놓는다. 그리고는 석고 반죽에 담갔던 삼베 덮개로 덮는다. 다 마르고 나면 이 덮개로 인해 암석에 뼈가 고정되기 때문에 화석이 깨지거나 부서지는 것을 막을 수가 있다. 그런 다음 이 덩어리의 아래쪽 암석을 조금씩 조심스럽게 제거한다. 이 과정에서도 노출되는 뼈가 있을 경우 마찬가지로 고정시키며 새롭게 노출된 부위를 삼베 덮개로 덮는다. 아래쪽 암석을 천천히 제거하면서 덮개로 덮어놓은 덩어리를 나무나 금속으로 받쳐놓는다.

아래쪽 암석이 작아지고 덩어리의 나머지 부분에 덮개를 모두 씌웠다면 덩어리를 뒤집는다. 하지만 그러기 전에 먼저 지워지지 않는 잉크로 덮개 속에 싸인 뼈의 지도 제작 번호를 나타내는 숫자와 방향을 나타내는 화살표, 날짜, 발굴지 이름과 번호 등 박물관에서 복원할 때 필요한 정보를 적은 꼬리표를 덮개 위에 붙인다. 덩어리를 뒤집고 나면 나머지 부분도 마찬가지로 덮개로 덮은 다음 박물관으로 옮긴다.

발굴한 공룡 뼈를 보호하는 방법을 최초로 개발한 사람은 누구일까?

에드워드 드링커 코프와 오스니엘 찰스 마쉬 간의 경쟁의식은 많은 공룡 뼈를 발굴하기만 한 것이 아니라 발굴된 소중한 공룡 뼈를 보호하기 위한 새로운 방법 개발에도 기여했다. 예를 들어 코프의 팀은 쌀을 익혀 만든 반죽과 삼베 자루를 이용해 화석을 덮어 보존했다. 뼈를 덮고 있는 삼베 위로 쌀 반죽을 잔뜩 바른 후 이것이 마르면 뼈가 단단하게 고정되어 과학자들이 기다리고 있는 곳으로 안전하게 운반될 수 있었다.

공룡을 발굴하는 데 이용하는 도구로는 무엇이 있을까?

발굴지에서 사용하는 도구는 참으로 다양하다. 화석마다 발굴 과정이 달라서 몇 가지 도구만 가지고 발굴하는 경우도 있다. 또 발굴 단계마다 필요한 도구도 달라진다. 발굴지에서 유용하게 사용될 수 있는 주요 도구는 다음과 같다(발굴지가 도로에서 한참 떨어져 있는 경우도 있으니 가지고 들어가기 편한 가벼운 다목적 도구를 이용하는 편이 좋다).

1. **삽이나 가래** 느슨한 것을 파낼 때 사용할 수 있는 가벼운 모델.
2. **지질망치** 한쪽이 네모나고 다른 한쪽이 끌이나 송곳으로 되어 있는 이 망치는 다용도로 이용할 수 있어 반드시 필요한 도구이다.

3. **클럽 해머** 커다란 끌을 내리칠 때 사용한다. 클럽 해머 대신 지질망치를 이용하기도 한다.

4. **돌 톱과 석수용 끌** 다양한 길이의 날이 달려 있는 끌이다. 화석 주위의 암석을 제거할 때 이용된다.

5. **모종삽이나 오래된 칼** 부드러운 암석을 자를 때 쓰인다.

6. **솔** 발굴할 때는 칫솔에서 페인트 솔에 이르기까지 온갖 종류의 솔이 이용된다. 느슨한 암석을 제거할 때 솔만큼 좋은 것은 없다.

7. **체** 작은 화석 조각을 그보다 큰 돌덩어리와 분리하거나 표본을 닦을 때 유용하게 쓰인다.

발굴 작업 시에는 어떤 복장과 장비를 갖추어야 할까?

하이킹이나 돌 채집을 갈 때 입는 복장과 장비가 가장 이상적인 복장과 장비라고 할 수 있다. 물론 지역 환경에 맞는 복장과 장비를 갖추어야 한다. 예를 들어 고비 사막에서 화석을 발굴할 때 입는 복장과 남극에서 발굴 작업 시 입는 복장은 전혀 다를 것이다. 또한 집 근처 채석장에서 매일매일 작업을 할 때 필요한 장비와 먼 외국에서 수개월간 발굴 작업을 할 때 필요한 장비도 다를 것이다.

일반적으로 필요한 장비와 복장을 살펴보면 다음과 같다. 그러나 필요한 장비와 복장은 이 뿐만이 아니다. 하이킹이나 아웃도어 활동에 익숙하지 않은 사람이라면 지질학자나 배낭여행자나 고생물학자, 산악회원 등으로부터 보다 구체적인 조언을 얻을 수 있을 것이다. 또한 아웃도어 활동에 관한 다양한 책을 읽어보거나 아웃도어 용품 매장을 찾아가도 좋은 조언을 구할 수 있을 것이다.

1. **날씨와 기후에 맞는 복장** 예를 들면 긴 소매 셔츠, 티셔츠, 반바지, 긴 바지, 스웨터, 재킷, 속옷 등. 여러 겹의 옷을 준비해 날씨에 따라 덧입거나 벗는 편이 좋다. 원정 기간에 맞게 여유있게 준비하는 것이 좋다.

2. **배낭** 도구, 먹을 것, 물과 기타 필요한 것을 들고 다닐 때 필요하다.

3. **견고한 부츠** 발굴지까지 이동하는 데 필요하며 돌이 떨어지거나 딱딱한 바닥을 밟을 때 발을 보호할 수 있는 것이 좋다.

4. **장갑** 발굴 작업 시 손을 보호하는 용도로 쓰이며 날씨가 추울 때는 손을 따뜻하게 하는 데도 필요하다.

5. **안전 헬멧** 절벽이 있는 지역에서 발굴 작업을 하거나 광산에서 화석을 수집할 때 필요하다.

6. **우비** 비에 젖는 것을 방지하고 체온을 따뜻하게 유지할 수 있다.

7. **손전등** 밤에 작업을 하거나 햇빛이 가린 어두운 부분에서 작업할 때 필요하다.

8. **모자** 햇빛을 가리거나 비가 내릴 때 유용하다. 돌이 떨어질 염려가 없을 때 이용하는 것이 좋다.

9. **선글라스/자외선 차단제** 태양의 자외선으로부터 보호해준다.

10. **고글** 돌 조각이 튈 때 눈을 보호할 수 있다.

11. **휴대용 물통** 먼 곳으로 이동할 때 물을 가지고 다닐 수 있다.

12. **카메라와 캠코더** 화석 발굴을 기록하는 데 요

특히 외진 곳을 갈 때는 적절한 복장과 필요한 장비를 모두 갖추는 것이 중요하다.(Big Stock Photo)

긴하다.

13. **나침반과 지도** 외진 곳에서 방향을 찾을 때 필요하다.

14. **구급용품** 다치거나 위급한 일이 생길 경우를 대비해 가져가는 것이 좋다.

15. **텐트, 침낭, 코펠** 외진 곳에서 잠을 자거나 휴식을 취하거나 음식을 만들어 먹을 때 필요하다.

공룡 총정리

발굴된 공룡 뼈가 박물관에 도착하면 무슨 일이 벌어질까?

박물관이나 연구소가 조만간 발굴된 공룡 뼈를 전시할 계획이 있는지에 따라 후행 작업이 달라진다. 공룡 뼈를 즉시 전시할 계획이 없다면 전시를 할 수 있는 적절한 시기와 기금이 모일 때까지 안전한 장소에 보관한다. 그러나 새로운 종을 발견하여 비교적 빠른 시일 내에 전시할 계획이라면 발굴된 뼈 화석은 대개 표준 준비 과정을 거치게 된다.

간단히 설명하면, 우선 뼈를 둘러싸고 있는 암석을 제거하는 일이 가장 먼저 이루어진다. 그런 다음 뼈들을 연결해서 뼈대 전체를 전시할 수 있게 세운다. 이 과정은 시간이 많이 걸리는 지루한 작업이다. 예를 들어 아파토사우루스가 뉴욕 시에 있는 미국 자연사박물관에 전시되어 대중에게 공개되기까지는 7년이라는 긴 시간이 걸렸다.

공룡 뼈들은 연구와 전시를 위해 어떤 준비 과정을 거칠까?

발굴된 공룡 뼈들을 준비하는 과정은 일반적으로 다양한 도구와 화학용품 사용이 가능한 연구소에서 이루어진다. 준비과정의 첫 단계는 소도구, 이쑤시개, 바늘, 현미경, 압축 공기 공구 등 필요한 도구를 이용해 뼈 주변의 암석을 제거하는 것이다. 이것은 정밀한 작업을 요하는 힘든 일로 숙련자만이 할 수 있다. 뼈가 드러나면 필요한 경우 보수 작업을 하고 더 이상 떨어지지 않도록 고정시킨다. 이런 목적으로 사용할 수 있는 다양한 종류의 접착제가 있다. 뼈가 약하거나 깨진 경우 섬유 유리나 강철 띠 같은 것을 이용해 추가적으로 구조를 지지한다.

뼈대 중 빠진 부분은 어떻게 복원할까?

전시하고자 하는 공룡 뼈대 중 없는 뼈가 있을 경우(거의 모든 화석 발견물마다 없는 뼈가 있다) 이런 뼈들은 복원을 해야 한다. 뼈를 복원하는 작업은 여러 가지 방식으로 이루어진다. 같은 종의 공룡 뼈 화석을 그대로 가져다 대체하거나 본을 떠서 끼워 넣는다. 대개 두 마리 이상의 부분적인 뼈대를 합쳐 하나의 완전한 뼈대를 만든다. 이 방법을 사용할 수 없는 경우, 나무나 에폭시, 도자기 같은 다양한 재료를 이용하여 없는 뼈를 만들어낸다.

공룡 화석은 어떻게 세워질까?

화석화된 공룡 뼈대에 대한 준비를 마치고 고정시킨 후 빠진 뼈까지 다 채워 넣었다면 이제 세워야 할 차례이다. 공룡 뼈대를 세워서 전시하는 이유는 실제로 살았던 모습과 비슷하게 만들기 위해서이다.

대규모 프로젝트가 늘 그렇듯 먼저 계획부터 세워야 한다. 어떤 상태로 전시될 것인지 보여주는 스케치와 축적도가 그려진다. 새로운 정보를 반영하거나 보다 실제적인 모습으로 전시하기 위해서 공룡의 자세에 변화를 주는 경우, 이 단계에서 이루어져야 나중에 비싼 비용을 들여 다시 조립하는 일을 피할 수 있다. 스케치와 축적도는 또한 뼈대가 계획된 전시 공간 내에 세워질 수 있는지 여부를 보여주기도 한다. 조립을 하는 도중에 뼈대가 전시 공간에 들어맞지 않는다는 사실을 발견하면 비용도 많이 들고 시간도 낭비하게 된다. 제대로 그려진 최종 스케치는 실제 조립 시에 추가적인 지지대를 설치해야 하는 곳을 보여주는 등 설치 안내서로 이

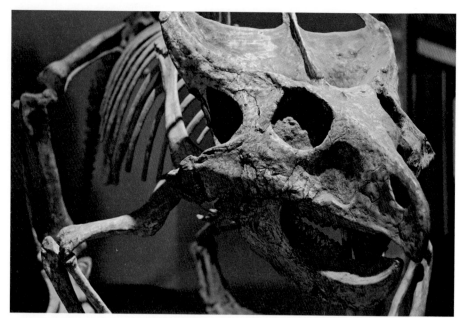

전시를 위해 공룡 화석을 세우는 작업은 과학보다는 예술에 가깝다. 없는 뼈의 몰드를 떠서 대체하기도 하고 때로는 새로운 발견으로 인해 이미 세워진 공룡 뼈대를 다시 조정해야 하는 일도 생긴다.(Big Stock Photo)

용될 수 있다.

그런 다음 튼튼한 보강 철재를 세워 공룡 뼈를 하나씩 알맞은 곳에 붙인다. 보강 철재는 공룡 뼈대를 충분히 지탱할 수 있도록 튼튼하면서도 눈에 잘 띄지 않게 주문 제작된 것을 이용한다.

공룡 뼈는 잘 부러지기 때문에 뼈 위에는 어떤 것도 놓을 수가 없다. 따라서 모든 뼈의 무게를 지탱할 수 있게 보강 철재가 제작된다. 공룡 뼈를 보강 철재에 부착할 때는 핀이나 볼트, 강철 끈을 이용한다. 때로는 뼈대의 일부를 좀 더 강하게 지지하기 위해 위에다 전선을 매달아야 할 때도 있다.

뼈대 전체가 세워진 후에도 몇 가지 세부 사항을 조절해야 한다. 뼈대가 세워진 곳의 바닥이 관람객의 눈길을 끌 수 있도록 꾸며야 하고, 호기심 많은 사람들로부터 뼈대를 보호하기 위해 뼈대 주변에 보호대를 설치해야 한다. 그리고 전시된 공룡의 명칭과 정보 안내판을 만들어 적절한 곳에 배치해야 한다. 이것으로 수백 년 동안 숨겨져왔던 공룡 뼈대를 대중에게 선보일 준비가 끝나게 된다.

공룡 뼈대를 세우고 난 후 다시 조정하기도 할까?

그렇다. 이미 세워진 후에 다시 조정된 공룡 뼈대도 있다. 이는 새로운 뼈가 발견되거나 더 많은 연구가 이루어지면서 공룡 연구 분야가 끊임없이 변화하기 때문이다. 일례로 1999년 초에 과학자들이 목 길이가 12m에 달하는 용각아목 공룡의 컴퓨터 모델을 만든 적이 있었다. 그때까지 박물관에 전시되어 있던 용각아목 공룡은 높은 곳에 있는 나뭇잎을 먹었다는 것을 나타내기 위해 모두 에스(S)자 형 목을 하고 있었다. 그러나 컴퓨터 모델에 의하면 이 공룡의 척추는 너무나 무거워서 육중한 목을 들 수 없는 것으로 나타났다. 이들은 아마도 목을 앞으로 쭉 내밀고 땅 위에 난 낮은 관목들만 씹어 먹었던 것으로 추정된다. 따라서 박물관들은 이 새로운 발견에 걸맞게 그때까지 세워져 있던 용각아목 공룡의 뼈대를 조정해야 했다.

공룡 화석을 전시용으로 준비하고 복원하고 연구하는 데 앞으로 현대 과학기술은 어떤 도움을 줄 수 있을까?

신기술로 인해 공룡 화석을 전시할 수 있게 준비하고 복원하고 연구하는 방식이 급격하게 변하고 있다. 예를 들어 컴퓨터 단층 촬영[CT]은 엑스레이를 이용해 물체의 내부 구조에 대한 3차원 영상을 만들어낸다. 또 공룡알 화석에 새끼 공룡의 유해가 남아 있는지 판단하는 데 이미 사용되기도 했다. 이를 이용하면 화석이 매장되어 있는 암석이나 새끼 공룡이 들어 있는 공룡알 화석만 전시용으로 준비하기 때문에 짐작에 의한 파괴 작업을 훨씬 줄일 수가 있다. 연구원들이 준비 과정에 이용할 수 있는 3차원 표본 영상이 만들어질 날도 멀지 않았다.

화석 유해에 대한 준비를 마치고 나면 디지털 캘리퍼스나 2차원, 3차원 계수화 장치 같은 새로운 도구를 이용해 정확한 측정이 이루어질 것이다. 이 데이터는 컴퓨터로 직접 전송되어 금속이나 플라스틱과 같은 재료를 이용한 뼈대의 복제본을 자동으로 만들어낼 것이다. 이것이 가능해진다면 낮은 비용에 매우 정확한 주물을 만들 수 있게 된다. 또한 CT 같은 비파괴적인 기법을 통해 얻은 3차원 데이터로, 암석 덩어리에서 부서지기 쉬운 뼈대를 꺼내지 않고도 고도로 정확한 공룡 화석 복제본을 만들 수 있는 가능성이 생기게 되었다.

3차원 영상, 모델링, 가상현실을 모두 이용하면 공룡의 행동과 생리에 관한 연구가 상당히 발전하게 될 것이다. 내부에서 바깥쪽을 바라보는 각도를 비롯하여 원하는 각도에서 표본이나 완전한 뼈대를 연구할 수 있게 될 것이다. 또한 컴퓨터에 저장된 데이터에서 흔치 않는 표본 데이터를 찾아보기도 훨씬 쉬워질 것이다. 지금도 과학자들은 실제 화석을 소장하고 있는 몇 안 되는 박물관이나 연구소를 일일이 방문하지 않고 인터넷을 통해 흔치 않은 표본을 연구하고 있다. 흥미로운 점은, 컴퓨터 발달로 인해 컴퓨터 공룡 게임 속의 공룡 모습조차 보다 '사실적'으로 변했다는 것이다.

고생물학(화석학) 관련 학습기관

공룡 발굴 작업에 참여할 수 있는 정보를 얻고 싶다면?

The Canadian Fossil Discovery Centre
111-B Gilmour St.
Morden, Manitoba, Canada R6M 1N9
Phone : 204-822-3406
E-mail : info@discoverfossils.com
Web site : http://www.discoverfossils.com/

Dino Digs
P.O. Box 20000
Grand Junction, CO 81502-5020
Phone : 1-888-488-DINO ext. 212

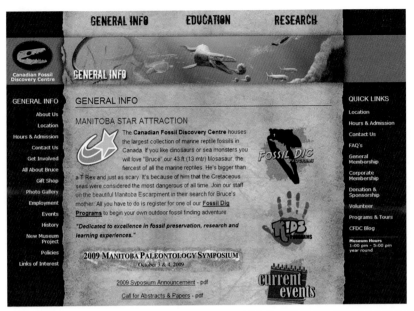

캐나다 화석발견센터(Canadian Fossil Discovery Center) 같은 웹사이트를 방문하면 발굴 작업에 참여하는 방법을 알 수 있다.

E-mail : jcron@westcomuseum.org
Web site : http://www.wcmuseum.org/

Judith River Dinosaur Institute

Box 51177
Billings, MT 59105
Phone : 406-696-5842
E-mail : jrdi@bresnan.net
Web site : http://www.montanadinosaurdigs.com/

Timescale Adventures

P.O. Box 786
Bynum, MT 59419
Phone : 1-800-238-6873 or 1-406-469-2314
E-mail : info@timescale.org
Web site : http://www.timescale.org/main.html

The Wyoming Dinosaur Center
110 Carter Ranch Rd.
P.O. Box 868
Thermopolis, WY 82443
Phone : 307-864-2997 or 800-455-DINO
E-mail : wdinoc@wyodino.org
Web site : http://server1.wyodino.org/programs/

관련 도서

* 공룡에 관련된 많은 도서들 중 일부를 소개했다.

전반적인 공룡 정보를 소개하고 있는 도서들은?

Farlow, James O., and M.K. Brett-Surman. *The Complete Dinosaur.*
Bloomington : Indiana University Press, 1997. A classic, comprehensive,
easy-to-use reference with illustrations, chronology, and glossary. Also,
a list of science fiction and fantasy books about dinosaurs.

Fraser, Nicholas. *Dawn of the Dinosaur* : Life in the Triassic. Indiana :
Indiana University Press, 2006. A book about the time before dinosaurs
ruled Earth.

Horner, John R., and Edwin Dobb. *Dinosaur Lives* : Unearthing an
Evolutionary Saga. New York : HarperCollins, 1997. Celebrated
paleontologist Horner recounts his discoveries of dinosaur eggs,
babies, and nests in this classic text. It also examines the impact
dinosaurs have had on our lives.

Lambert, David. *Dangerous Dinosaurs Q and A* : Everything You Never
Knew About the Dinosaurs. New York : DK Publishing, 2008. Considered
a young person's book, but very readable for general audiences—by a

well-known author of numerous dinosaur books.

Manning, Phillip. *Grave Secrets of Dinosaurs: Soft Tissues and Hard Science*. New York: Random House, 2008. Manning presents the most astonishing dinosaur fossil excavations of the past 100 years.

Richardson, Hazel, and David Norman. *Smithsonian Handbook: Dinosaurs and Other Prehistoric Creatures*. New York: DK Publishing, Inc., 2003. Only one of many dinosaur books by world-renowned paleontologist David Norman. This book covers all the dinosaurs and other prehistoric creatures, complete with fullcolor illustrations.

Weishampel, David B., and Luther Young. *Dinosaurs of the East Coast*. Baltimore, Maryland: Johns Hopkins University Press, 1996. A classic survey of East Coast dinosaur findings and their importance in recreating the fossil records of dinosaurs in the region, with more than 130 illustrations.

공룡의 진화와 멸종을 설명한 도서들은?

Alvarez, Walter. *T. rex and the Crater of Doom*. New Jersey: Princeton University Press, 1997. This is the classic work by the man who began the dinosaur extinction controversy by suggesting a link between a certain type of rock and the extinction of the dinosaurs.

Bakker, R.T. *Dinosaur Heresies: New Theories Unlocking the Mystery of the Dinosaurs and Their Extinction*. Reprint. New York: Kensington Publishing, 1996. Another classic dinosaur book that dispels common misconceptions about dinosaurs, presenting new evidence that the creatures were warm-blooded, agile,
and intelligent.

Larson, Pedro, and Kenneth Carpenter, eds. *Tyrannosaurus Rex, The Tyrant King*. Indiana: Indiana University Press, 2008. Covers the most famous of dinosaurs, with a CD included.

Long, John, and Peter Schouten. *Feathered Dinosaurs: The Origin of Birds*. Oxford University Press, 2008. All you've ever wanted to know about the controversial subject of bird origins.

Poinar, George, and Roberta Poinar. *What Bugged the Dino saurs?: Insects, Disease, and Death in the Cretaceous*. New Jersey : Princeton University Press, 2008.

The authors offer evidence of how insects directly and indirectly contributed to the dinosaurs' demise.

공룡 조사단과 고생물학자를 소개한 도서들은?

Colbert, Edwin H. *The Great Dinosaur Hunters and Their Discoveries*. Reprint. New York : Dover Publications, 1984. Includes chapters on first discoveries, skeletons in the earth, two
evolutionary streams, the oldest dinosaurs, Jurassic giants of the western world, Canadian dinosaurs, and Asiatic dinosaurs.

Doescher, Rex A., ed. *Directory of Paleontologists of the World*, 5th ed. Lawrence, Kansas : International Palaeontological Association, 1989. Lists more than 7,000 paleontologists by name, office address, area of specialization or interest, and affiliation.

Horner, John R. *Dinosaurs under the Big Sky*. Missoula, MT : Mountain Press Publishing, 2003. World-famous paleontologist John Horner's book about his knowledge of Montana's dinosaurs and geology.

Jacobs, Louis L. *Quest for the African Dinosaurs: Ancient Roots of the Modern World*. New York : Villard Books, 1993. After discovering a major fossil site in Malawi (Africa), Jacobs and his team went on to identify 13 kinds of vertebrate animals that "give a window into the world of this part of Africa one hundred million years ago."

Manning, Phillip. *Dinomummy: The Life, Death, and Discovery of Dakota, a Dinosaur from Hell Creek.* New York: Kingfisher, 2007. The story of the most amazing mummified dinosaur ever found— from the Hell Creek formation in North Dakota—aptly dubbed "Dakota."

Novacek, Michael. *Dinosaurs of the Flaming Cliffs.* Illustrated by Ed Heck. New York: Anchor Books/Doubleday, 1996. Chronicles the groundbreaking discoveries made by one of the largest dinosaur expeditions of the late twentieth century.

(Big Stock Photo)

Psihoyos, Louie, and John Knoebber. *Hunting Dinosaurs.* New York: Random House, 1994. This book recounts the experiences of paleontologists who have scoured remote lands in search of dinosaur fossils, with full-color photos, charts, and maps.

어린이와 가족을 위한 공룡책으로는 어떤 작품이 있을까?

Bergen, David. *Life-Size Dinosaurs.* New York: Sterling Publishing, 2004. If you want to see the size comparison of dinosaurs with what we know today, try checking out the illustrations in this middle-reader book.

Chaneski, John. *Dinosaur Word Search*. New York : Sterling Publishing, 2004. If you ever wondered how to pronounce some of those dinosaur names, this is the book for you.

Dixon, Dougal. *Dougal Dixon's Amazing Dinosaurs : More Feathers, More Claws. Big Horns, Wide Jaws!* Boyds Mills Press, 2007. One of many Dougal Dixon dinosaur books for kids—look for several others, too.

Johnson, Jay. *Dinosaurs*. Learning Horizons, 2005. A book about dinosaurs for ages five through eight.

Malan, John, and Steve Parker. *Encyclopedia of Dinosaurs*. New York : Barnes & Noble, 2003. A book that introduces the young reader to 250 different ancient species.

Norman, David. *Eyewitness Dinosaur*. New York : DK Publishing, 2008. One of many David Norman books—this one is heavily illustrated with a CD and wall chart.

Parker, Steve. *Dinosaurs and How They Lived*. New York : Barnes & Noble, 2004. A hundred facts with artwork about the dinosaurs—for young readers.

Stevenson, Jay, and George R. McGhee. *The Complete Idiot's Guide to Dinosaurs*. Alpha Books, 1998. Although somewhat dated, the book offers a guide to dinosaurs, including descriptions of more than 300 known species.

공룡 관련 웹사이트

이 글을 쓰던 당시에는 존재하고 있던 웹사이트지만 인터넷상의 콘텐츠가 빠르게 변하고 있기 때문에 지금은 사라진 곳이 있을 수도 있다. 이런 경우로 인해 불편을 끼치게 된 점에 대해서는 독자의 양해를 바란다.

American Dinosaur Fossils Exchange
http://www.americandinosaurfossilsexchange.com/

Carnegie's Dinosaurs
http://www.carnegiemnh.org/carnegiesdinosaurs/index.html

CM Studio
http://www.cmstudio.com/

DinoDatabase.com
http://www.dinodatabase.com/dinowhre.asp

"Dino" Don's Dinosaur World
http://www.dinodon.com/dinosaurworld.htm

Dinosaur Farm
 http://www.dinofarm.com/index.html

Dinosaur Guide
http://dsc.discovery.com/guides/dinosaur/dinosaur.html

Dinosaur Hall
http://www.ansp.org/museum/dinohall/index.php

The Dinosauria
http://www.ucmp.berkeley.edu/diapsids/dinosaur.html

Dinosaur National Monument
http://www.nps.gov/dino/

인터넷에는 팔레오 어드벤처(Paleo Adventure)처럼 실제로 사람들이 발굴지를 방문하고 캠핑 여행을 갈 수 있도록 도와주면서 정보를 제공하기도 하는 재미있는 웹사이트가 많다.

Dinosaurnews

http://www.dinosaurnews.org/

Dinosaur Provincial Park

http://www.tpr.alberta.ca/parks/dinosaur/event_desc.asp

The Dinosaur Society

http://www.dinosaursociety.com/

Natural History Museum

http://www.nhm.ac.uk/nature-online/life/dinosaurs-other-extinctcreatures/

New Mexico Museum of Natural History and Science

http://www.nmnaturalhistory.org/

PaleoAdventures

http://www.paleoadventures.com/index.html

Prehistoric Times
http://www.prehistorictimes.com/

Rocky Mountain Dinosaur Resource Center
http://www.rmdrc.com/index.htm

Royal Tyrrell Museum
http://www.tyrrellmuseum.com/

ScienceDaily
http://www.sciencedaily.com/search/?keyword=dinosaur

Sue at the Field Museum
http://www.fieldmuseum.org/sue/index.html

The Wyoming Dinosaur Center
http://www.wyodino.org/home/

Zoom Dinosaurs
http://www.enchantedlearning.com/subjects/dinosaurs/

찾아보기